KB032072

HMI를 활용한

스마트팜, 스마트 팩토리 DIY

HMI를 활용한

스마트팜, 스마트 팩토리 DIY

펴 낸 날 2023년 07월 20일

지 은 이 변정한, 박주광, 이새봄
펴 낸 이 이기성
편집팀장 이윤숙
기획편집 서해주, 윤가영, 이지희
표지디자인 서해주
책임마케팅 강보현, 김성욱
펴 낸 곳 도서출판 생각나눔
출판등록 제 2018-000288호
주 소 경기 고양시 덕양구 청초로 66, 덕은리버워크 B동 1708호, 1709호
전 화 02-325-5100
팩 스 02-325-5101
홈페이지 www.생각나눔.kr
이 메 일 bookmain@think-book.com

• 책값은 표지 뒷면에 표기되어 있습니다.
ISBN 979-11-7048-583-4 (13520)

Copyright © 2023 by 변정한, 박주광, 이새봄 All rights reserved.
· 이 책은 저작권법에 따라 보호받는 저작물이므로 무단전재와 복제를 금지합니다.
· 잘못된 책은 구입하신 곳에서 바꾸어 드립니다.

ICT 입문자들을 위한 노코딩 스마트팜 학습서

HMI를 활용한

스마트팜, 스마트 팩토리 DIY

변정한 · 박주광 · 이새봄 공저

생각나눔

Preface

지금은 UART(저전력) 기반의 아두이노 및 라스베리파이의 ICT(정보통신기술) 플랫폼이 대세입니다. 즉, ICT 전공자 중심으로 센싱 코딩하고 PLC SCADA(관제 모니터링) 방향으로 발전하고 있습니다.

본 저서는 '정말 ICT 비전문가는 ICT 플랫폼을 개발할 수 있는가?'라는 질문을 던집니다.

[PART 1]에서는

ICT 플랫폼 입문자는 플랫폼 개발 접근이 어려우며, 즉 ICT 플랫폼 개발이 ICT 전문가 영역으로만 인식되고 있습니다. 그러면 ICT 입문자들이 ICT 플랫폼 개발이 가능한가? 미래는 UART 코딩 중심에서 IOT(사물인터넷)&산업용 통신 센서 개발 노코딩 중심으로 발전합니다.

[PART 2]에서는

ICT 입문자도 RS485 Modbus 통신으로 산업용 센서와 데이터 연결 및 Lora 통신까지 실전 학습합니다. UART용 '아두이노 및 라즈베리파이, 마이컴, ESP32' 저전력 한계 문제를 벗어나 노코딩 산업용 센서들을 학습합니다.

[PART 3]에서는

ICT 입문자 중심으로 데모용 산업용 센서 '온·습도', '토양', 'CO2', 'GPS', '릴레이' 등을 코딩 없이 HMI 작화 개발 과정을 학습합니다. 그리고 ① Smart Farm 센서 구성, 스마트 앱을 통해서 HMI 센싱 데이터 제어를 하고, ② Smart Factory는 HMI에 센서로 가동률 및 불량 등 스마트 앱 공정관리까지 만들어 봅니다.

[PART 4]에서는

ICT 입문자가 센싱 저장된 서버 데이터를 AI Copilot 및 ICT 플랫폼으로 AI 분석을 합니다. ICT 입문자는 노코딩으로 MS Power BI로 Smart Farm & Factory를 시각화 분석합니다.

본 저서에는

ICT 플랫폼 입문자도 산업용 센서를 Modbus 통신으로 HMI에 연결하고, 데이터 저장 및 분석할 수 있습니다. 기본 학습한 후에 전문가 영역 UART ICT 플랫폼 확장이 매우 쉽습니다.

지금까지 보건복지부 사회보장정보원에 다니는 든든한 아들 변우재와 오사모 회원님들께 감사를 전하며, 마지막으로 출판사 생각나눔의 편집 및 디자인 담당자에게 고마움을 전합니다.

2023.06.05.

저자 변정한 드림

모든 자료는 오사모 카페(http://cafe.naver.com/office2080)에서 다운로드 가능합니다.

|차 례|

Part 4 ICT AI 분석

학습 준비 과정

– 학습 단계 –

Chapter 1

ICT 입문자가 UART(저전력) 아두이노 및 라즈베리파이, 마이컴, ESP32는 전문 개발자 중심의 코딩 중심을 학습할 수 없지만, RS485 Modbus 산업용 센서로 노코딩 학습으로 ICT 플랫폼 개발을 제시합니다. 또한, PLC와 HMI 학습과 앞으로 개발 방향은 HMI라는 것을 제시합니다.

Chapter 2

ICT 입문자가 Modbus 통신 및 HMI 기본 학습을 합니다.

1. 소프트웨어: Modbus Poll로 Com 통신 포트로 연결해서 센서 데이터를 확인
2. Next USB RS485 구매 및 드라이버 다운로드 설치
3. RS485 온·습도/조광 및 토양 분석기 및 기타(매뉴얼 받은 후 구매)
   - 알리 익스프레스에서 'comwintop store' 제품 검색, 구매
   - COMWINTOP(https://store.comwintop.com/) 방문 구매 및 관리 SW 다운로드
4. 통합환경 센서는 2022년 저자 변경한 KC 인증받은 제품/bbjhh@naver.com
   - 알리 익스프레스/알리바바 구매: 검색 'air quality' ▶ Air Quality PT02 찾음
5. 작화 관리용 무료 '이지빌더프로' 다운로드 설치
   - HMI 없이도 작화 학습 가능, 학습 후 HMI 구매
   - HMI 모델: CMT SVR 102/웨인텍 총판 '이지뷰'에 문의, 대리점 저렴하게 구매 가능

Chapter 3

ICT 입문자는

1. HMI 기본작화 학습: 온·습도/조광, 이산화탄소, 미세먼지, GPS/데이터 저장 및 분석
2. 스마트 팜 개발
   - 온·습도 및 릴레이/타이머 스카다 시스템/연구동의 온·습도/토양 데이터 저장 및 분석
3. 스마트 팩토리 개발
   - 다양한 센서, DI/DO 등으로 가동률, 불량 등 공정 및 데이터 저장 및 분석

Chapter 4

1. AI Copilot의 개념 및 정의 학습
2. Ms Power BI의 AI 통계 분석
3. Ms Power BI로 Smart Farm/Factory 데이터 시각화 분석

ICT 입문자에게 노코딩으로 센서에 설치 및 HMI 연결로 데이터 저장 및 분석하는 데 목적이 있습니다.

1
PART

ICT 플랫폼

제1장 정보통신(IT, ICT, IoT) 정의 및 HMI 소개
제2장 PLC와 HIM 개념 정리

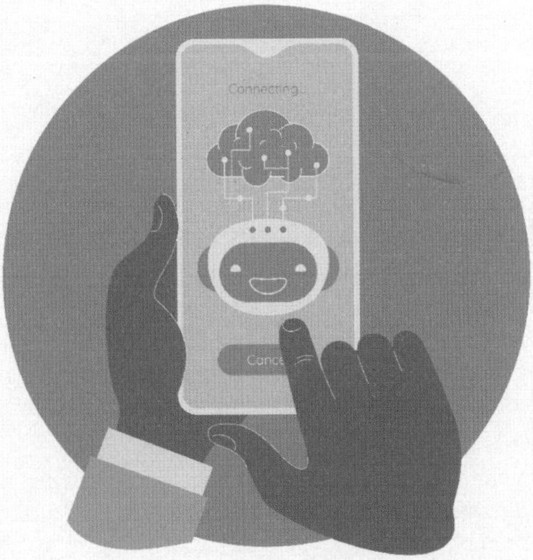

본 저서는 통신 및 ICT 입문자를 대상으로 ICT 플랫폼 개발 과정을 소개합니다. ICT 입문자가 IT 전문가의 영역인 ICT 플랫폼을 개발하기에는 쉽지 않습니다. 학습의 정도의 차이는 있겠지만, 접근 자체가 어려운 것이 현실이며, ICT 기본 학습을 통해서 입문자도 ICT 플랫폼을 개발할 수 있다는 것에 의미를 두고 시작합니다.

먼저 Part 1에서는 정보기술(ICT)의 개념 정의를 학습합니다.

1. IT(Information Technology): 정보기술이란?

정보통신기술은 전기 통신, 컴퓨팅(정보처리, 컴퓨터 네트워크, 하드웨어, 소프트웨어, 멀티미디어), 통신망 등 사회 기반을 형성하는 유/무형의 기술을 의미합니다.

2. ICT(Information&Communication Technology): 정보통신기술이란?

정보기술 IT(Information Technology)와 통신기술(Communication Technology)의 합성어로서 정보통신기술이라고 할 수 있으며, 정보 기기 하드웨어와 하드웨어 제어/운영 및 정보관리에 필요한 소프트웨어 기술을 이용하여 정보를 수집, 생산, 가공 정보를 통신기술을 활용하여 정보를 전달하는 모든 방법을 의미합니다.

현대에 와서는 다양한 하드웨어 통신기술과 이더넷(Ethernet)의 발전으로 통신의 중요성이 나타나면서 ICT가 IT보다 더 넓은 의미로 사용되고 있습니다.

정보통신기술이 발전으로, 비정형 데이터(소셜 미디어 등)나 정형화된 데이터들을 실시간 정보 수집 및 가공할 수 있게 되면서, 실시간 고객 맞춤형 서비스나 유튜브 등의 실시간 스트리밍 서비스(대량의 티미디어 정보)를 이용할 수 있게 되었습니다.

3. IoT(Internet of Things): 사물인터넷이란?

센서, 소프트웨어, 기타 기술을 내장한 물리적 객체(사물)들이 인터넷(Internet)이라는 정보통신 기술을 이용하여, 정보(Data) 교환을 목적으로 다른 기기나 시스템에 연결하는 것을 의미합니다.

폐쇄적 환경에서 사용되던 각각의 센서(사물)들이 인터넷(통신)에 연결할 수 있게 되면서 사물들의 상호작용을 통해 더 많은 정보를 활용할 수 있게 되었고, 수집된 정보들이 많아지면서 Bigdata를 활용한 AI 기반의 서비스들을 이용할 수 있게 되었습니다.

사물인터넷(IoT)의 주요기술을 구분해 보자면 인간의 오감을 대체할 수 있는 센서(Sensor)와 감지된 정보를 전송하는 ICT 기술(정보통신기술 또는 통신 칩셋), 수집, 가공 및 처리(Processing)를 하기 위한 기술을 설명합니다.

4. 센서란?

센서는 환경적인 변화나 상태를 측정하여 전기적 또는 기계적인 신호로 변환하는 장치입니다. 즉, 센서는 물리적인 양을 측정하고, 이를 전기 신호, 디지털 신호 등으로 변환하여 기기나 시스템에 정보를 전달하는 역할을 합니다.

예를 들어, 온도 센서는 주변 온도를 측정하고, 압력 센서는 압력의 크기를 측정합니다. 이러한 정보는 일반적으로 전기적인 신호로 변환되어 기기나 시스템에 전달됩니다. 이를 통해, 기기나 시스템은 환경적인 변화나 상태를 파악하고, 이를 이용하여 적절한 작업을 수행할 수 있습니다.

센서는 다양한 산업 분야에서 사용됩니다. 자동차 산업에서는 차량의 속도, 온도, 압력 등을 측정하여 엔진 제어 시스템에 정보를 제공하고, 제어합니다. 농업 분야에서는 토양의 수분 상태, 온도, 산도(PH) 등을 측정하여 작물의 성장을 관리합니다.

또한, 산업 자동화 시스템에서는 제품의 위치, 크기, 형태 등을 측정하여 제어 시스템에 정보를 제공하여 제품의 자동 생산을 관리합니다. 이처럼, 센서는 다양한 분야에서 측정과 제어에 중요한 역할을 합니다.

5. 센서 구분?

첫째, UART 센서들은 아두이노 또는 마이컴, 라즈베리파이 등에서 사용할 수 있는 주로 저전력 0~5V, 0~3.3V 용이 있으며, 가격이 저렴하며 주로 교육용이나 간단한 프로젝트에서 사용합니다.

두 번째, 스마트 센서는 지능형 센서(Intelligent Sensor)라고도 불립니다. 스마트 센서의 가장 큰 특징은 센서 내부에 메모리가 내장되어 있고, 센서 자체적으로 제어, 판단, 저장, 통신 기능 등을 활용함으로써 아날로그 센서보다 디지털 센서 신호가 정확성이 더 좋으며, 많은 배선이 필요가 없습니다. 또한, 설치를 보다 단순화하고 배선을 줄여 시스템의 부피를 줄일 수 있다는 장점들과 센서 자체에 수명 주기 관리가 가능한 센서입니다.

세 번째, 산업용 센서는 고온, 충격 및 진동, 부식성 또는 유해 물질에 대한 노출을 견딜 수 있고, 전원 보호 기능이나, 폭넓은 전압 범위에서 사용이 가능한 제품입니다.

지금까지 ICT 관련 용어 정의 및 센서의 의미를 학습하였으며, 앞으로 UART, Smart, ICT 센서별로 ICT 플랫폼 구축 과정을 소개합니다.

제1장

정보통신(IT, ICT, IoT) 정의 및 HMI 소개

1. UART 센서

'ICT 초보자가 ICT 플랫폼을 어떻게 구축할 수 있을까?' 그리고 '아두이노나 라즈베리파이를 이용하여 프로젝트를 계획하고 제작을 한다고 한다면 무엇부터 시작해야 할까?'라는 막연한 질문으로 시작합니다. 인터넷의 블로그, 유튜브에 아두이노, 라즈베리파이 개발 과정을 검색하면 많은 정보가 있습니다만, 어디부터 시작해야 하는지 고민합니다.

지금부터 아두이노를 이용해서 온/습도를 모니터링하고, 모니터링된 결과를 웹 브라우저를 통해 (모니터링) 확인하는 예시를 통해서 UART ICT 플랫폼 개발 과정을 살펴봅시다.

(1) 아두이노

① **기본 아두이노 보드에는 시리얼 통신 이외에 통신은 지원하지 않기 때문에, 무선통신을 하기 위해서 Wi-Fi 모듈(ESP8266)이 탑재된 아두이노 보드를 이용합니다.**

ⓐ 먼저 통신이라는 개념을 이해해야 하고

ⓑ 유선/무선 방법을 결정하고

ⓒ 통신방법에 적용할 하드웨어를 선정하고

ⓓ 선정된 하드웨어의 기본적인 사용방법을 학습합니다.

② **세부적으로 아두이노 개발을 위해서는 아두이노 IDE 프로그램을 설치해야 합니다.**[1]

ⓐ 아두이노 IDE(통합 개발 환경: Integrated Development Environment) 설치했다면 개발 도구에 대한 이해와 설치 보드 및 센서마다 설정 셋업 펌웨어 방법을 학습해야 합니다.

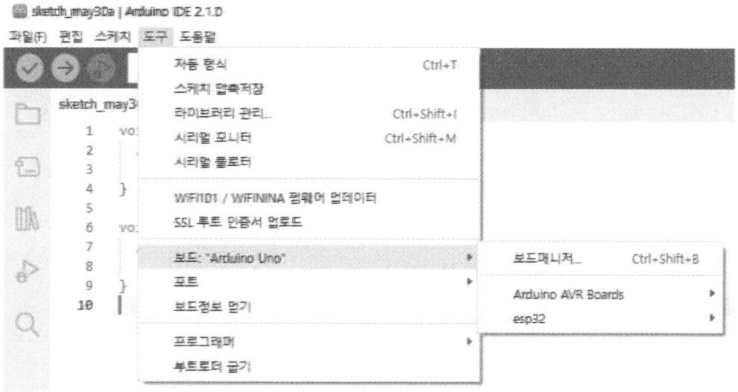

ⓑ 아두이노 온도 센서(DTH11)를 배선 구성도에 맞추어서 연결합니다. 연결하는 모든 센서마다 각 특성 및 사양이 달라서 다양한 배선 방법을 학습해야 합니다.

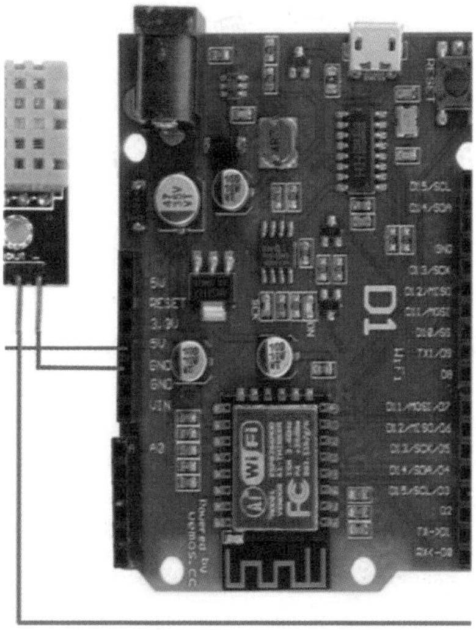

1 아두이노 IDE 다운로드: https://www.arduino.cc/en/software

③ **아두이노 온·습도 데이터를 모니터링하려면 아두이노 IDE(통합개발환경)에서 C언어로 코딩 개발을 해야 하며, 전문적인 프로그래밍 코딩은 ICT 전문가라도 최소 1~3년 이상 개발자만이 가능합니다.**

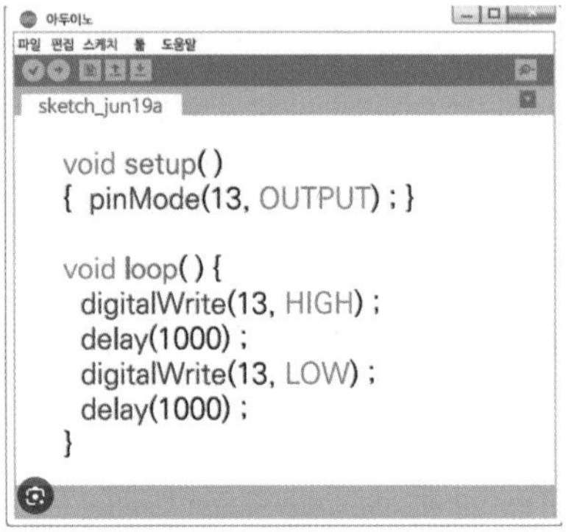

아두이노
파일 편집 스케치 툴 도움말
sketch_jun19a
void setup( )
{ pinMode(13, OUTPUT) ; }
void loop( ) {
digitalWrite(13, HIGH) ;
delay(1000) ;
digitalWrite(13, LOW) ;
delay(1000) ;
}

ⓐ 아두이노의 무선 와이파이 모듈을 통해 Wi-Fi 연결하고,

ⓑ '온·습도' 센서를 시리얼 통신을 통해 데이터를 연결하고,

ⓒ 아두이노 IDE 시리얼 모니터 및 Web Page에 온·습도 데이터를 연결합니다.

ⓓ 'DHT11' 온·습도용 C언어 드라이버(라이브러리)로 온·습도 데이터를 센싱하고, Wi-Fi 무선통신을 하기 위해 ESP8266 드라이버(라이브러리)를 설치합니다. 만약 더 많은 센서를 연결한다면 해당 센서만큼 드라이버(라이브러리)를 업데이트하거나 추가해야 합니다.

ⓔ 아두이노 코딩 기본 C언어를 이해하고, 다양한 아두이노 코딩 방법을 학습해야 합니다. 즉, 코딩 입문자들은 아두이노 개발 학습을 처음부터 이해하기가 어렵습니다.

④ **개발 결과, 웹 페이지를 통해 온·습도 모니터링 결과입니다.**

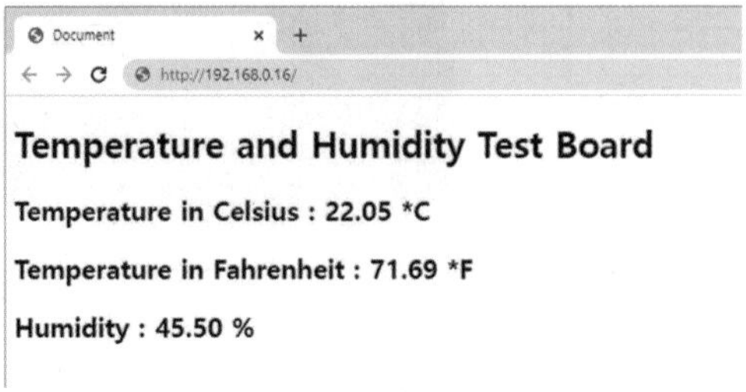

Document
http://192.168.0.16/
Temperature and Humidity Test Board
Temperature in Celsius : 22.05 *C
Temperature in Fahrenheit : 71.69 *F
Humidity : 45.50 %

⑤ **예제로 PC에 Maria DB 설치 및 테이블을 만들고, 온·습도 데이터를 저장하는 코딩으로 프로그래밍을 업데이트합니다.**

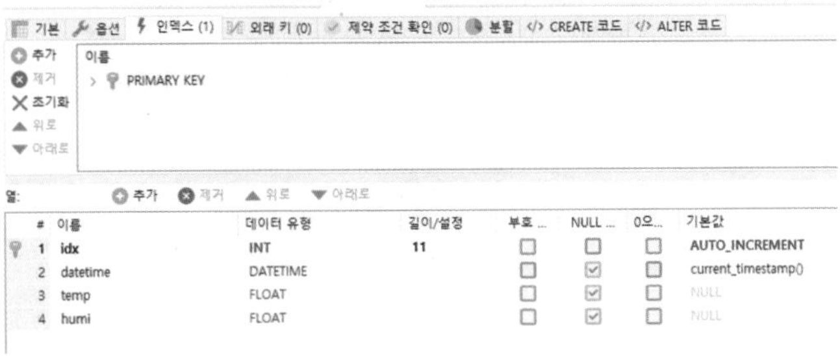

⑥ **아두이노 개발보드로 온·습도 센서 연결, 데이터 저장, 웹페이지 분석 과정입니다.**

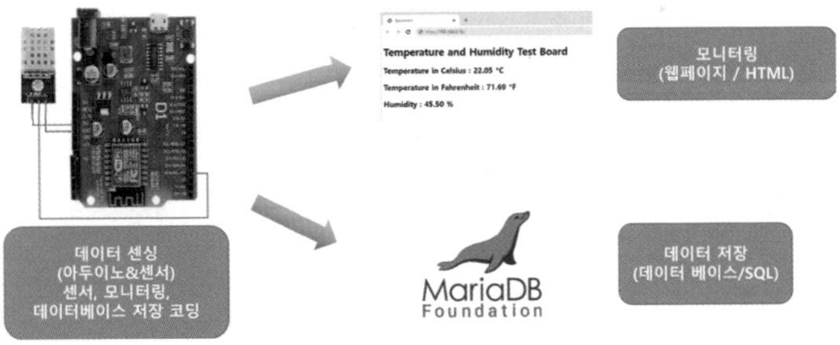

단기간에 ICT 입문자는 아두이노 IDE 코딩 학습만으로 데이터 저장까지 한다는 것은 현실적으로 어렵습니다. 즉, 'ICT 초보자가 아두이노를 갖고 단기간 내에 ICT 플랫폼을 개발할 수 있을까?'라는 질문을 던져봅니다.

(2) 라즈베리파이(Raspberry Pi)

라즈베리 파이(Raspberry Pi)는 영국 잉글랜드의 라즈베리 파이 재단이 학교와 개발도상국에서 기초 컴퓨터 과학의 교육을 증진시키기 위해 개발한 신용카드 크기의 싱글 보드 컴퓨터이며, Linux 계열의 라즈비안 OS를 사용하는 미니 PC 수준의 개발보드로써, 다양한 IoT 플랫폼에 적용되는 추세입니다.

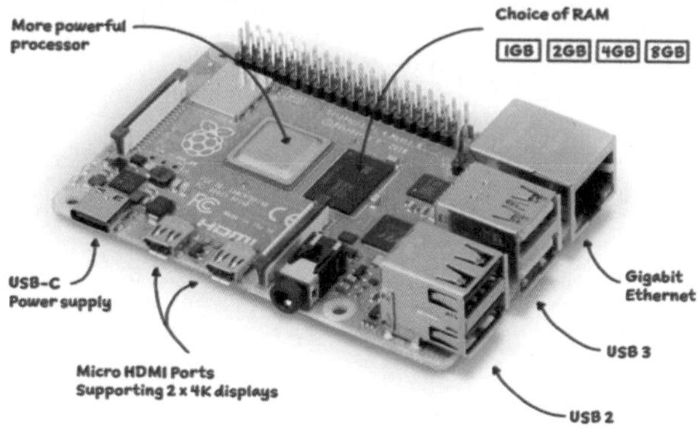

라즈베리파이는

- 아두이노의 인베디드 프로그램 방식이 아니며,
- 일반 PC처럼 운영 체제(OS) 설치 작동 방식이며,
- 리눅스계열(Linux) 계열의 OS인 라즈비안(Raspbian) 운영 체제를 주로 사용합니다.

본 예시는 라즈베리파이 4 하드웨어에 Node-Red(flow 기반으로 브라우저에서 작동하는 시각화 프로그래밍 툴)를 이용하여, 로우 코딩(Low Coding) 방식으로 프로젝트를 개발하는 방법을 소개합니다.

Node-RED

① **라즈비안 및 Node-Red를 설치합니다.**[2]

2 Node JS 공식 사이트: https://nodejs.org/ko
Node Red 공식 사이트: https://nodered.org/

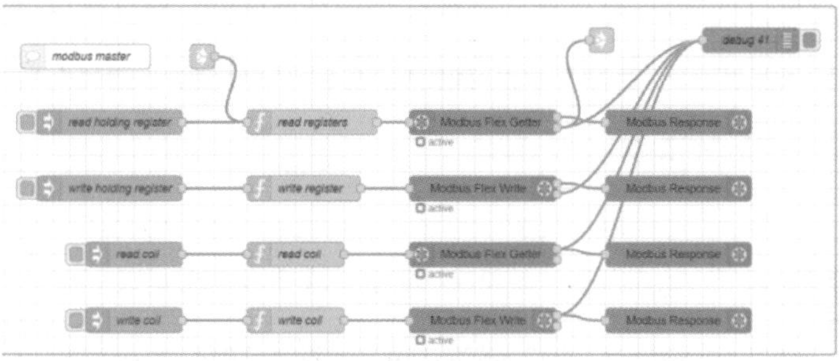

- Node Red가 설치된 웹페이지 화면입니다.

② **라즈베리파이에 온·습도 센서**(DTH22)**를 연결합니다.**

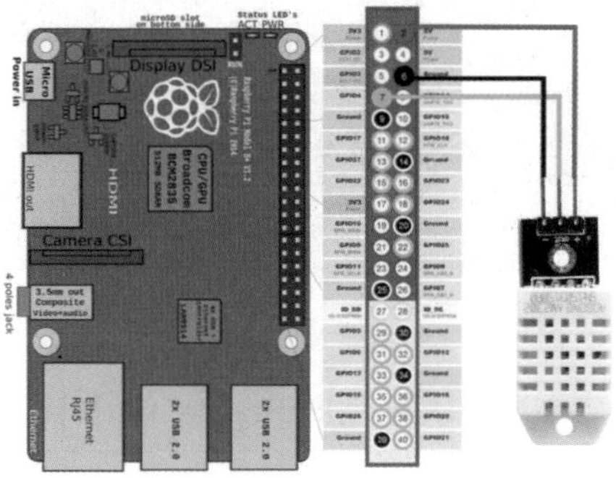

아두이노는 5V로, 라즈베리파이는 3.3V로 작동합니다.
즉, 아두이노&라즈베리파이 간 센서 전압 간 호환 문제가 있습니다.

③ Node-Red Flow로 온·습도 데이터를 연결해서 웹 모니터링을 구성합니다. 아두이노에서 센서별 기능 라이브러리를 추가하듯이 라즈베리파이에서 Node-Red에서도 추가되는 기능이나 센서들에 따라 Node 라이브러리를 추가해야 합니다.

④ 온·습도 'DTH22' 센서를 라즈베리파이 연결한 후, 연결된 온·습도 센서에서 10초에 1회씩 반복적으로 데이터 저장되도록 Node-Red 웹 Flow 구성도를 작성합니다.

⑤ 개발 결과, 온·습도 데이터 저장 및 모니터링 화면입니다.

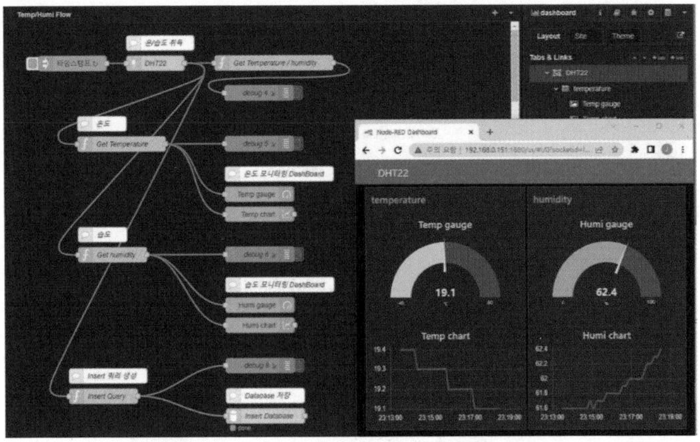

⑥ Node-Red 온·습도 데이터를 MS SQL에 데이터를 저장할 수 있도록 테이블/필드를 만드는 학습을 합니다.

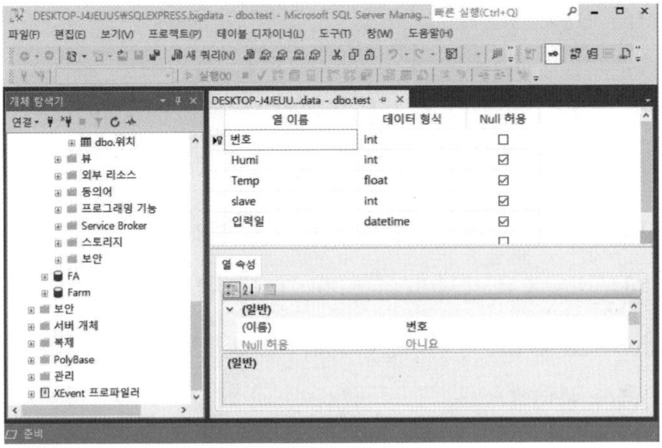

⑦ 온·습도 데이터를 포함한 추가 쿼리 코딩 및 MSSQL 연결 세팅을 합니다.

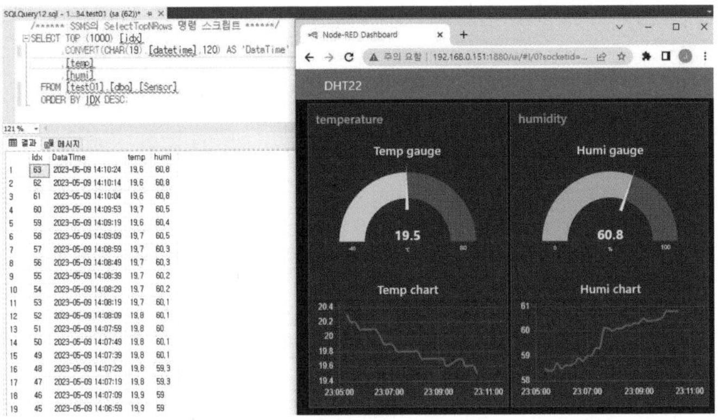

⑧ MS SQL 서버에 저장된 데이터를 실시간 모니터링합니다.

⑨ 온·습도 센서의 데이터를 취득/모니터링용 웹 화면을 구현하고, MSSQL 데이터베이스에 데이터를 저장하는 과정입니다. 즉, 라즈베리파이도 코딩 방식으로 데이터를 서버에 저장합니다.

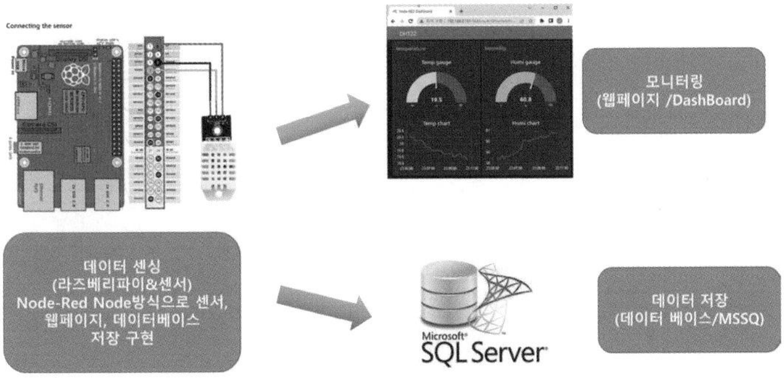

두 가지 프로젝트 예시를 보면

– 해당 플랫폼의 개발 언어를 학습하고,

- 아두이노: 코딩 구현 방식
- 라즈베리파이: Low Coding 구현 방식

– 하드웨어 플랫폼에 센서를 연결하고,

– 센서별 펌웨어 및 코딩 방법을 배우고,

- 데이터 베이스에 데이터 저장 과정을 학습합니다.

즉, 다른 센서를 연속적으로 추가할 때마다

ⓐ 릴레이 제어

ⓑ 데이터 분석

ⓒ 별도의 코딩 학습은 기본이며,

ⓓ 코딩 입문자가 접근해서 단기간에 ICT 플랫폼 구축은 어렵습니다.

'코딩 입문자가 아두이노 및 라즈베리파이를 쉽게 이해를 할까?'라는 질문을 해봅니다. 학습을 한다고 해도 쉬운 일이 아니며, ICT 플랫폼 구축은 매우 어렵습니다. 즉, 본 저서는 전문가 UART(아두이노/라즈베리파이) 개발 과정이 아니라 노코딩으로 ICT 입문자 대상으로 ICT 플랫폼 개발을 학습하는 데 목적이 있습니다.

(3) 기타 UART

① 마이컴

마이컴은 다음과 같이 구글 백과사전에 "일본에서는 주로 파소콘(퍼스컴)과 대응하는 의미로 '마이컴'이라고 불렀는데 현재 관점에서 설명해보면 주로 전자기기 등에 들어가는 자그마한 반도체 칩 내지는 일부 기능만 들어있는 가정용 컴퓨터를 마이컴이라고 불렀다. 컴퓨터의 원조인 미국에서도 마이컴이란 용어를 사용하긴 했지만, 한국에서 사용되던 용례는 주로 1980년대 일본에서 사용되던 용어와 비슷한 의미였다. 해적판은 아니지만 학원출판공사에서 나온『EUREKA』학습만화 시리즈에도 아예 컴퓨터와는 별도로 '마이컴과 로봇'이라고 하여 따로 가정용 컴퓨터와 인공지능 로봇을 묶어 한 파트를 다루고 있는 것을 볼 수 있다."라고 정의합니다.

마이크로 컨트롤에는 수많은 종류의 제품이 있지만, ICT 입문자가 다루기는 매우 어렵습니다. 일반 컴퓨터에는 범용화 CPU가 있다면, 마이컴에는 제품 개발 특성에 맞춤 CPU가 내장된 DIY형이라 보면 될 것입니다.

결국은 입문자 개발 영역도 아니며, ICT 전문 개발자만이 가능한 영역입니다. 우선 상업용인 경우에는 가전 폐품 및 장난감, 세탁기, 보일러 등에 사용되며, 만약에 복잡한 계산이 필요하다면, PLC로 개발을 하는 것이 일반적입니다. 즉, Micom은 제품의 특성에 맞춘 칩을 구매하여 프로그램으로 펌웨어해서 제품을 생산합니다. 주로 타이머 부문에 특화된 마이컴 컨트롤러가 만들어져 판매됩니다. 특히 냉장고 온도 조절로 많이 사용되고 있습니다.
본 저서에서는 마이컴의 설계 및 DIY 개발 과정을 소개하는 것은 아닙니다. 마이컴은 전문 개발자가 칩에다 펌웨어를 하는 전문 영역입니다.

② ESP32

아두이노 개발에서 ESP32 보드 개발로 확장되어 산업용 안정성에 좋은 평가를 받고 있습니다. 플랫폼 개발 보드에서 저전력 안정성 확보 차원에서 ESP32 보드의 사용 빈도는 높습니다.

아두이노 보드는 Atmega를 주로 사용하는데, 8비트 기반이며 요즘 많이 사용되는 ARM 16bit 보드와는 비교할 수 없을 정도로 수준이 낮습니다. 특히 아두이노에서 통신 Wi-Fi/BLE 모듈(UART)로 연결하기 위해서는 ESP32 계열 보드를 추가하여 사용되는 경우도 있습니다.
아두이노부터 ESP32까지 학습하면서 비개발자가 ICT 플랫폼을 개발한다는 것은 어렵습니다. 그러면 UART ICT 제품 개발이 아니라, ICT 입문자 장에서 클라우드 비즈니스를 하는 Smart IOT 제품에 대해서 학습합니다.

2. SMART IOT(사물인터넷)

아마존웹서비스(AWS)에서는 IOT를 "사물 인터넷(IoT)이란 IoT 또는 사물 인터넷이라는 용어는 연결된 디바이스의 공통 네트워크를 의미하며, 디바이스와 클라우드 및 디바이스 간 통신을 용이하게 하는 기술을 의미하기도 합니다. 저렴한 컴퓨터 칩과 고대역폭 통신의 출현 덕분에 이제 수십억 개의 디바이스가 인터넷에 연결되어 있습니다. 이는 칫솔, 진공청소기, 자동차 및 기계와 같은 일상적인 디바이스가 센서를 사용하여 데이터를 수집하고 사용자에게 지능적으로 응답할 수 있음을 의미합니다. 사물 인터넷(IoT)은 일상의 '사물'을 인터넷과 통합합니다. 컴퓨터 엔지니어들은 90년대부터 일상용품에 센서와 프로세서를 추가해 왔습니다. 그러나 칩이 크고 부피가 커서 초기에는 진행이 느렸습니다. RFID 태그라고 하는 저전력 컴퓨터 칩이 고가의 장비를 추적하는 데 처음 사용되었습니다. 컴퓨팅 디바이스의 크기가 줄어들면서 이러한 칩도 시간이 지남에 따라 더 작고, 빠르고, 스마트해졌습니다. 이제 컴퓨팅 파워를 작은 물건에 통합하는 비용이 상당히 감소했습니다. 예를 들어 전등 스위치와 같이 1MB 미만의 RAM이 내장된 MCU에 Alexa 음성 서비스 기능과의 연결을 추가할 수 있습니다. 가정, 기업 및 사무실을 IoT 디바이스로 채우는 데 관심이 집중함에 따라 사물인터넷 산업 전체가 빠르게 발전했습니다. 이러한 스마트 객체는 자동으로 인터넷과 데이터를 주고받을 수 있습니다. 이러한 모든 '보이지 않는 컴퓨팅 디바이스' 및 이와 관련된 기술을 사물 인터넷이라고 합니다."라고 정의를 내리고 있습니다.

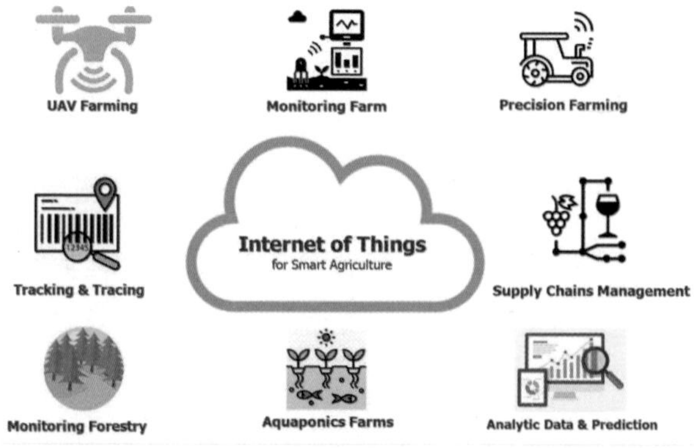

아마존에서 IoT 시스템은 실시간 데이터 수집 및 교환을 통해 작동합니다. IoT 시스템에는 다음과 같은 세 가지 구성 요소가 있습니다.

① **스마트 디바이스**

컴퓨터 기능이 부여된 텔레비전, 보안 카메라 또는 운동 장비와 같은 디바이스입니다. 환경, 사용자 입력 또는 사용 패턴에서 데이터를 수집하고, 인터넷을 통해 IoT 애플리케이션과 데이터를 주고받습니다.

② **IoT 애플리케이션**

IoT 애플리케이션은 다양한 IoT 디바이스에서 수신한 데이터를 통합하는 서비스 및 소프트웨어의 모음입니다. 기계 학습 또는 인공 지능 기술을 사용하여 이 데이터를 분석하고 정보에 입각한 결정을 내립니다. 이러한 결정은 IoT 디바이스로 다시 전달되고 IoT 디바이스는 입력에 지능적으로 응답합니다.

③ **그래픽 사용자 인터페이스**

그래픽 사용자 인터페이스를 통해 IoT 디바이스나 디바이스 플릿을 관리할 수 있습니다. 일반적인 예로 스마트 디바이스를 등록하고 제어하는 데 사용할 수 있는 모바일 애플리케이션 또는 웹 사이트가 있습니다.

인터넷 기반의 다양한 사물인터넷 센서와 연결되어 있으며, 판매 회사는 웹 클라우드로 컨트롤하며 구매자는 해당 제품을 웹/앱 사이트로 모니터링합니다. 그러다 보니 Smart City 개념의 IoT로 발전하였으며, Home 개념의 플랫폼으로 연기(매연), 도어 록, 보안 카메라 및 누수 감지기 등이 발전하였습니다. 정부는 인프라, 건강 및 환경 문제를 해결하기 위해 IoT 애플리케이션을 사용합니다. 특히 보건 복지, 제조, 운송, 자동차 부문에서 많은 발전을 하였습니다.

더 자세히 보면 스마트 IoT 기술의 발전으로 다양한 분야에서 스마트 센서를 이용하고 있습니다. 예로써 스마트 홈, 가정에서 전등 및 전원의 On/Off는 기본이며, 세탁기, 로봇청소기, 밥솥, 정수기, 출입문 등도 스마트 센서와 통신 모듈을 결합하여 현재 상태를 모니터링하고 제어를 합니다. 특히 기업용 IoT는 지속적인 혁신을 높이고, 인공지능/ML을 통한 통찰력(Insight) 확장합니다.

국내/해외에서 제공되고 Smart IOT 업체는 다음과 같습니다.

- 삼성전자: SmartThings/사물인터넷 플랫폼
- LG 유플러스: U플러스 AI 플랫폼
- 엘지전자: LG ThinQ
- KT, SKT의 GiDa Genie, NuGO 서비스
- 샤오미: MI Home
- 애플 홈킷: 아이폰 기반 시리를 활용한 스마트홈 기기제어 플랫폼
- 구글: 홈 어시스턴트/음성 인식 기술을 기반으로 한 인공지능 플랫폼
- 아마존: 알렉사/인공지능 기반 플랫폼
- 투야: Smart IoT/IoT 플랫폼 서비스 제공 등

예로 클라우드 기반의 Tuya IoT 플랫폼 소개합니다. /https://www.tuya.com/

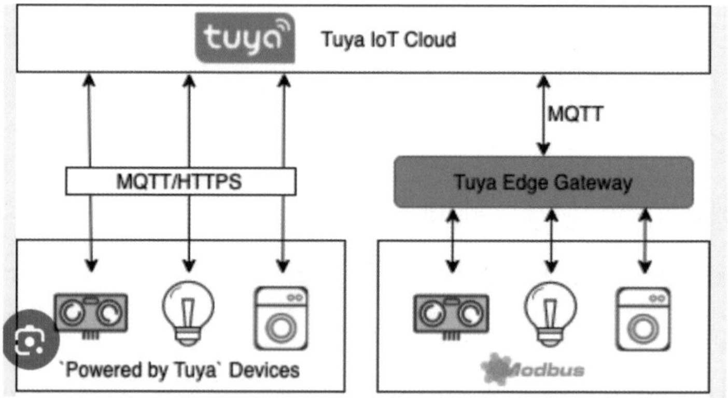

투야 클라우드 구성은 다음과 같습니다.

개발 고객이 직접 원하는 제품 구성을 제시하면 투야는 해당 모델별로 고객 맞

춤 개발/공급방식을 제공하고 있으며, 데이터 월 사용료 개념으로 클라우드를 운영합니다.

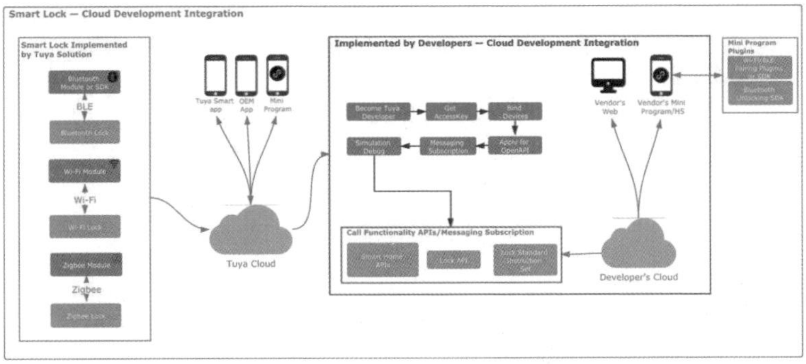

본 저자가 한 투야 IOT 산업용 센서를 구매 연구해 보았습니다.

연구 결과 산업 현장에 적용해도 무리가 없을 정도로 안정적입니다. 다운로드 카페에 자세히 투야 제품을 소개하고 있어서, ICT 입문자가 플랫폼 구축을 할 수 있습니다.

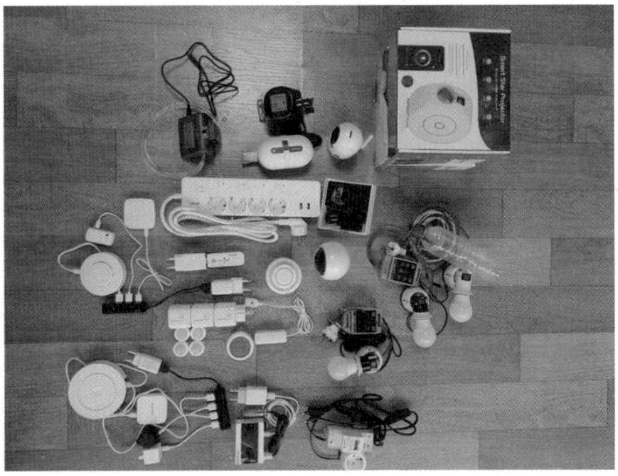

ⓐ 예로 Tuya Smart IOT에 가입한다.

ⓑ IoT의 통신 Wi-fi, Zegbee, Bluetooth 등을 연결하여 등록합니다.

ⓒ Tuya IoT 간의 시나리오/스마트 모드를 작성합니다.

ⓓ Tuya IOT 간의 호환으로 온도가 높다면 콘센트의 IOT에 냉방 전원 설정합니다.

투야 제품은 양쪽 Smart IoT/RS485 통신을 지원하는 산업용 제품도 있습니다.

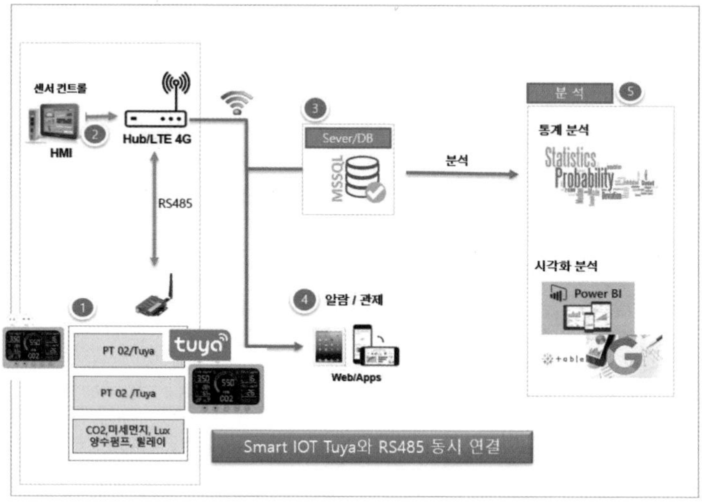

특히, 투야 제품 간 호환은 기본이고 RS485와 연결되는 센서도 있습니다.

기본적으로 Smart IoT는 다음과 같은 단점들이 있습니다.

ⓐ 제어를 하기 위해서는 대부분 인터넷 WI-FI 플랫폼에 연결되어 있어야 합니다. 혹은 연결 없이 자체 MCU를 포함된 제품도 있습니다.

ⓑ 플랫폼에서 저장된 데이터를 유료 판매합니다.

ⓒ 웹 클라우드 중심으로, 센서의 완벽한 컨트롤 편집 제어가 어렵습니다. 대부분 Smart IoT 판매 기업은 센서 제품의 데이터를 클라우드 다운로드 유료화로 운영합니다. 즉, ICT 입문자가 Smart IoT 제품의 시나리오 작성까지는 쉽지만, 데이터 저장 및 분석까지는 한계가 있습니다.

3. 산업용 ICT 센서

① 산업용 ICT 센서를 사용하는 이유는?

AI, IoT, 빅데이터가 거의 모든 산업에서 성장 동력으로 주목받으면서, 데이터 수집과 활용의 가치가 높아졌습니다.

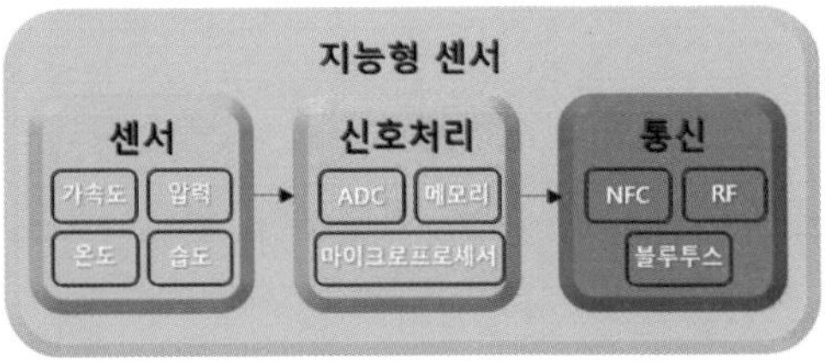

RS485 기준으로 압력, 온·습도, 가속도 등의 전기적 신호나 데이터 센서의 수요가 증가하고 있습니다.

IoT 구분별 주요 특성

구 분	소비자 IoT(Consumer IoT)	산업용 IoT(Industrial IoT)
개 념	고객 서비스 중심으로 사물과 사물 간의 상호작용을 지원하며, 사용자와 밀접한 범위 내에서 주로 활용	산업 분야에서 활용되는 사물인터넷으로, 산업 장비와 디바이스를 연결하는데 중점
특 징	소비자 중심, 일반적으로 시스템 오류 시, 위험한 상황이 일어나지 않는 분야에 적합	시스템 고장이나 오류, 중단/지연 상황에 심각한 위험 발생 가능한 분야에 적용되어 높은 수준의 신뢰성 요구
적용 범위	일상생활, 주거, 오피스, 대형 마트 등 사용자와 밀접한 범위에서 편의성 향상을 목적으로 활용	제조, 운송, 석유, 화학, 플랜트 등 다양한 산업 분야 전반에 기반기술로 활용

ⓐ 산업용 전압 레벨

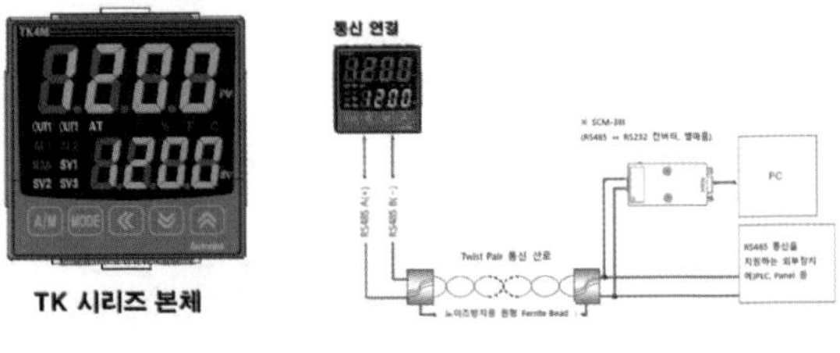

지금까지 살펴본 UART ICT 센서 전압은 3.3V~5V 저전력입니다. 산업용 전압은 5V~24V로 사용되고 있어, UART ICT 센서는 산업용 제

어에 사용할 수 없으며, 저전력 문제가 많습니다.

산업용을 지원하는 ICT(IoT 센서) 센서(이하 산업용 센서로 통칭)는 일반적으로 사용전압을 5v~30v 사이로 폭넓게 지원하도록 설계되어 있기 때문에 릴레이, 모터를 제어하는 회로 구성을 하더라도 전압 차이로 인한 문제 발생 소지가 낮습니다.

ⓑ 산업용 온도

가정에서 사용하는 전자제품들의 사용온도 기준 스펙은 0℃~70℃ 이내이지만, 실제 전자제품의 사용온도는 기준보다 훨씬 더 낮습니다. UART 센서는 온도 낮거나 높은 환경에서는 오작동 소지가 크며, 특히 산업 현장에선 안정적인 전압을 지원하는 산업용 센서(사용온도: -40°C ~85°C)가 필수입니다.

ⓒ 전기적 특성

UART용 센서(3.3V~5V)는 전기적 충격(ESD)/정전압 보호회로/내전압 등 안전성을 고려한 산업용 회로 구성 요소가 없습니다. UART 센서에 전기적 충격이 가해질 경우, 안전장치 회로가 없기 때문에 손상 문제가 발생합니다.

예로 '오토닉스' 산업용 온도 조절기 센서로, 열전대(온도 센서)로 온도를 감지하여 릴레이를 제어하는 컨트롤러입니다. 기본적으로 작동전압 24V(24V~48V), 내전압, 사용온도 −10℃~50℃, 습도(35%~85 RH)를 지원합니다.

ⓓ 산업용 ICT 센서는 네트워크 유무선을 지원합니다. 통신 네트워크가 안 되어있는 경우에는 센서 및 릴레이를 시스템 '일대일'로 연결합니다. 즉, 제어기마다 각자 센서를 연결하는 방식입니다.

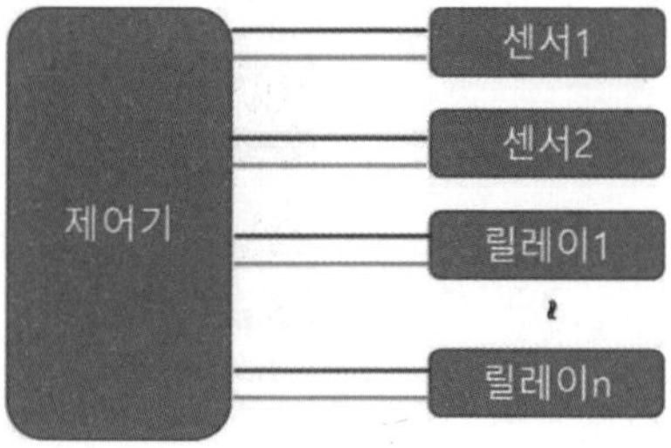

ⓔ 센서 모듈에서 통신 기능을 지원하는 모델은 아래와 같이 연결됩니다. 하나의 제어기로 '일대다' 연결을 통하여 여러 센서를 컨트롤 제어합니다.

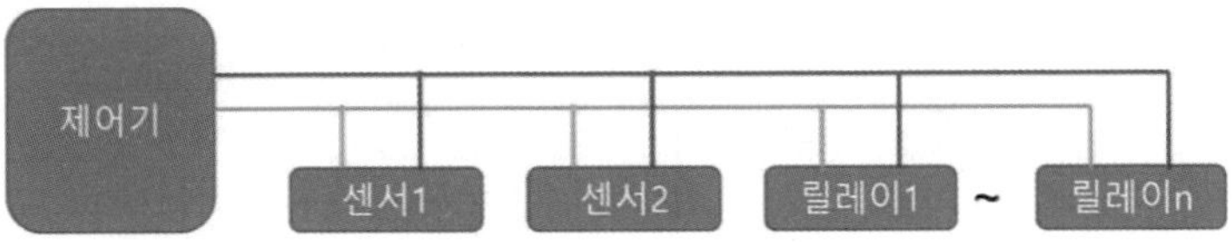

ⓕ 여러 가지 사항을 고려해 본다면 UART 센서로 산업 현장 구축은 위험하며, 운영상 문제가 발생합니다. 산업용 ICT 센서로 상시 가동, 안정성, 센서 신뢰성을 보장되도록 만들어야 합니다.

특히 산업용 무선 통신 발전으로 센서의 설치 유지 보수 확장이 높아지고, IoT 디바이스가 점차 확대됨에 따라 전송되는 데이터의 양과 속도 등에 따라 전송 시간이 지연될 수 있으며, 송수신되는 데이터 트래픽을 최소화하기 위한 네트워크 기술이 발전하고 있습니다. 이와 관련해서 뒷장에서는 로라 통신(이바이트, Lora611)을 소개합니다.

ICT 플랫폼은 센서와 애플리케이션을 연결하기 위한 소프트웨어 계층으로 데이터 통합, 제어, 분석, 상위 시스템과의 연동을 수행하는 핵심 기술로 뒤에서 HMI로 설명합니다.

특히 복잡한 제어/관리 시스템은 센서, 애플리케이션과 연계된 SCADA(관제 모니터링) 시스템을 구성해야 합니다. 본 저서는 입문자가 ICT 플랫폼 개발 학습이 가능하도록 오픈 소스 개발 환경을 제공합니다. 최종적으로 IoT 플랫폼, 애플리케이션 연동과 생산 환경에 적합한 클라우드 서비스를 제공하여 데이터 수집, 저장, 분석을 할 수 있도록 합니다.

즉 산업용 ICT 플랫폼은 다음과 같습니다.

ⓐ 산업용 센서를 HMI 통신 포트와 병렬로 연결합니다.

ⓑ HMI를 통해서 센싱 데이터의 컨트롤을 제어합니다.

ⓒ 센싱 데이터를 서버에 저장합니다.

ⓓ 스마트폰으로 관제 모니터링합니다.

ⓔ 센싱 데이터를 통계 및 시각화 분석합니다.

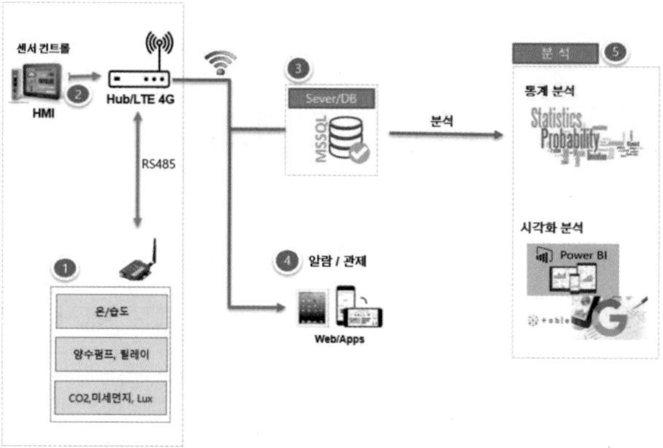

② **앞으로 미래의 ICT 플랫폼 구성은 다음과 같습니다.**

라즈베리파이, 아두이노, 마이컴은 코딩 방식에서, 클라우드 중심의 IoT 서비스 플랫폼으로 발전합니다. 특히 클라우드 중심의 IoT, ICT 플랫폼이 기본이지만, 본 저서에서는 입문자가 ICT 플랫폼 개발 과정을 쉽게 이해하고 만들어 보는 데 목표가 있습니다. 따라서 노코딩 HMI 중심의 산업용 ICT 센서 연결 학습이 필요합니다.

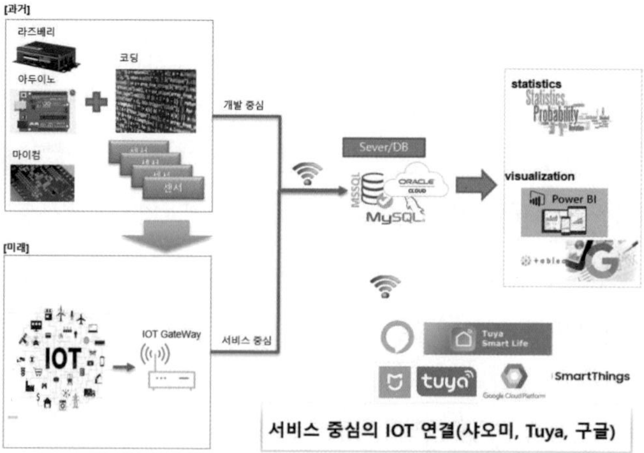

다음과 같이 RS485 통신 기반의 산업용 ICT 플랫폼 센서를 소개합니다. 온·습도는 기본이고, 다양한 릴레이, 환경 센서 등이 있는데, ICT 입문자들이 HMI 노 코딩으로 데이터 저장 및 분석까지 학습할 수 있을까?

③ **다음과 같은 제품을 준비합니다.**

ⓐ 온·습도/조광 센서 및 HMI(CMT SVR 102)를 준비합니다.
RS485로 센서와 HMI를 연결합니다.

ⓑ HMI로 업데이트하기 위해서 디자인 작화를 합니다.

ⓒ HMI에서 센싱 데이터를 서버 데이터로 저장합니다.

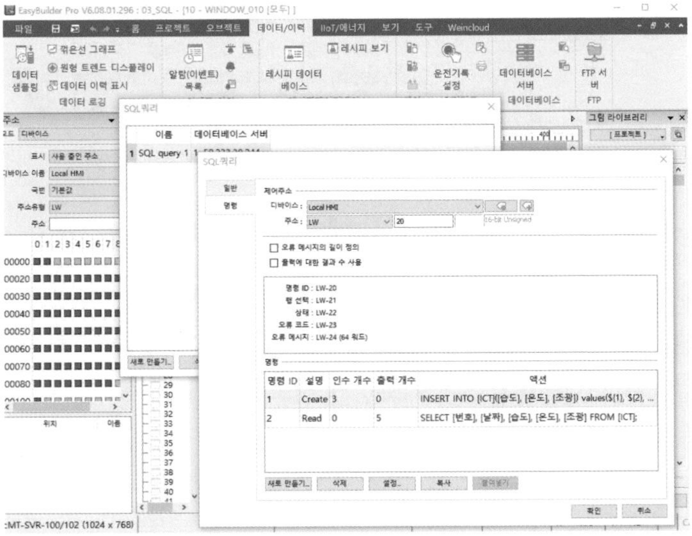

ⓓ 서버 데이터베이스 및 필드를 구성합니다.

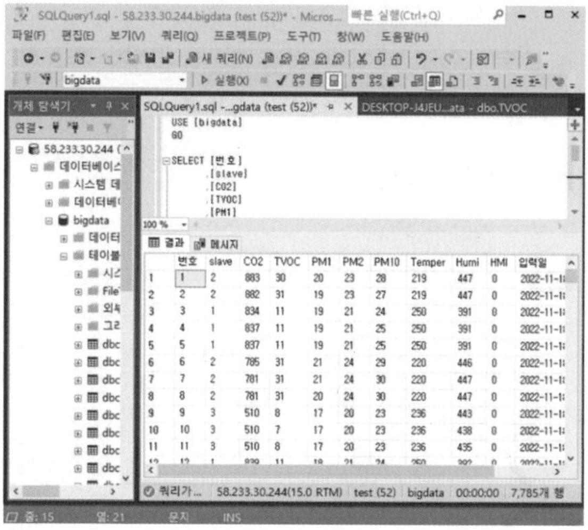

ⓔ MS Power BI로 서버에 저장된 데이터를 통계 분석 및 시각화합니다.

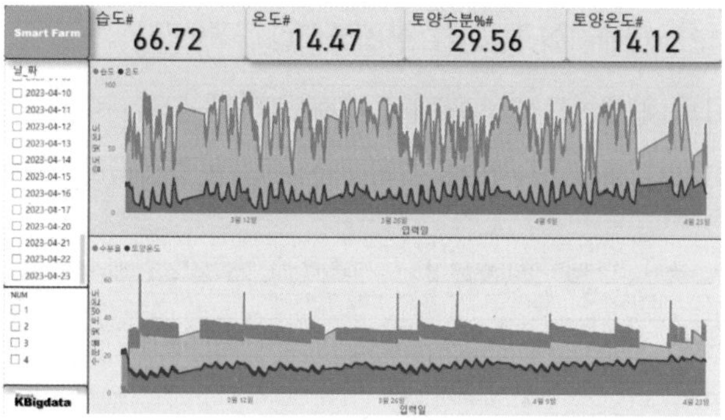

이런 과정을 통해서, 센싱 데이터 저장 및 분석할 수 있습니다.

앞으로 입문자 ICT 플랫폼 노코딩 학습을 소개합니다.

UART는 교육용 코딩 중심에 목적이 있으며, Smart IoT는 유저(사용자) 클라우드 중심으로 개발되고 있습니다.

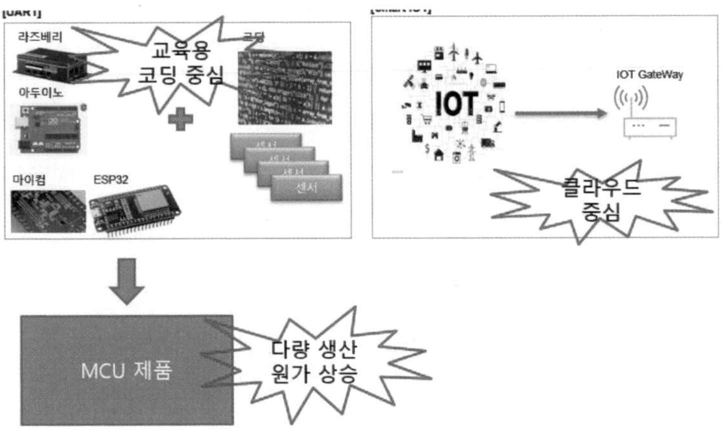

팁

UART 교육용 센서를 사용하면 전기 안전사고 문제가 발생할 수 있으며, 전용 MCU 보드를 만든 후에 UART용 센서 센싱을 권합니다.

ⓐ 따라서 산업용 RS485 ICT 센서를 HMI에 연결하고

ⓑ 작화된 화면 데이터를 HMI에 펌웨어 해서

ⓒ 센싱된 데이터 모니터링 및 데이터베이스에 저장

ⓓ 저장된 데이터 분석 및 시각화

ICT 입문자는 HMI와 RS485 센서를 가지고 간단한 노코딩 방식으로 ICT 플랫폼을 만들어 봅니다.

제2장
PLC와 HIM 개념 정리

1. PLC

PLC란 Programmable Logic Controller의 약자로 프로그램 가능한 논리 제어장치를 말합니다.

미국 전기 공업화 규격(NEMA: National Electrical Manufactrurers Association)에서는 "디지털 또는 아날로그 입출력 모듈을 통하여 로직, 시퀀싱, 타이밍, 카운팅, 연산과 같은 특수한 기능을 수행하기 위하여 프로그램 가능한 메모리를 사용하고 여러 종류의 기계나 프로세서를 제어하는 디지털 동작의 전자 장치"로 정의하고 있습니다.

① PLC 역사

1967년 미국 자동차 업체인 GM(General Motor)사의 생산 기종 변경 시 발생하는 복잡한 릴레이 제어반 시스템 교체 시 발생하는 비용과 시간을 줄이고자 시퀀스 제어장치 10가지 조건을 발표하고 그 조건을 맞추어 제작된 제어장치가 Medford사에서 개발한 모디콘(Modular Digital Controller) 084로 PLC의 최초 모델입니다.

1970년도 초 마이크로프로세서가 개발되어 기존 제어장치의 기능이 향상되고, 릴레이 회로의 대안으로 개발된 장치였지만, 릴레이 제어에 비해 편의성, 신뢰성, 경제성이 향상되면서 자동차, 철강, 화학 등의 대형공장에서 소규모 공장까지 보급되었습니다.

1970년대 중반부터 통신기능의 요구되면서, 모디콘에서 RS232 통신방식의 Modbus 통신 프로토콜을 이용한 통신기술을 개발하게 되었고, Modbus 통신기술이 지속적으로 발전하면서 오늘날에 다양한 분야에서 사용됩니다.

② **PLC 장점**

산업자동화(FA) 분야에서 PLC를 제어기로 사용하는 주요한 이유로는 높은 신뢰성과 좋은 확장성입니다.

ⓐ PC를 이용하여 제어를 할 경우 하드웨어 및 프로그램 리소스에 대한 부분도 관리해야 하며, 치명적 오류가 발생하게 되면 오작동 등으로 기능을 멈출 수 있으나 PLC의 경우 오류가 발생할 조건이 최소화되어 있고, 장시간의 동작에서도 처음과 같은 동작 가능합니다. 노이즈 현상에 상당히 강한 편이서, 노이즈에 민감한 산업현장에서 가장 많이 사용됩니다.

ⓑ PLC는 각종 산업용 기기 및 센서와 연결 호환성이 좋습니다. PC 상에서는 유선 방식의 시리얼 통신(RS232, RS485 등)을 이용하여 높은 신뢰성으로 사용 중이며, 인터넷을 통한 TCP/IP 통신 프로토콜도 지원함으로써 각종 산업기기와 통신하고 데이터를 송수신합니다. 또한, 기본 모듈에 있는 I/O가 부족할 경우, I/O 모듈을 추가하거나 Remote 확장 모듈들을 이용하여 증설할 수 있습니다.

③ **PLC 시스템 구성**

PLC 시스템의 기본 구조를 LS산전의 PLC 시리즈와 미쓰비시 멜섹 시리즈를 이용해 설명합니다.

PLC의 단위 시스템은 베이스(Base 또는 본체), 전원부(SMPS), CPU부, Digital 입출력 부(DI, DO)를 포함한 기본구성에 특수, 통신 모듈 등을 추가한 시스템으로 구분할 수 있습니다.

블록형 PLC: LG 산전 XGB 시리즈 / 미쓰비시 FX 시리즈

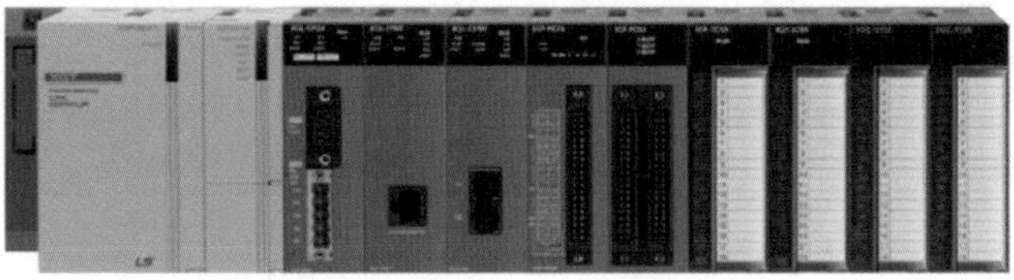

제품군이나 제품별 자세한 스펙은 각 사의 홈페이지에서 확인해 보시기 바랍니다.

④ PLC 내부 구성

마이크로프로세서, 메모리, 입력/출력 장치 및 전원 공급 장치로 구성됩니다. 마이크로프로세서는 프로그램에 따라 입력 신호를 처리하고 출력 신호를 생성합니다. 사용자 메모리는 프로그램과 데이터를 저장하는 데 사용되며, 데이터 메모리는 입출력 외부 장치와 신호를 주고받기 위해 사용되고, 시스템 메모리는 PLC 제작 회사에서 작성한 시스템 프로그램이 저장되는 영역으로 구분됩니다. PLC의 메모리 구조의 특징 중 하나는 사용되는 메모리 주소가 지정되어 있어, 사용자 프로그램을 저장하는 메모리 영역과 운전 중 데이터를 저장하는 디바이스 영역을 구분하여 사용합니다.

기능별 해당하는 메모리 주소를 이용하여, 비트 데이터 영역은 입출력 릴레이 등을 제어할 수 있고, 워드 데이터 영역을 이용하여 내부 데이터를 보관하거나 아날로그 통신/인덱스 등의 레지스트리로 사용됩니다. 일반적인 PLC들은, 위 그림과 같이 메모리 영역이 분리 및 접점 위치값이 지정되어 운영되고 있기 때문에 타 제어기에 비해 높은 신뢰성과 확장성이 필요한 경우에 사용합니다.

⑤ PLC 프로그래밍

ⓐ PLC는 릴레이 제어 구조인 A, B, C 등의 접점, 입출력 및 응용명령 코드와 논리 게이트를 이용해서 제어 회로구조를 설계합니다.

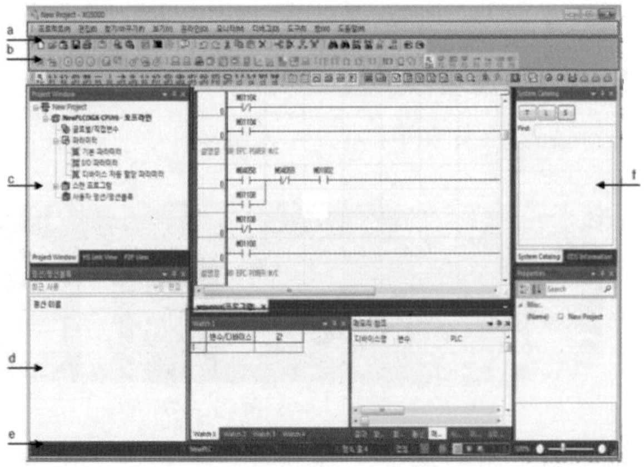

⑥ **PLC 기초용어 정의**

ⓐ 점(Point)

PLC에서 입출력을 표현할 때, DI(Digital Input) 입력 6점, DO(Digital Output) 출력 4점 식으로 표현합니다. DI 입력 6점의 의미는 센서나 스위치 등을 최대 6개까지 연결할 수 있는 것을 의미하며, DO 출력 4점은 릴레이나 램프 및 기타 하위에 연결할 수 있는 제어기의 개수를 표현합니다.

ⓑ 스텝(Step)

PLC 명령어의 최소 실행단위로써, A, B 접점, 출력 코일 등의 명령이 1스텝을 의미하며, PLC 응용명령은 다수의 명령을 포함한 매크로 기능으로써 하나의 응용명령이 여러 개의 스텝을 포함하고 있습니다.

ⓒ 스캔 타입(Scan Time)

작성된 프로그램을 1회 순차적 처리에 걸리는 시간을 의미하며, 스텝수가 많을수록 스캔 타입이 증가합니다. 이는 프로그램이 커지게 되면, 시간당 반복 횟수가 줄어듭니다.

ⓓ 파라미터(Parameter)프로그램과 함께, PLC 운전에 필요한 초기 세팅, 통신, 시스템 환경 정보를 설정한 데이터를 의미합니다.

⑦ **PLC의 연산처리 방식**

ⓐ PLC는 기본적으로 특별한 조건이 없는 경우에는 입력접점의 On/Off 입력 Refresh, 0번 스텝을 시작으로 END까지의 연산과정을 통하여 프로그램 로직에 의해 순차적으로 연산 진행 후 출력(릴레이 접점 출력 등) Refresh를 실행합니다.

ⓑ 입력부터 출력까지의 일련의 과정을 1 Scan이라고 합니다.

ⓒ 1 Scan 동안 프로그램 로직(연산)을 수행하기 전에, 입력 접점의 센서, 스위치 등의 상태 값을 읽어서 데이터 메모리 영역 중 입력용 영역에 일괄 저장 후 0번 스텝에서 End까지 연산처리 후, 지정된 출력 메모리 영

역에 데이터를 일괄 출력하여 릴레이 동작을 제어합니다.

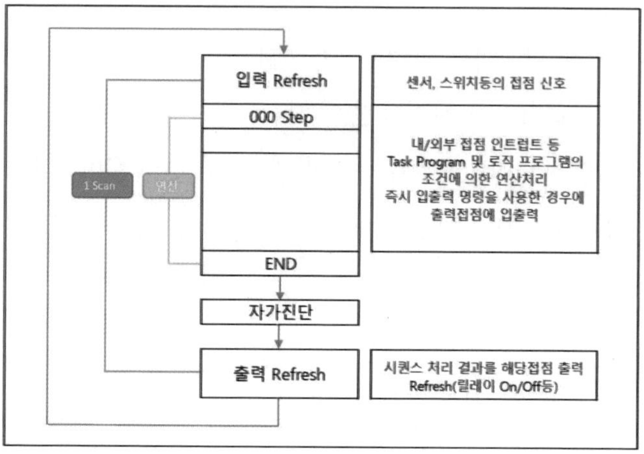

⑧ PLC의 장단점

ⓐ 장 점

– 릴레이 제어 반 방식에 비해 배선이 간단하고, 유지 및 보수가 용이합니다.

– 반도체 소자를 기반으로 개발되어, 소비전력 및 소형화로 설치 면적이 적습니다.

– 산업용 환경에서의 운영 신뢰성이 높기 때문에 장시간 및 안정성이 요구되는 경우에 많이 사용됩니다.

ⓑ 단 점

– 소규모 시스템 구축 시에는 릴레이 제어방식보다 제작 및 설치에 많이 비용이 소요됩니다.

– PLC 프로그래밍을 위한 국제 언어 표준인 'IEC 61131'이 있지만, 제조사별 프로그램이 다르고, 제조사별 특화된 제어 명령어 구조가 다르기 때문에 일반인이나 초보자인 경우 제조사별 제품 운영에 필요한 학습 시간이 오래 걸립니다.

⑨ **PLC의 확장**

산업 자동화 시스템 운영구조에서 수년간의 적용 및 개발을 통해 이미 신뢰성과 안정성이 입증된 시스템이며, 오늘날 PLC는 이더넷 또는 기타 통신 장치와 같은 주변 장치를 사용하여 네트워크로 연결할 수도 있게 되면서 PLC IoT 분야에서 더 복잡한 시스템에 적용할 수 있게 되었습니다.

하지만 릴레이 접점/논리회로 구조 이론이나 논리적 회로 설계 및 제조사별/PLC 제품별 운영 방법 등 프로그램 로직 개발과정을, 전기/전자 등의 이론적 지식 배경이 없는 일반인인 개인이 학습을 통하여 소규모 프로젝트를 개발한다고 하더라도 만은 시간과 비용을 투입하여 학습을 진행해야 합니다.

2. HMI(Human Machine Interface)

① HMI

ⓐ HMI는 'Human-Machine Interface'의 약어로, 인간과 기계 사이의 상호 작용을 위한 인터페이스를 말합니다. 기술적인 의미에서 HMI는 사용자가 기계 또는 시스템과 상호 작용하고 제어할 수 있도록 도와주는 장치, 소프트웨어, 시스템 또는 기술을 포함합니다.

ⓑ 일반적으로 그래픽 사용자 인터페이스(GUI)를 통해 구현되며, 터치스크린, 키보드, 마우스, 조이스틱 등과 같은 입력 장치를 통해 사용자와 기계 간의 상호 작용을 지원하며, 산업 자동화 시스템, 로봇, 제조 공정, 자동차, 가전제품, 통신장비 등 다양한 응용 분야에서 적용됩니다.

ⓒ 사용자가 시스템 상태를 모니터링하고 제어하는 데 도움을 주며, 실시간 데이터 표시, 경고 및 알림, 설정 및 구성 변경, 작업 명령 등을 제공할 수 있습니다. 이를 통해 사용자는 기계 또는 시스템의 동작을 이해하고 조작할 수 있으며, 사용자 경험을 개선하고 작업 효율성을 향상시키는 데 중요한 역할을 합니다.

ⓓ 산업환경에서 HMI는 독립형 스크린, 장비에 부착되는 대시보드 또는 태블릿과 같은 형태로 제공이 가능하며, 주 사용목적은 운영 데이터의 시각화 및 기기 제어에 사용됩니다.

② 스카다(SCADA)

ⓐ 위키백과의 정의에 따르면 "스카다 또는 감시 제어 및 데이터 취득(Supervisory Control And Data Acquisition, SCADA)은 일반적으로 산업 제어 시스템(Industrial Control Systems, ICS)으로 산업 공정 기반 시설 설비를 바탕으로 한 작업공정을 감시하고 제어하는 컴퓨터 시스템을 말한다."라고 정의합니다.

ⓑ 스카다의 구성요소로는 HMI, 감시시스템, 원격 단말기, PLC, 통신시

설 및 다양한 공정 분석적인 기기 장치들이 포함합니다.

ⓒ 스카다의 사용목적은 공정에서 발생하는 데이터 정보를 지속적으로 모니터링 및 측정하고, 원격 터미널 장치 등을 통하여 데이터 수집 및 통신을 함으로써, 전체 공정의 온라인 실시간 모니터링 및 공정제어를 자동화하기 위해 사용합니다.

ⓓ 스카다 시스템의 활용 분야로는 에너지, 인프라, 식음료, 제약, 자동차, 상하수도 관리 시스템 등의 산업 분야에서 활용됩니다.

ⓔ HIM 시스템은 스카다 시스템의 일부 구성요소로, 스카다 시스템의 소프트웨어 및 데이터베이스와 연결되어 공정에서 발생하는 각종 데이터의 모니터링이나 추세분석 정보를 모니터링할 수 있는 장치로 사용합니다.[3]

Figure 1. The generic SCADA architecture.

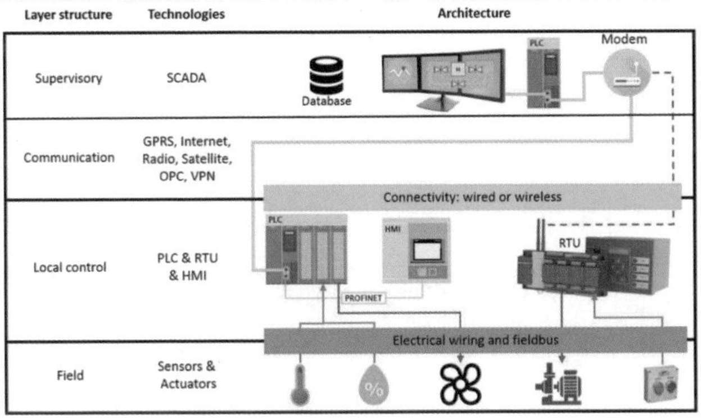

③ PLC와 HMI의 일반 구성

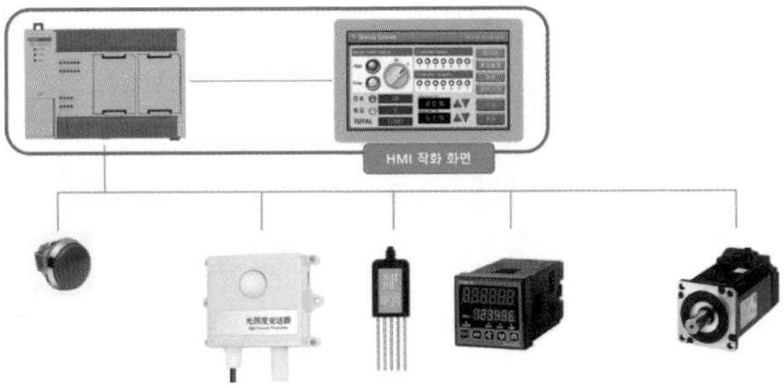

3 출처: https://www.mdpi.com/2071-1050/13/9/4950

ⓐ PLC를 이용한 일반적인 HMI 제어 시스템의 구조는 위 그림과 같습니다.

ⓑ PLC의 접점 또는 통신을 이용하여, 스위치, 센서, 서버 모터 등을 연결, 제어합니다.

ⓒ PLC와 HMI 장치는 통신을 통해 연결하고, HMI에 작화된 화면으로 모니터링 및 제어합니다.

ⓓ HMI 장치는 PLC에 연결된 메모리 주소를, 읽거나 쓰는 동작을 통하여 PLC와 통신을 합니다. 즉, 사용자가 HMI에 작화된 화면의 시작 버튼을 누르는 경우에, HMI에 연결된 PLC 메모리 주소의 값을 변경하고, PLC에 입력되어 있는 입출력 제어 로직 프로그램에 따라 제어됩니다.

ⓔ HMI 작화는 HMI 제조사의 작화 프로그램을 이용하며, 작화된 프로그램을 HMI 장치에 컴파일 및 펌웨어 전송으로, HMI가 작동합니다.

④ HMI 시스템의 변화

ⓐ 스카다 시스템 장비에 부착되어 장비의 운영 상태나 데이터 시각화 목적으로 사용되던 HMI가 스마트 팩토리 및 IoT의 영향으로 장비에 부착된 형태가 아닌 웹베이스 기반 및 모바일 형태로 변화하면서 어디에서나 장비의 상태를 모니터링할 수 있게 되고, 신속하게 대응할 수 있는 네트워크 기반의 독립된 HIM 형태로 발전하였습니다.

ⓑ 기존의 HMI 기능인 모니터링 목적뿐만 아니라 PLC 제어 및 IoT 센서와의 연동기능을 포함하게 되면서 독립적 구조 형태로 산업 분야에 적용되고 있습니다.

ⓒ 원격 모니터링 및 원격 유지/보수 요구가 확대되면서 웹 기반의 접근 및 제어를 지원하는 HMI가 산업 분야에 적용 및 활용되고 있어, 스카다와 HMI의 경계가 없어지는 추세입니다.

ⓓ 스카다 시스템은 고성능 대형 프로젝트 산업구조에서 주로 적용되고 있으며, 멀티 플랫폼을 지원하는 웹베이스 기반의 HMI가 복잡한 구성이 필요치 않은 다양한 산업구조 기반에서 활용되고 있습니다.

ⓔ PLC 제조사에서는 PLC를 기반으로 하는 다양한 제품군의 제어 시스템 및 솔루션을 제공하고 있으며, 제조사마다 전용으로 사용할 수 있는 다양한 HMI 제품군이 있습니다.

⑤ 일반 HMI와 제어기능이 내장된 HMI의 차이점

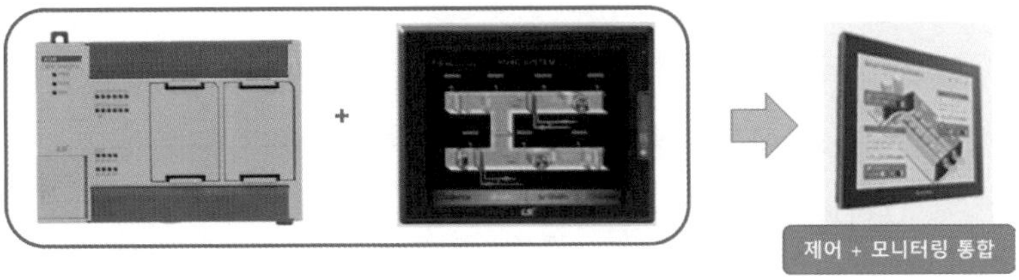

ⓐ 일반 HMI와 제어기능이 내장된 HMI의 가장 큰 차이점은, 기존 HMI에는 포함되어 있지 않은 PLC의 제어 관련 기능이 내장되어 있습니다.

ⓑ PLC 제어기능 중 입출력 메모리(Bit/Word), 연산 및 매크로 기능이 HMI에 포함되어 PLC가 없더라도 독립적 입출력 및 제어가 가능합니다.

ⓒ PLC 제조사에서 제공하는 전용 HMI 장비들은 제조사별의 전용 통신 프로토콜을 이용하도록 되어 있는 경우나, 통신 호환성을 제공하기 위해 범용 통신 프로토콜인 Modbus-RTU 또는 Ethernet 통신용 Modbus-TCP 프로토콜을 제공하고 있어, 타 장비와의 통신 연결을 지원합니다.

ⓓ 일반적인 HMI 장비에 비해 PLC와 HMI 기능이 합쳐진(이하 HMI로 통칭합니다.) HMI 장비들은 통신기능이 강화되어, 타 제품과의 통신 호환성을 제공하기 위해 다양한 통신 프로토콜을 지원하는 경우가 많아, 범용적으로 사용이 가능합니다.

ⓔ 많은 HMI 제조사들이 있지만, 국내 HMI 제품 중에는 M2I(엠투아이)사의 HMI 제품군과 해외 HMI 제품으로는 Weintek(웨인텍)사의 HMI 제품들이 다양한 통신 프로토콜을 지원합니다. 이 기종의 장비 연동성을 확보하기 위해서는, 얼마나 많은 장비 제조사의 통신 프로토콜을 지원

하느냐가 중요합니다.

ⓕ 과거의 HMI의 기능은 스카다 시스템의 일부인 터치 패널의 개념으로 인식되어 왔으나 현대의 HMI는 다양한 통신 프로토콜 지원으로 이기종과의 연결성 기능 확대 및 PLC 제어기능이 내장되었고, 스카다 시스템의 주요 기능 중 하나인 데이터베이스와의 연결을 통해서 수집된 데이터를 저장할 수 있는 기능이 추가되면서 스카다 시스템의 하위 개념인 Gateway로써 장비 단말기 하나하나에 대한 단위 기계의 감시 제어가 주된 역할이었으나, 최근의 HMI는 독립적인 기능을 갖춘 제어 장치로의 역할을 수행합니다.

대량의 정보수집, 분석, 제어를 하는 경우에는 PLC 제어를 포함한 스카다(SCADA) 시스템이 필요하지만, 소규모 프로젝트 개발에는, 복합 HMI 도입 및 적용이 경제적 측면에서 효율적입니다.

⑥ HMI 시스템의 장점 및 활용

ⓐ HMI와 SCADA, 두 가지 다 과거에 비해 기능이 향상되었습니다.

각 프로젝트의 크기나 상황에 따라 선택할 수 있는 폭이 넓어져, 경제적 측면을 고려하여 적합한 기능의 시스템 도입이 가능합니다.

HMI는 정형화된 사각형 디스플레이 형식, 터치 센서, 메인보드 등으로 구성되어 HMI 프로세스를 처리하는 형태였으나 디스플레이나 터치 센서가 없는 박스 PC화 HMI 제품들도 출시되고 있습니다. 디스플레이가 필요하면 핸드폰 앱이나 탭 또는 아이패드 같은 태블릿 PC를 통해 공정 모니터링 및 제어가 가능합니다.

ⓑ HMI에서 이기종의 타사 제품 통신 프로토콜 라이브러리 지원이 점점 많아지면서, 이기종의 제품이나 센서 연결 시, Gateway나 컨버터 장비가 필요했으나 HMI를 사용하여 통합이 가능해지면서 제어 시스템 구조를 단순화할 수 있습니다. 구조가 단순해지면 경제적인 측면이나 시스템 유지/보수 시에도 유리한 이점이 있습니다.

ⓒ 디스플레이 방식이 설치형에서 앱 기반 멀티플랫폼을 지원하기 시작하면서, 한정된 공간에서의 모니터링 및 제어방식에서, 모든 HMI 제조사에서 클라우드 서비스를 지원하지는 않지만, 클라우드 서비스를 지원하는 HMI 제품을 활용하게 되면 앱을 통해 시간과 장소의 제한 없이 원격제어 또는 원격 모니터링이 가능해지면서 비대면 유지/보수도 할 수 있습니다.

ⓓ 스카다 시스템에서 지원하던 데이터베이스 연결기능을 지원하는 경우, 현장에서 수집된 정보를 데이터베이스 저장하여 빅데이터 분석 등에 활용할 수 있습니다.

ⓔ IoT 제조사의 클라우드 서비스를 이용하더라도, 저장된 데이터를 제공하는 서비스가 없거나 대시보드 형태의 서비스 제공 또는 유료 가입을 통해 데이터를 가져와야 하는 경우가 대부분이기 때문에 클라우드 서비스에 저장된 데이터의 자체 활용에는 한계가 있습니다.

ⓕ HMI 기능이 고도화되면서 작화기능만으로도 데이터베이스가 연결되고, 다양한 제품 및 센서를 하나의 HMI 시스템으로 통합함으로써 경제성도 높아지고, 유지 보수가 쉽습니다.

ⓖ ICT 전문가 영역으로 여겨졌던 ICT 플랫폼 시장에, ICT 초보자도 ICT 입문 접근이 가능합니다.

본 저서에서는 ICT 초보 입문자도 HMI 학습을 통하여 ICT 플랫폼 구축과정을 학습합니다.

2
PART

ICT 통신

제3장
통 신

1. 데이터 통신

통신에는 매체(전선, 광케이블)를 이용하여 신호를 전달하는 유선통신과 전파를 이용하여 신호를 전달하는 무선통신으로 구분할 수 있습니다.

(1) 통신의 정의

통신이란 상대방(또는 기기)의 메모리를 읽거나 쓰는 것을 의미하며, 넓은 범위의 문자, 숫자, 기호 등의 데이터 처리와 데이터 전송을 하는 것입니다. 데이터 통신 시스템의 구성 요소로는

① 송신자(메시지를 보내는 자 또는 장치)+수신자(메시지를 받는 자 또는 장치)

② 통신 매체: 메시지를 송신자에서 수신자에게 전달하는 방법(채널, 링크, 회선)

③ 통신 프로토콜: 데이터 통신을 전달(제어)하는 약속(통신규약)입니다.

통신의 형태로는

① 단반향 (Simplex): TV, 라디오처럼 한쪽 방향으로만 통신하는 방식

② 양방향 (Duplex): 송수신자가 상호 통신하는 방식으로 2가지로 구분지을 수 있음

- 반이중(Half duplex): 송수신자 중 한쪽이 메시지를 전달하고 다른 쪽은 받기만 하는 구조
- 전이중(Full duration): 송수신자가 양쪽 모두 동시에 송수신이 가능한 구조

(2) 유선통신

① 시리얼 통신

통신에서는 일반적으로 크게 두 가지 방식, 즉 병렬 통신과 시리얼 통신(직렬)이 존재합니다. 병렬 통신은 데이터를 여러 비트(Bit)로 나누어 동시에 전송하는 방식이며, 시리얼 통신은 데이터를 한 비트(Bit)씩 순차적으로 전송하는 방식입니다.

ⓐ 시리얼 통신은 병렬 통신에 비해 전송 거리가 길고, 적은 수의 전선만 사용하여 저렴하게 구현이 가능합니다. 또한, 병렬 통신보다 오류 검출 및 수정이 쉽습니다.

ⓑ 시리얼 통신은 RS-232, RS-485, RS-422, USB, I2C, SPI 등 다양한 인터페이스를 사용합니다. RS-232는 PC와 모뎀 등의 기기 간에 통신할 때 많이 사용되며, RS-485는 네트워크에 연결된 다수의 기기 간의 통신 시 사용됩니다.

ⓒ 시리얼 통신에서는 데이터 전송 속도가 중요한데, 이는 비트 전송 속도(Baud rate)로 표시됩니다. 또한, 프레임(frame)이라는 개념을 사용하여 데이터를 구분하고, 오류 검출 및 수정을 위해 체크 섬, CRC 등의 방식을 사용합니다.

② 시리얼 통신의 구분

ⓐ 동기식 통신

데이터 전송을 클럭 신호(Clock Pulse) 시간에 맞추어 동시에 진행하는 방식으로, 송신 측과 수신 측의 클럭 신호(Clock Pulse)를 동기화시키는 방식으로 동작합니다. 이 방식은 데이터를 안정적으로 전송할 수 있어서 오류 검출 및 수정이 용이하며, 대용량 데이터 전송에 적합합니다. 그러나 전송 속도가 느리고, 복잡한 구현 방식으로 인해 비용이 많이 들어갑니다.

네트워크에서는 동기식 통신이 중요하게 사용되며, 이를 위해

Ethernet, TCP/IP, HTTP 등의 프로토콜이 개발되어 사용됩니다. 또한, 동기식 통신은 비동기식 통신과 결합하여 안정적인 통신을 구현하는 데 사용됩니다.

주로 마이크로프로세서를 이용한 제품의 통신방식으로 사용되며, SPI, I2C 통신방식이 동기식 통신방식에 속합니다.

ⓑ 비동기식 통신

데이터를 일정한 시간 간격으로 비트 단위로 전송하는 방식입니다. 이 방식은 전송 속도가 빠르고, 구현이 간단하여 비용이 저렴합니다. 시리얼 통신에서는 보통 비동기식 통신을 많이 사용합니다. 비동기식 통신은 전송 속도가 빠르며, 오류 검출 및 수정 기능을 추가하여 안정적인 통신이 가능합니다. 또한, 비동기식 통신에서는 시작 비트와 종료 비트를 사용하여 데이터의 시작과 끝을 알리는데, 이를 이용하여 데이터 프레임을 구분하고 오류를 검출할 수 있습니다.

클럭 신호(Clock Pulse) 없이 데이터를 전송하는 방식으로, 다르게는 Uart(Universal Asynchrounous serial Receiver and Transmitter: 범용 비동기 직렬 수신기 및 송신기) 통신방식으로 표현하기도 합니다. 산업현장에서 시리얼 통신 대부분이 이 방식을 사용하고 있으며, 통신방식의 종류로는 RS232, RS485, RS422 등이 있습니다.

③ 비동기식 통신방식 구성요소

ⓐ 통신속도(Baud rate): 1200, 2400, 4800, 9600, 18200, 38400, 57600, 115200 등이 있으며, 통신속도의 기본단위는 bps로 표시하며, 기본적으로 9600bps를 가장 많이 사용하고 있습니다.

ⓑ 데이터 비트(data bits): 7bit/8bit가 있으며, 일반적으로 8bit를 사용하고 있습니다.

ⓒ 패리티 비트(Parity bits): 데이터 전송 오류를 검출하기 위해 설정하는 비트로, Odd(홀수), Even(짝수), None(사용 안 함)이 있으나 현대에는 다

양한 오류체크 방법이 있기 때문에 패리티 비트는 대부분 사용하지 않고 있습니다.

ⓓ 스톱비트(Stop Bits): 1bit, 2bit가 있으며, 대부분 1bit를 사용하고 있습니다.

ⓔ 데이터 전송사례를 표현해 보면 9600, 8, N, 1로 표현되어 있다고 한다면

- 통신속도: 9600bps
- 데이터비트: 8bits
- 패리티 비트: None(사용하지 않는다.)
- 스톱비트: 1bit를 사용하는 구성을 표현할 수 있습니다.

팁

- 볼 레이트(Baud Rate): 초당 얼마나 많은 심볼(Symbol, 의미 있는 데이터 묶음)을 전송할 수 있는가를 나타내는 단위.
- 비트 레이트(Bit Rate): 초당 얼마나 많은 데이터 비트(1 또는 0)를 전송할 수 있는가를 나타내는 단위
- BPS(Bit Per Second): 초당 보낼 수 있는 비트의 수

④ 비동기식(Uart) 통신방식의 종류

ⓐ RS232 통신: 1969년 미국의 ELA에 의해 정해진 시리얼 통신방식으로, 가장 오래된 시리얼 통신의 원조입니다. 전이중 방식(양방향)통신을 지원하며, 단점으로는 통신거리가 짧고(최대 15M 이내), 노이즈에 영향을 많이 받는 특징이 있습니다.

RS232 통신 방식은 사용범위가 가장 넓다고 할 수 있으며, 바코드리더, 센서, 전자저울과 같은 제어기기 및 계측기기 통신 등 산업 여러 분야에서 현재에도 널리 사용되고 있습니다.

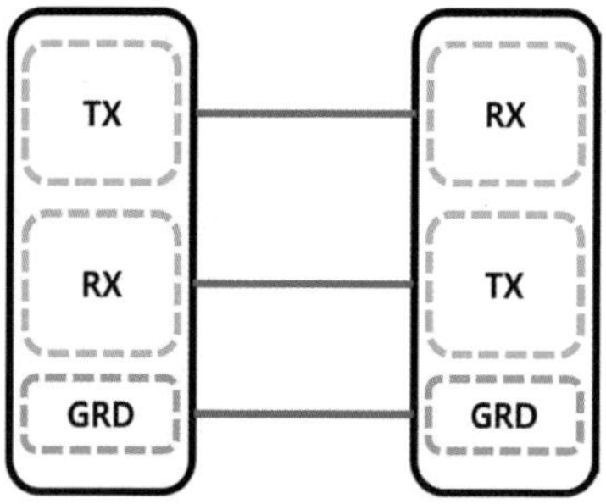

RS232 결선도

ⓑ RS422 통신: 아이폰으로 유명한 스티브 잡스가 애플의 매킨토시 컴퓨터에 적용한 시리얼 통신방식으로, 전이중 통신방식(양방향 통신)을 지원하며, 별도의 전송장비 없이 먼 거리(최대 1.2Km 이내) 데이터 통신이 가능하고, 전기 노이즈에 강한 특성을 가지고 있습니다.

송신 측(TxD+,TxD-)과 수신 측(RxD+, RxD-)이 서로 독립적으로 연결되어 있기 때문에 동시에 송수신이 가능한 양방향 통신을 할 수 있습니다. 일반적으로 우리가 알고 있는 Ethernet 통신도 RS422 통신방식의 예입니다.

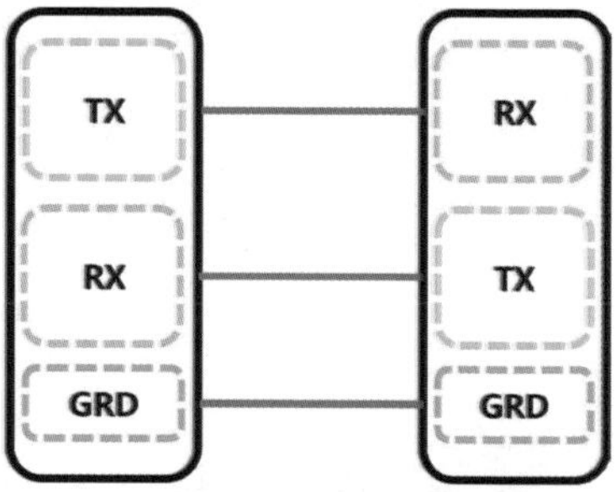

RS232 결선도

ⓒ RS485 통신: RS485 통신은 RS422 통신에서의 송신과 수신의 통신선로를 아래 그림과 같이 연결해서 Tx, Rx가 각각 1개의 통신선로를 갖는 형태로 만든 통신 방식입니다.

통신선로가 1개뿐이므로 송수신이 동시에 이루어질 수 없다는 단점이 있으나 RS422 통신방식에 비해, 회선을 공유(Tx+, Rx+/Tx-, Rx-)하고 있기 때문에 회선 비용을 절감할 수 있습니다.

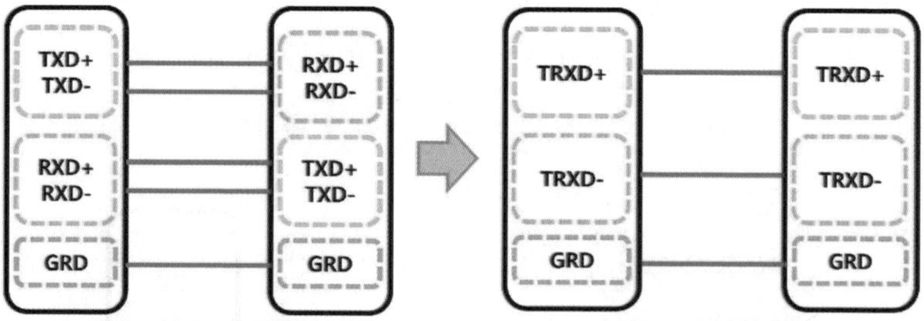

RS422 결선도

RS485 결선도

반이중 통신(송수신을 동시에 할 수 없음) 방식으로, 멀티드롭(Multidrop)으로 1개의 통신선로에 여러 대의 장비를 연결하고, 마스터(Master)에서 슬레이브(Slave)와의 데이터 송수신을 제어하는 방식의 네트워크를 구성(1:N 구성)합니다.

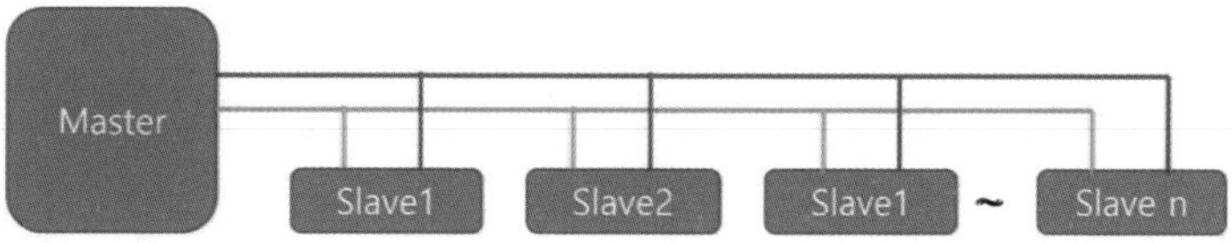

(3) 무선통신

① 무선통신의 종류

지금까지의 유선 통신을 통한 데이터 전송도 가능한 방법이긴 하지만, 최근 대부분의 IoT 장치가 하드웨어적 제약을 최소화하기 위해 무선통신으로 데이터를 주고받고 있습니다. IoT 무선망은 주로 디바이스, 센서와 게이트웨이 간의 데이터 전송용으로 구축되며, 게이트웨이와 서버 간에도 유선 사용이 어렵거나 무선이 더 유리한 경우 무선통신망을 적용하여 사용할 수 있습니다.

	Wi-Fi	Bluetooth	Zigbee	Z-Wave	Lora
주파수 대역	2.4, 5GHz	2.4 GHz	2.4 GHz	868~929	470~510MHz(China) 867~869MHz (North America) 920~925MHz(Asia)
전송 속도	Ac.~1.7Gbps Ax. ~9.6Gbps	최대 2Mbps (BLE 1Mbps)	250Kbps	40Kpbs	5.4Kbps
전송 거리	약 100M	2~30M	10~100M	100M 이상	~10Km
소비 전력	평균 100mW	1~100mW	1~100mW (Low)	Low	Low(100mW)
주요 응용 분야	WLAN 구성 인터넷 접속	주변기기(헤드셋, 마우스 등)	홈 네트워킹 빌딩 자동화	홈 네트워킹 빌딩 자동화	넓은 커버리지를 이용하여 다양한 분야에서 활용 중
특징	전력 소모 많음, 소형화 어려움, 커버리지 확장 가능	저전력 가능, AP 없이 접속 가능, 커버리지에 제약	저전력 저비용 전파간섭 우려	높은 효율성, 호환성	저전력, 저비용, 커버리지 확장 가능

참고: 주요 근거리 무선통신 비교(출처: 정부 사물인터넷도입 가이드라인, 2019, 행정안전부)
무선통신 모듈은 제품에 따라 전송속도 및 도달거리, 소비전력에 차이가 있음.
한국의 Lora 사용 가능 주파수대역(KR920)은 921~923MHz 대역으로 할당되어 있습니다.

② Wi-Fi(와이파이)

ⓐ 일상생활에서 가장 많이 사용하는 무선통신 기술로써, 무선 랜(Wireless Local Area Network) 기술을 이용하여 인터넷이나 네트워크에 접속하는 기술입니다. Wi-Fi는 IEEE 802.11 규격을 기반으로 하며, 일반적으로 무선 공유기나 무선 액세스 포인트를 통해 인터넷에 접속합니다.

ⓑ 무선통신을 이용하기 때문에 케이블이나 전선 등의 물리적인 제약을 받지 않고 인터넷을 사용할 수 있습니다. 다양한 기기에서 사용이 가능하며, 이동성과 편리성이 높습니다. Wi-Fi 기술은 높은 속도와 안정성을 보장하기 위해 다양한 안테나와 라우터 등의 기기를 사용합니다.

ⓒ Wi-Fi의 보안 또한 중요하기 때문에 다양한 보안 기술을 사용합니다. WEP, WPA, WPA2 등의 보안 프로토콜을 사용하여 사용자의 개인정보와 네트워크 보안을 보호합니다. Wi-Fi는 기기 간에 무선으로 데이터를 전송하기 때문에, 데이터 전송 속도와 안정성을 높이기 위해 다양한 기술을 사용합니다. 일반적으로 사용되고 있는 Wi-Fi 주파수 대역은 2.4G, 5G 대역이 주로 사용되고 있으나, 대량의 정보 전송 및 보안 필요성이 증가하면서 Wi-Fi 기술이 점점 발달하고 있는 추세입니다.

③ 블루투스(Bluetooth)

ⓐ 무선 기술 중 하나로, 블루투스를 지원하는 기기 간에 짧은 거리에서 데이터를 교환할 수 있습니다. 블루투스는 주로 스마트폰, 노트북, 태블릿, 헤드셋, 스피커 등 다양한 기기에서 사용되며, 기기 간의 무선 연결을 쉽게 구현할 수 있습니다.

ⓑ 블루투스는 저전력 무선통신 기술이며, 전력 소모가 적어 배터리 수명을 연장시킬 수 있습니다. 또한, 다른 무선 기술과는 달리 블루투스는

주파수 대역이 공용으로 사용되며, 다른 기기와의 간섭이 적으며, 기기 간의 짧은 거리에서 통신하기 때문에 보안성이 높습니다.

ⓒ 블루투스는 기존의 유선 연결을 무선으로 대체할 수 있는 기술로, 다양한 분야에서 활용됩니다. 예를 들어, 자동차에서는 블루투스를 이용하여 핸즈프리 통화를 할 수 있으며, 음악 재생도 가능하며, 헤드셋이나 이어폰에서도 블루투스를 사용하여 음악이나 음성을 전송할 수 있습니다.

ⓓ 블루투스는 IoT 분야에서도 중요한 역할을 합니다. 스마트 홈 기기나 스마트 시티 시스템에서 블루투스를 이용하여 다양한 정보를 수집하고, 제어할 수 있습니다. 예를 들어, 스마트 홈에서는 블루투스를 이용하여 스마트폰에서 조명이나 에어컨을 제어할 수 있습니다.

④ **지그비**(Zigbee) **통신**

ⓐ Zigbee는 무선통신 기술 중 하나로, 저전력 무선통신에 최적화되어 있습니다. Zigbee는 주로 스마트 홈, 산업 제어, 센서 네트워크, 건강관리 등 다양한 분야에서 사용됩니다.

ⓑ IEEE 802.15.4 표준을 기반으로 하며, 저전력 무선통신 기술인데, 이는 범위가 제한되어 있지만 매우 낮은 전력 소비와 단순한 구조로 구성됩니다. 저전력 무선통신으로 작동하기 때문에 배터리 수명이 길고, 전력 소비가 낮습니다. 대규모 센서 네트워크를 구축할 수 있어, 스마트 홈과 같은 분야에서는 매우 유용하게 사용됩니다.

ⓒ 매우 강력한 메시징 시스템을 사용하여, 실시간 모니터링, 장치 제어, 데이터 수집 등을 수행할 수 있습니다. Zigbee는 안전하고 신뢰성 높은 통신을 보장하며, 멀티플렉싱 기능을 제공하여, 다수의 장치를 동시에 작동할 수 있습니다.

ⓓ 스마트 홈 분야에서 많이 사용되는데, 이는 Zigbee가 저전력 무선통신 기술로 작동하기 때문입니다. Zigbee를 이용하여 스마트 홈 기기들을 제어하고, 각종 정보를 수집할 수 있으며, 예를 들어 조명, 창문, 문, 가

스 밸브, 에어컨, 보안 시스템 등을 제어할 수 있습니다. Zigbee 통신을 이용하기 위해서는 별도의 통신(Zigbee용) Router 또는 Gateway를 사용해야 합니다.

⑤ **Z-Wave 통신**

ⓐ Z-Wave는 RF (Radio Frequency)를 사용한 양방향 네트워크 통신기술로, 900MHz 대역 주파수를 사용하기 때문에 타 무선통신 제품(2.4GHz를 사용하는 와이파이나 블루투스)과의 전파적 충돌이나 간섭이 없습니다.

ⓑ 주로 스마트 홈 분야에서 사용되며, 저전력 무선통신 기술을 사용하여, 스마트 홈 기기들과 연동이 용이합니다

ⓒ 주파수 대역이 국가별로 다르게 할당되어 있어, 전 세계적으로 사용할 수 있습니다. Z-Wave는 안전하고 신뢰성 높은 통신을 제공하며, 대규모 네트워크를 구성할 수 있습니다.

⑥ **로라통신**(Lora: Long Range)

ⓐ Semtech에서 개발한 저전력 통신 변조 기술로써 사물인터넷 통신을 위해 만들어진 통신규격으로 다른 통신규격과의 차이점이라면 초장거리 연결과 저전력으로 좋은 환경에서 최대 10마일(16km) 정도의 통신이 가능하며 노드마다 노드 번호를 할당해서 통신하기 때문에 경쟁 규격과는 다르게 유심 등이 필요 없습니다.

ⓑ 통신속도는 Wi-Fi/LTE 등 타 규격보다는 느리지만 Zigbee보단 빠른 편이며, 비면허대역 기반 통신규격이라 통신 주파수는 ISM(Industrial, Scientific and Medical 이하 ISM) 밴드에 걸치는 주파수를 사용합니다.

ⓒ 국내에서는 SK텔레콤이 주력 IoT 솔루션으로 서비스하며 대역은 900Mhz 대역을 통해 서비스하는데, 실제로는 SK망이 아니라 독자망 기반으로 하는 기기들이 더 많은 편입니다.

광범위한 지역에서도 높은 전송 거리를 제공하고, 장애물에 강한 특징

을 가지고 있습니다. 이러한 특징 때문에, LoRa는 현재 IoT 분야에서 널리 사용되고 있습니다. 예를 들어, 스마트 시티, 스마트 농업, 스마트 홈, 스마트 빌딩 등에서 사용되며, 센서, 액추에이터, 카메라 등 다양한 IoT 기기와 통신할 수 있습니다.

ⓓ 로라 통신의 특징

- 긴 전송 거리: LoRa는 저전력으로도 긴 전송 거리를 제공합니다. 이는 기존의 무선통신 기술에 비해 약 10배 이상 더 먼 거리까지 통신이 가능합니다.
- 저전력: LoRa는 저전력으로 동작하기 때문에 배터리 수명이 길고, 소형화된 디바이스에서도 사용이 가능합니다.
- 고감도: LoRa는 낮은 신호 강도에서도 높은 감도를 가지기 때문에, 장애물이나 건물 등의 방해물에도 강한 통신이 가능합니다.
- 대용량 통신: LoRa는 대량의 데이터를 효율적으로 전송할 수 있습니다. 이는 스마트 시티, 스마트 농업, 스마트 홈, 스마트 빌딩 등의 분야에서 유용하게 활용될 수 있습니다.
- 저비용: LoRa는 저렴한 가격으로 구매가 가능합니다. 따라서 대규모로 확대할 경우, 저비용으로 시스템을 구성할 수 있습니다.

2. 통신 프로토콜

통신 프로토콜 또는 통신규약의 사전적인 의미는 컴퓨터나 원거리 통신장비 사이에서 메시지를 주고받는 양식과 규칙의 체계입니다.

① PC통신을 위한 통신 프로토콜로

ⓐ 이더넷 프로토콜: LAN(Local Area Network)에서 사용되는 대표적인 프로토콜입니다. 이더넷 프로토콜은 IEEE 802.3 표준에 따라 정의되며, 물리 계층과 데이터 링크 계층에서 작동합니다.

ⓑ TCP/IP 프로토콜: 인터넷에서 사용되는 프로토콜 중 가장 대표적인 프로토콜입니다. TCP(Transmission Control Protocol)와 IP(Internet Protocol) 두 개의 프로토콜로 구성되어 있으며, 전송 계층과 인터넷 계층에서 작동합니다.

ⓒ HTTP 프로토콜: 인터넷에서 가장 많이 사용합니다. HTTP(Hypertext Transfer Protocol)는 웹 브라우저와 웹 서버 간의 통신을 위해 설계되었으며, 클라이언트-서버 모델을 기반으로 동작합니다.

ⓓ FTP 프로토콜: 파일 전송을 위한 프로토콜로, TCP/IP 프로토콜 위에서 작동합니다. FTP(File Transfer Protocol)는 클라이언트-서버 모델을 기반으로 하며, 파일 전송 및 관리에 사용됩니다.

② PLC 제어용으로 사용되는 통신 프로토콜

대표적인 통신 프로토콜로는 미쓰비시(CC-Link, CC-Link/IE), 지멘스(Profibus-DP, Profinet), 슈나이더(Modbus, Modbus/TCP) 등의 PLC 제조사마다 전용 프로토콜을 사용하고 있습니다.

③ 모드버스 통신 프로토콜이란

ⓐ PLC(Programmable Logic Controller: 프로그램 가능 논리 제어기)를 최초로

만든 모디콘(Modicon)에서 PLC와 제어기기 간의 통신에 사용할 목적을 만든 시리얼 통신 프로토콜입니다. Schneider Electric에서 Modbus 프로토콜을 공개하여, 2004년 4월 이후로 프로토콜의 개발과 수정을 Modbus Organization에서 수행하고 있습니다.

ⓑ Modbus 프로토콜은 산업용 자동화 분야에서 많이 사용되는 시리얼 통신 프로토콜 중 하나입니다. Modbus 프로토콜은 기기와 기기 간의 통신을 위한 프로토콜로서, 제어 시스템, 센서, 모터, 펌프 등의 기기 간의 데이터 교환을 지원합니다.

ⓒ Modbus 프로토콜은 라이선스가 무료인 '오픈 프로토콜'로 산업용으로 많이 사용하고 있으며, PLC 제조사마다 통신 호환성을 유지하기 위해 Modbus 통신 프로토콜을 지원하고 있습니다.

④ 모드버스 프로토콜의 특징

ⓐ 간단하고 가벼움: Modbus 프로토콜은 매우 간단하고 가벼우며, 적은 리소스로도 구현이 가능합니다.

ⓑ 다양한 플랫폼 지원: Modbus 프로토콜은 다양한 플랫폼에서 사용 가능합니다. 따라서 다양한 기기 간에 통신이 가능합니다.

ⓒ 호환성이 높음: Modbus 프로토콜은 다양한 기기와 호환성이 높습니다. 이는 많은 산업용 자동화 분야에서 Modbus 프로토콜을 많이 사용하는 이유 중 하나입니다.

ⓓ Master-Slave 구조: Modbus 프로토콜은 Master-Slave 구조로 동작합니다. Master가 Slave에게 데이터를 요청하고, Slave는 Master의 요청에 따라 데이터를 전송합니다. 이론적으로 최대 247개의 슬레이브(Slave 또는 센서)가 연결 가능합니다. 다만, 통신장비에 따라 연결 가능한 슬레이브 개수가 각기 다르기 때문에 사용할 통신 장비의 매뉴얼을 참고해야 합니다.

ⓔ 시리얼 통신 방식 지원: Modbus 프로토콜은 RS-232, RS-422, RS-

485 등의 시리얼 통신 방식을 지원합니다.

ⓕ 예외 처리 기능: Modbus 프로토콜은 예외 처리 기능을 제공합니다. 이를 통해 Slave가 잘못된 명령을 받았을 때 예외를 발생시키고, Master가 이를 처리할 수 있도록 합니다.

ⓖ 오픈 소스: Modbus 프로토콜은 오픈 소스로 제공되기 때문에 개발 비용이 저렴합니다. Modbus 프로토콜은 많은 산업용 자동화 분야에서 사용되고 있으며, 다양한 장점을 가지고 있기 때문에 많은 기업이 이를 사용하고 있습니다.

⑤ 모드버스 프로토콜의 종류

ⓐ Modbus RTU(Remote Terminal Unit): Modbus RTU는 시리얼 통신을 위해 개발된 프로토콜로, 이진 통신 프로토콜을 사용합니다. RS-485와 같은 멀티드롭 버스(Master-Slave) 구조에서 많이 사용됩니다. 이 모드에서는 데이터를 8비트 이진 형식으로 송수신합니다.

ⓑ Modbus ASCII(American Standard Code for Information Interchange): Modbus ASCII는 문자 기반으로 데이터를 전송하는 프로토콜로, ASCII 코드로 데이터를 인코딩합니다. RS-232와 같은 직렬 통신에서 사용됩니다.

ⓒ Modbus TCP/IP: Modbus TCP/IP는 이더넷을 기반으로 TCP/IP 프로토콜을 사용합니다. TCP/IP는 패킷 송수신을 보장하는 신뢰성 있는 프로토콜로, 패킷 헤더에 따라 패킷을 송수신합니다. 이 모드에서는 데이터를 16비트 형식으로 송수신합니다. 이를 통해 이더넷을 사용하는 산업용 자동화 시스템에서도 Modbus를 사용할 수 있습니다. 이 중에서도 시리얼 통신에서는 Modbus RTU를 가장 많이 사용합니다.

⑥ **모드버스 통신의 송수신 절차**

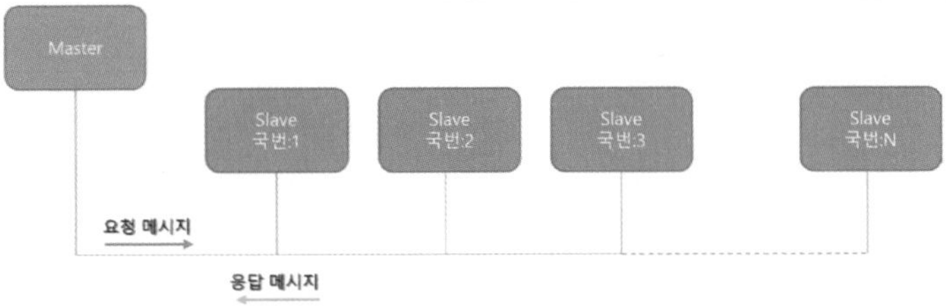

동일한 통신구성 내에 있는 Slave들은 독립적인 국번을 가져야 하며, 마스터(Master)에서 해당 국번의 슬레이브(Slave)에 요청 메시지를 보내고 해당하는 국번의 슬레이브(Slave)에서 응답 메시지를 보내는 구조를 가지고 있습니다.

⑦ **모드버스 슬레이브 메모리맵/펑션**(기능) **코드 테이블**

Modbus Addressing Model

Decimal	Hexadecimal	Description
01	0x01	Read Coil Status
02	0x02	Read Input Status
03	0x03	Read Holding Registers
04	0x04	Read Internal Registers
05	0x05	Force Single Coil
06	0x06	Preset Single Register
15	0x0F	Force Multiple Coils
16	0x10	Preset Multiple Registers
22	0x16	Masked Write Register

다음과 같이 그룹으로 요약할 수가 있습니다.

형 태	메모리	이 름	Function code	디바이스
비트 (Bit)	Coil	Read Discrete Inputs	02 (0x02)	INPUT, OUTPUT
		Read Coil	01 (0x01)	
		Write Single Coil	05 (0x05)	
		Write Multiple Coils	15 (0x0F)	
워드 (16비트)	Register	Read Input Register	04 (0x04)	ADC, PWM
		Read Holding Registers	03 (0x03)	
		Write Single Register	06 (0x06)	
		Write Multiple Registers	16 (0x10)	

처음부터 완벽하게 통신을 학습할 수는 없습니다. 따라서 아래 4개 모드버스 통신 기능코드만 학습합니다.

01 code: 릴레이(0 or 1)

02 code: 접점 Input(문 도어 관리)/(0 or 1)

03 code: 데이터 값/숫자 정수

04 code: 데이터 아날로그 Input 값/숫자 정수

모드버스 통신을 확실하게 배우기 위해 사전 준비 작업을 합니다.

⑧ 모드버스 슬라브 메모리맵/펑션(기능)코드 테이블

<table>
<tr><th>타 입</th><th>블록
(레지스터)</th><th>메모리 번지</th><th>접근방법</th><th>기능코드</th><th>용 도</th></tr>
<tr><td rowspan="4">Bit
(1Byte)</td><td rowspan="3">Coil</td><td rowspan="3">0x00001
~ 0x10000</td><td rowspan="3">Read
/Write</td><td>1 / 0x01</td><td>Read Coil</td></tr>
<tr><td>5 / 0x05</td><td>Write Single Coil</td></tr>
<tr><td>15 / 0x0F</td><td>Write Multiple Coils</td></tr>
<tr><td>Discrete
Input</td><td>0x10001
~ 0x20000</td><td>Read
Only</td><td>2 / 0x02</td><td>Read Discrete Input</td></tr>
<tr><td rowspan="4">Word
(2Byte)</td><td>Input
Registers</td><td>0x30001
~ 0x40000</td><td>Read
Only</td><td>4 / 0x04</td><td>Read Input Register</td></tr>
<tr><td rowspan="3">Holding
Registers</td><td rowspan="3">0x40001
~ 0x50000</td><td rowspan="3">Read
/Write</td><td>3 / 0x03</td><td>Read Holding Register</td></tr>
<tr><td>6 / 0x06</td><td>Write Single Register</td></tr>
<tr><td>16 / 0x10</td><td>Write Multiple Register</td></tr>
</table>

모드버스 통신은 기본적으로 16진수(0x)를 사용하고 있기 때문에 진법에 익숙하지 않은 분들이라면 2진수, 10진수, 16진수의 개념 및 진법변환의 기본 학습을 하시는 것을 추천해 드립니다.

ⓐ 기능코드 1번과 2번 그리고 3번과 4번은 동일 기능(Read)이지만, 접근하는 메모리 번지가 다릅니다.

ⓑ Bit 타입의 메모리 주소 번지의 값은 Device(장치)의 Input(ex. 버튼 On/

Off 상태), Output(ex. 릴레이 On/Off) 모니터링이나 제어 등에 사용하고 있습니다.

ⓒ Word 타입의 메모리 주소 번지의 값은 Device(장치)의 ADC(Analog-to-digital converter)나 PWM(Pulse Width Modulation) 제어 메모리 번지로 사용될 수 있습니다.

ⓓ Modbus 패킷 구성: Modbus 통신 패킷 구성은 슬라브 어드레스(국번), 기능코드, 시작 어드레스(주소), 길이(반환되는 데이터 수), 데이터, CRC(에러 검출)로 구성됩니다. 상세한 설명은 각각의 기능코드 설명을 참조하여 주시기 바랍니다.

ⓔ CRC 코드: CRC는 Modbus 송수신 패킷의 마지막 두 개의 바이트로서, 송수신한 패킷이 제대로 전달되었는지를 알기 위한 검증코드입니다.

처음부터 완벽하게 통신을 학습할 수는 없습니다. 따라서 아래 4개 모드버스 통신 기능 코드만 학습합니다.

01 code: 릴레이(0 or 1)

02 code: 접점 Input (문 도어 관리)/(0 or 1)

03 code: 데이터 값/숫자 정수

04 code: 데이터 아날로그 Input 값/숫자 정수

모드버스 통신을 확실하게 배우기 위해 사전 준비 작업을 합니다.

3. 모드버스 시리얼 통신

① 준비물

ⓐ USB to RS485 컨버터: 다양한 USB to RS485 또는 USB to RS485/RS422 제품들이 있습니다. 본 교재에서는 NEXT USB to RS422/485 1포트 컨버터를 이용하여 센서들의 Modbus 통신테스트 내용을 담았습니다.

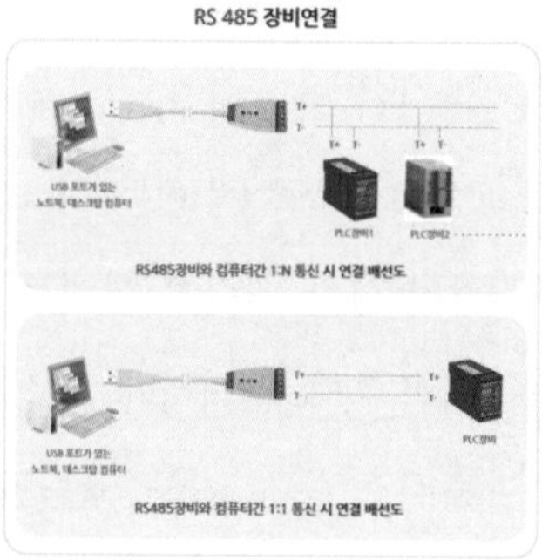

ⓑ Modbus 통신 테스트 프로그램: Modbus Poll 시리얼 모드버스 통신테스트 프로그램으로 Modbus Poll을 사용하였고, 사용방법은 인터넷 참조, 본 교재에서는 사용 방법을 그림으로 간단하게 소개합니다.

- Modbus Poll 사용 시에 통신 파라미터 설정: 센서와 PC의 Com Port 간 통신을 하기 위해,
- Modbus 파라미터 설정: 국번, 기능코드, 시작주소 등을 설정해서 테스트를 진행하여야 합니다.

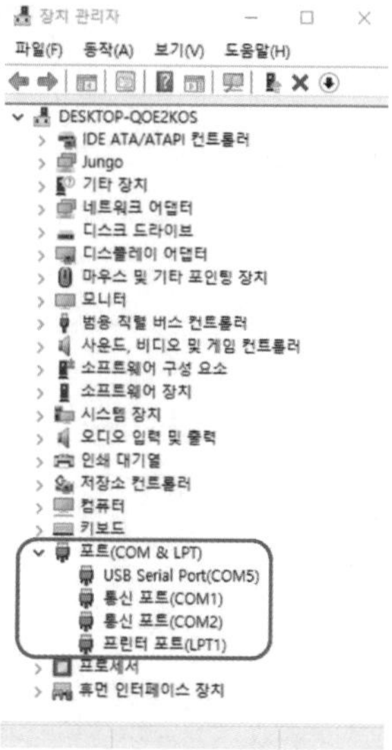

ⓒ 시리얼 Com Port 통신 파라미터 설정: PC에 연결된 USB to RS485 컨버터의 Com Port를 설정하기 전에, 우선적으로 현재 PC에 연결된 Com Port를 확인하셔야 합

니다. 즉 컴퓨터 제어판 → 장치관리자 선택 PC USB 단자에 연결된 USB to RS422/485 컨버터의 접속된 포트를 확인합니다.

Com Port 번호는 PC Modbus poll 프로그램과 연결할 때 사용됩니다.

Modbus Poll 프로그램 메뉴에서 Connection -> Connect(F3)를 선택합니다.

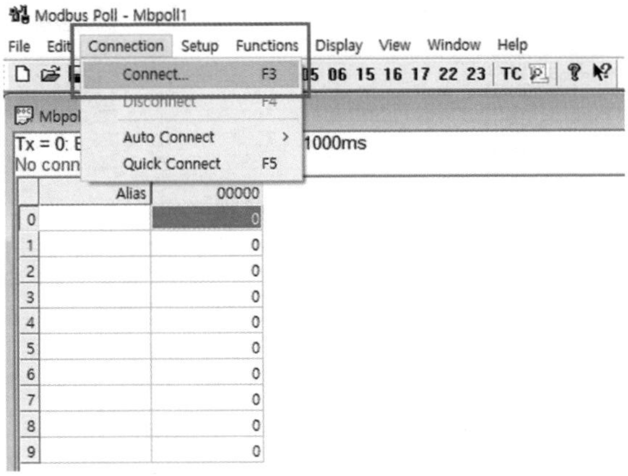

Connection: 'Serial Port'를 선택합니다. 다양한 유형은 나중에 뒤에서 학습합니다.

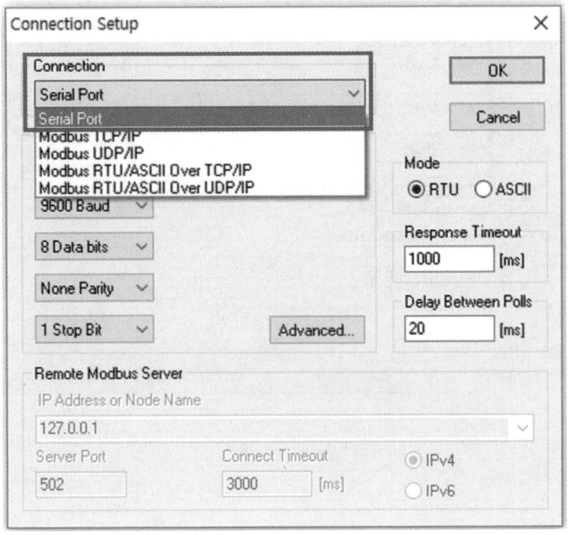

장치관리자에 연결된 USB Com Port를 지정합니다.

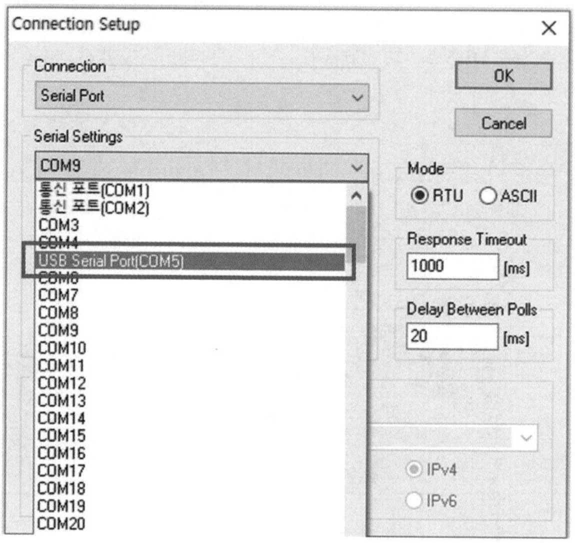

BPS, 데이터 유형, 등을 위와 같이 9600, 8bit, None Parity, 1 Stop bit로 선택합니다. Mode는 RTU를 선택합니다.

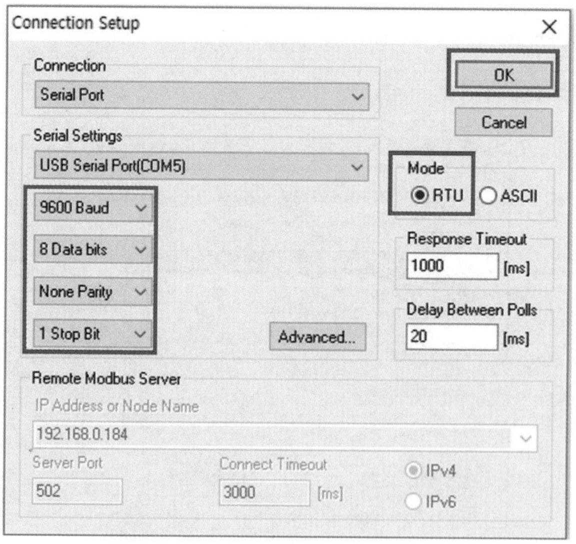

② **통신 연결 예제**

본 교재에 있는 조광 센서(온도, 습도, 조도)를 USB TO RS485 컨버터에 연결하고 Modbus Poll 프로그램을 이용합니다.

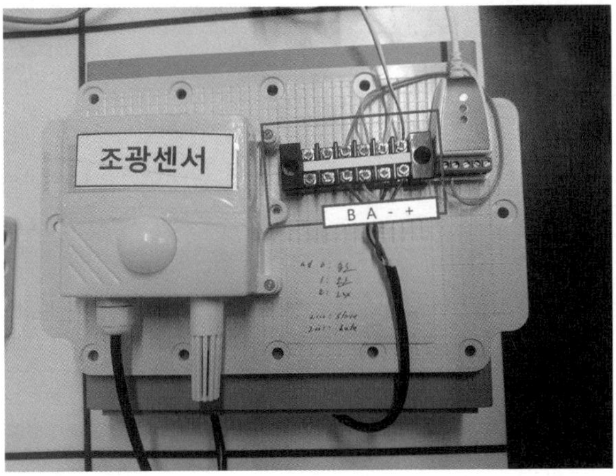

ⓐ 조광 센서 RS485 선을 NEXT RS485 컨버터는 좌측 1번:A, 2번:B 연결합니다.

제조사에서 제공되는 조광 센서의 Modbus 파라미터 정보는 다음과 같습니다.

Functions	Address	센 서	비 고
3 (4x)	1	습 도	
3 (4x)	2	온 도	
3 (4x)	3	조 광	
3 (4x)	2001	Slave	
3 (4x)	2002	BPS	

ⓑ 메뉴에서 Setup → Read/Write Definition 선택합니다.

ⓒ 제조사에서 제공하는 기능 코드 03을 선택합니다.

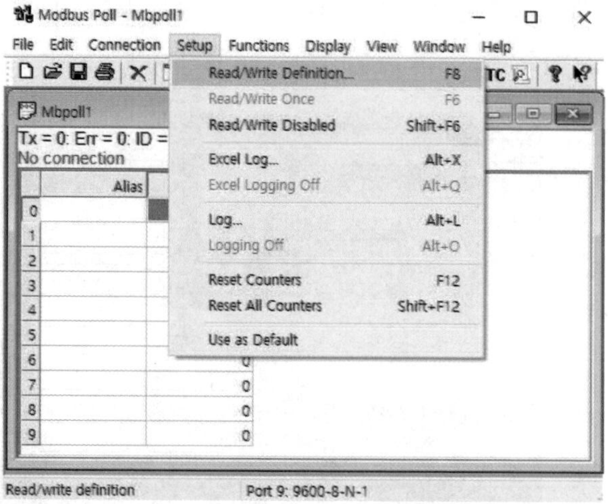

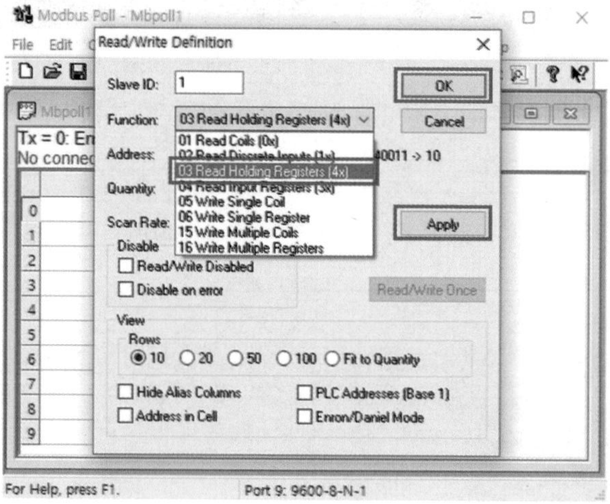

ⓓ 주소를 1~3번까지 지정합니다.

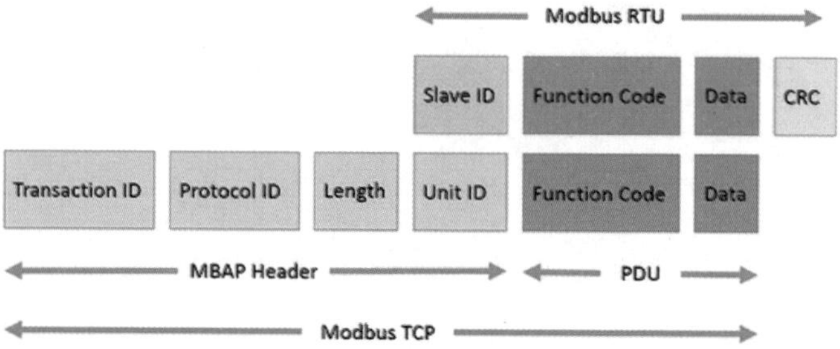

ⓔ 모드버스 RTU 구조는 'Slave ID, function Code, Data, CRC'로 구성되어 있습니다. 처음 배우는 초보자의 입장에서는 이런 통신 프로토콜을 모두 학습하기가 어렵습니다.

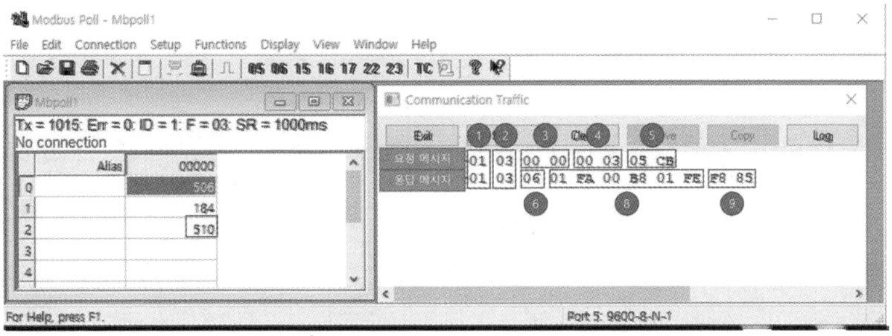

ⓕ Modbus Poll로 통신대는 데이터 값이 보입니다. 상단 좌측에는 506, 184, 510 데이터가 있는데, 제조사 매뉴얼에 보면

- 습도: 50.6, 온도: 18.4, 조광: 510으로 해석합니다.
- 요청 메시지를 'TX'라고 하고, 두 번째 줄이 응답 메시지의 반환된 값을 'RX'라고 정의합니다.

요청 메시지에서 중요한 것은

- TX(송신): 요청 값
- 1 → 국번 1번, 2 → 기능코드 03, 3 → 시작 번지 0000

4번은 Address 3개 값을 읽어 오라는 메시지입니다.

RX(수신): 반환된 값

8번 데이터의 의미는

습도 '01 FA'는 Hex 값을 십진수로 변경하면 506, 나누기 10

온도 '00 BB'는 Hex 값을 십진수로 변경하면 184, 나누기 10

조광 '01 FE'는 Hex 값을 십진수로 변경하면 510입니다.

5번, 9번 의미는 체크 섬(CRC)으로 Modbus 송수신 패킷의 마지막 두 개의 바이트로서, 송수신한 데이터 패킷이 제대로 전달되었는지를 알기 위한 검증코드입니다. 자세한 것은 나중에 웹상으로 첨부된 폴더를 참조 바랍니다.

제4장

ICT 센서 구성

(1) 센서의 스펙 사양이나 자세한 설명은 「6장 ICT 플랫폼 개발」에서 자세히 설명합니다. 본 장에서는 센서의 통신 동작만 Modbus Poll로 연결해 봅니다.

(2) 센서 구입 시, 메인보드 및 HMI에 직접 연결하기보다는, USB RS485 컨버터로 센서 상태를 사전 점검하는 데 의미가 있습니다.

(3) 센서 통신 상태를 점검 안 한다면 통신, 고장, 접점 등 문제 해결이 어렵습니다. 되도록이면 사전에 센서의 통신 상태 점검을 한 후에 HMI에 연결할 것을 권합니다.

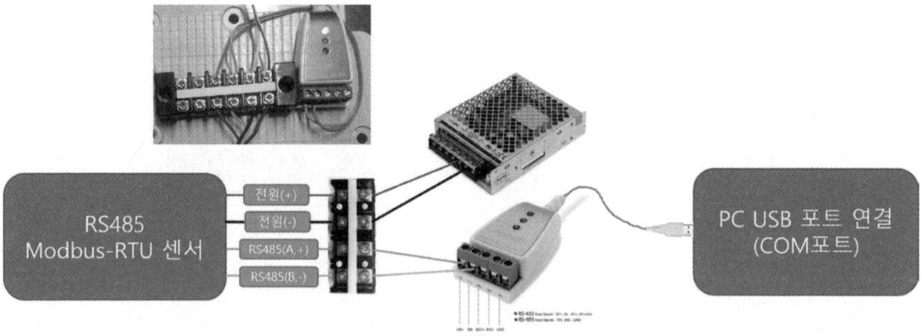

일반적인 RS485/Modbus 시리얼 통신 연결 방법입니다.

RS485/Modbus 센서는 전원선 2개(+, -), 통신선 2개(A, B)로 구성되어 있습니다. 제조사의 센서 매뉴얼에 따라 전원 공급 및 센서를 연결합니다. 특히 단자대를 사용함으로써 전선배선에 되도록 안정적으로 연결합니다.

결선 팁

단자대에 전원과 RS485 통신선을 미리 연결해 놓으시면 테스트 환경 구축에 도움이 됩니다.

5PIN Connector	Output signal	RS422	RS485
1	T/R+	TXD (A+)	RS485(A+)
2	T/R-	TXD (B-)	RS485(B-)
3	RXD+	RXD (A+)	N/A
4	RXD-	RXD (B-)	N/A
5	GND	GND	GND

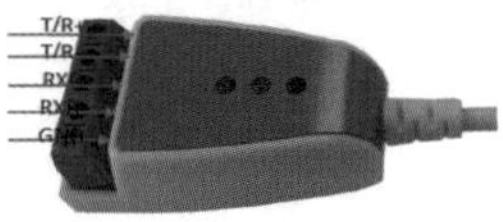

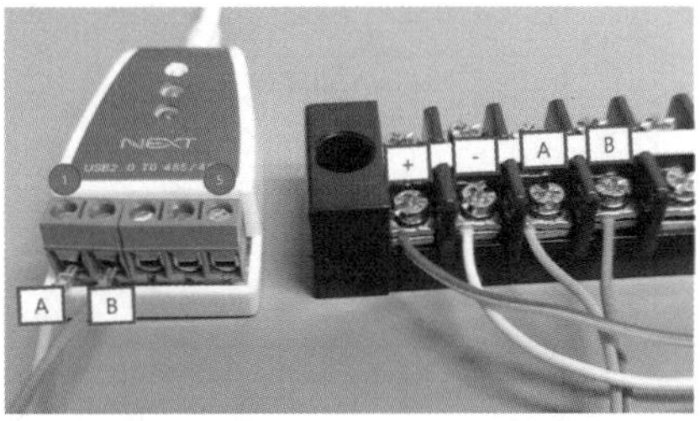

NEXT USB RS485 컨버터 매뉴얼을 참조하여 USB 드라이버를 업데이트하고, 단자대에 RS485 A, B와 전원 +, −를 연결하였습니다. 통신 연결 준비를 끝내고 이제 다양한 RS485 센서를 Modbus Poll에 연결합니다.

1. 온·습도/조광 센서

① 준비물

ComWinTop 회사의 제품번호 'CWT-SLTH-6W-S'를 갖고 시리얼 통신 방식으로 통신 테스트 및 센서 이상 유무를 확인합니다.

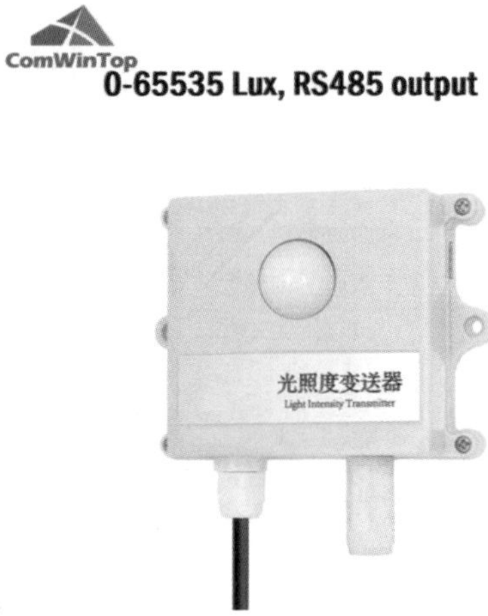

② **연 결**

온도 센서 매뉴얼의 결선도를 참조하셔서 위 그림과 같이 센서 기준으로

ⓐ RS485 통신 노란색(A), 청색(B)

ⓑ DC 전원선 갈색 '+', 검은색 '–'를 연결하였습니다.

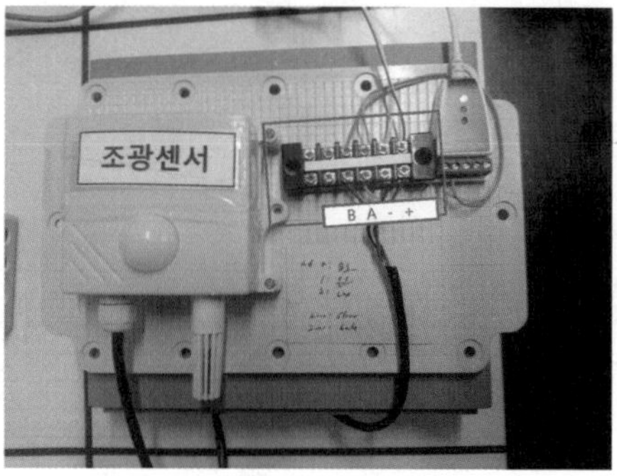

③ **모드버스**(Modbus Poll) **연결**

ⓐ 제조사가 제공하는 온·습도/조광 센서 주소입니다.

Function	Address	센서	측정범위	환산정보
3 (4x)	1	습도	0% ~ 80%	결과값에 / 10 %
3 (4x)	2	온도	-40℃ ~ + 60℃	결과값에 / 10 °
3 (4x)	3	조광	0-65535lux	결과값 Lux

ⓑ 모드버스 연결 값은 다음과 같습니다.

연결은 시리얼 포트로 연결하며, 특히 USB 연결 포트는 장치관리자에 연결된 포트에 맞추어서 선택합니다. 그리고 속도 및 8, N, 1을 기본 셋업 하고 Mode를 RTU로 선택합니다.

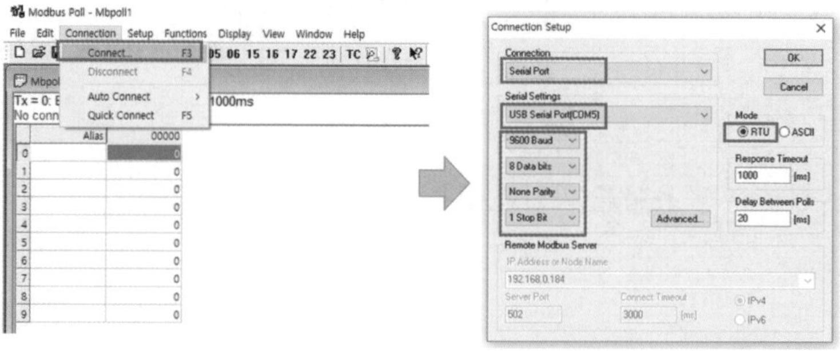

ⓒ 메뉴에서 Setup → Read/Write Definition Setup을 설정합니다.

센서 구입 시 일반적으로 슬라브 번호는 '1'로 셋업 되어있으며,

Function 코드는 제조사 매뉴얼을 참조하여 '03'을 불러옵니다. 보여줄 주소는 1번을 기준으로 3개의 값을 보이도록 지정합니다. 즉 주소 1, 2, 3 값의 데이터를 1초당 1회씩 값을 불러옵니다.

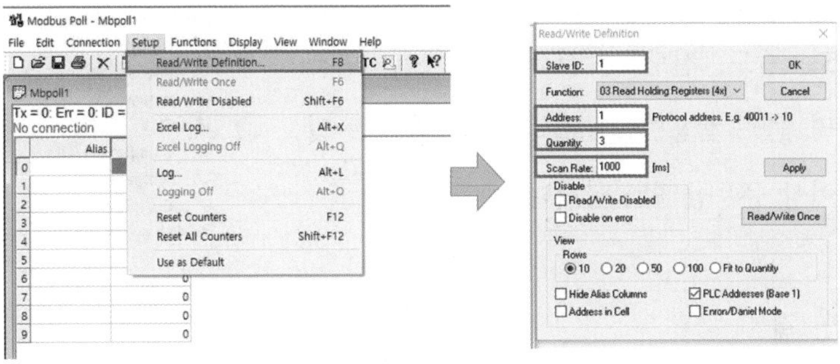

④ **테스트 결과 값**

주소 1, 2, 3 결과 값은 각 셀에 10진수 값으로 보여주며, 모드버스 통신 트래픽을 확인합니다.

습도: 511/10=51.1%, 온도: 189/10=18.9℃, 조도: 464LUX로 센서 동작을 확인합니다.

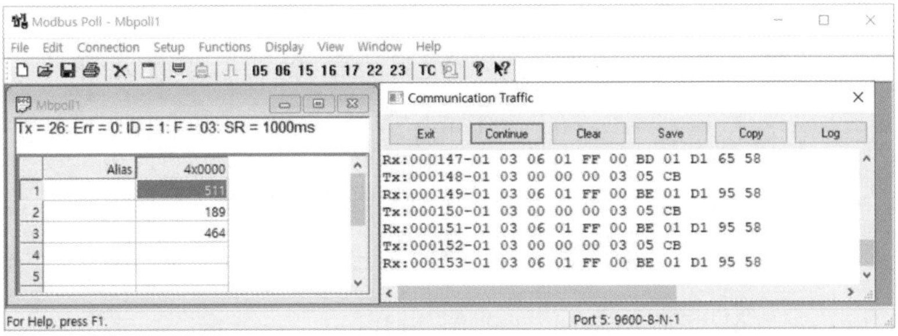

특히 Slave Address는 주소 2000번, 통신속도는 주소 2001번을 수정해서 사용합니다.

2. 토양 센서

① ComWinTop 제품 중 RS485 Modbus를 지원하는 토양 센서를 준비하여, 토양온도, 습도, 전도도, 질소, 인, 칼륨, 염분 및 TDS(총 용존 고형물)의 측정 테스트 및 이상 유무를 확인합니다.

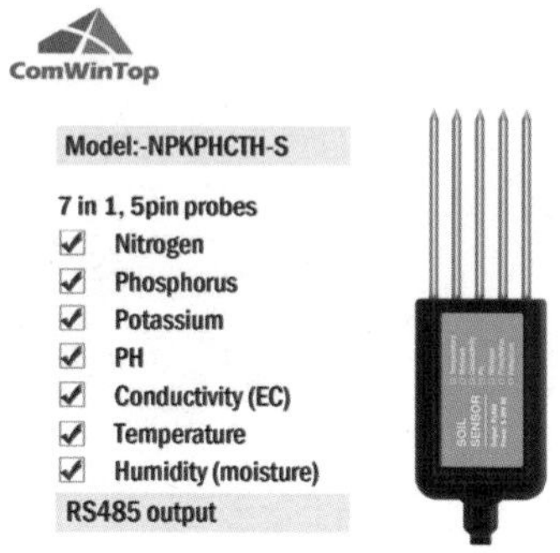

② 연 결

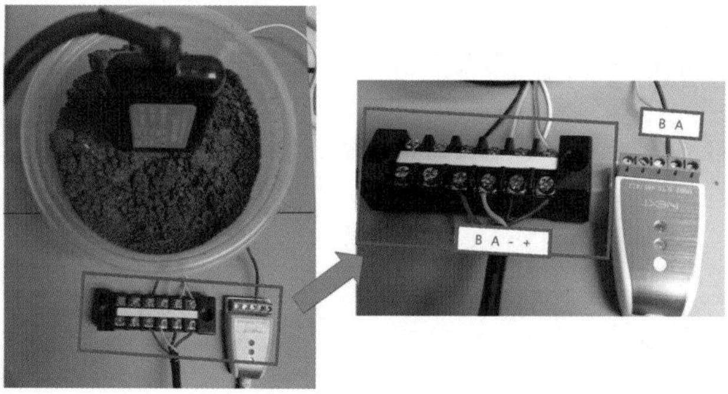

온도 센서 매뉴얼의 결선도를 참조하셔서, 위 그림과 같이 센서 기준으로

ⓐ RS485 통신 노란색(A), 청색(B)

ⓑ DC 전원선 갈색 '+', 검은색 '–'를 연결합니다.

ⓒ 토양 센서의 전도도, 질소, 인, 칼륨, 염분 등을 확인하기 위해, Probe을 흙이 담은 그릇에 꽂아 놓습니다.

팁

토양 센서의 전도도, 질소, 인, 칼륨, 염분은 전기가 흐르는 상태에서 측정이 가능하기 때문에, 측정값 확인이 안 되는 경우에는 흙에 약간의 수분을 투입해서 전기가 통할 수 있는 상태를 만들어야 하는 경우도 있습니다. 흙과 같은 토양을 준비하기 어려운 경우, 과일이나 야채 등에 Probe을 꽂아도 무방합니다.

③ 모드버스(Modbus Poll) 연결

ⓐ 제조사가 제공하는 토양 센서 주소입니다.

Register address (Hex)	PLC Address (decimal)	meaning	Number of bytes	content	remark
0000	40001	Humidity	2	0.1%RH	read
0001	40002	Temperature	2	0.1℃	read
0002	40003	Conductivity	2	1	read
0003	40004	Nitrogen content	2	real value	read
0004	40005	Phosphorus content	2	real value	read
0005	40006	Potassium content	2	real value	read
0006	40007	Salinity	2	1	read
0007	40008	TDS	2	1	read

ⓑ 모드버스 연결 값은 다음과 같습니다.

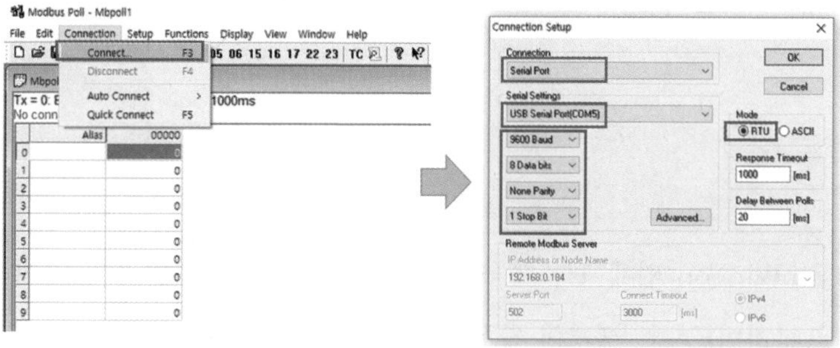

ⓒ 메뉴에서 Setup → Read/Write Definition Setup을 설정합니다. 센서 구입 시 일반적으로 슬라브 번호는 '1'로 셋업 되어있으며, Function 코드는 제조사 매뉴얼을 참조하여 '03'을 불러옵니다. 보여줄 주소는 0을 기준으로 8개의 값을 보이도록 지정합니다. 즉, 주소 0, 1, 2, 3, 4, 5, 6, 7 값의 데이터를 1초당 1회씩 값을 불러옵니다.

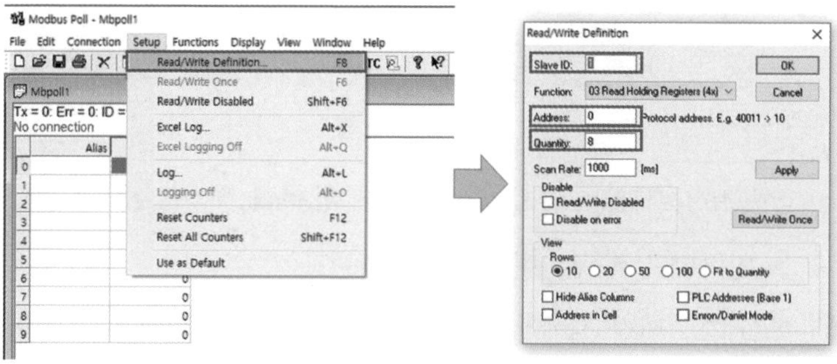

특히, Slave Address는 주소 2000번, 통신속도는 주소 2001번을 수정해서 사용합니다.

④ **테스트 결과 값**

주소 0, 1, 2, 3, 4, 5, 6, 7 결과 값은 각 셀에 10진수로 표시된 값을 확인합니다.

습도: 294/10=29.4%, 온도: 257/10= 25.7℃, 전도도=257, 질소=18, 인=25, 염도=62, TDS=141로 센서의 동작을 확인합니다.

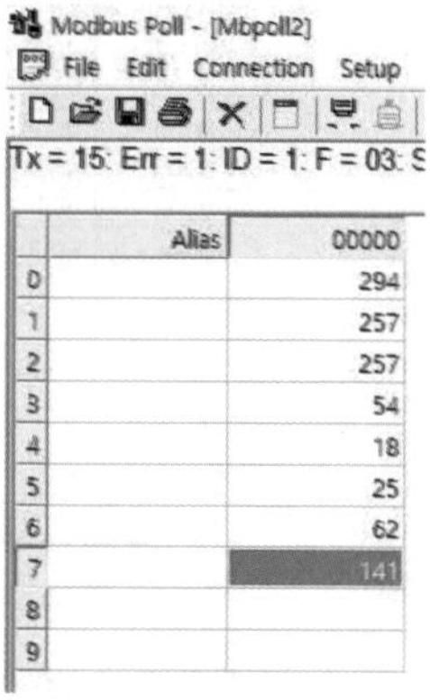

⑤ **ComWinTop 업체에서 제공하는 토양 센서 전용 툴을 이용하여 각각의 측정 파라미터 값, 센서의 작동상태 및 센서의 국번과 통신속도**(Band Rate)**도 변경할 수 있습니다.**

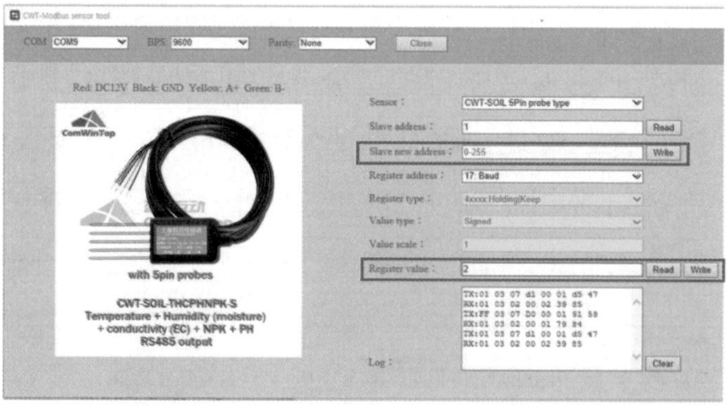

ⓐ 국번 변경 시 Slave new address 항목에 변경(1~254)하고자 하는 국번을 입력하고 Write 버튼을 클릭합니다.

ⓑ 통신속도 변경 시에는 0, 1, 2(0: 2400bps, 1: 4800bps, 2: 9600bps) 값을 설정하고 Write 버튼을 클릭하여 통신속도를 변경합니다.

3. 온·습도 및 오존(O3) 센서

① **ComWinTop 제품 중 RS485 Modbus를 지원하는 온·습도, 오존 측정 센서를 준비합니다.**

센서 중앙에 원형의 부직포로 덮여있는 곳이 오존(O3) 측정 부위이며, 하단에 길게 나와있는 부분이 온·습도를 측정하는 센서입니다. 측정온도 범위는 −40℃~80℃, 습도 0~100%, 오존(O3)은 모델에 따라 0~10ppm 또는 0~100ppm 측정할 수 있습니다.

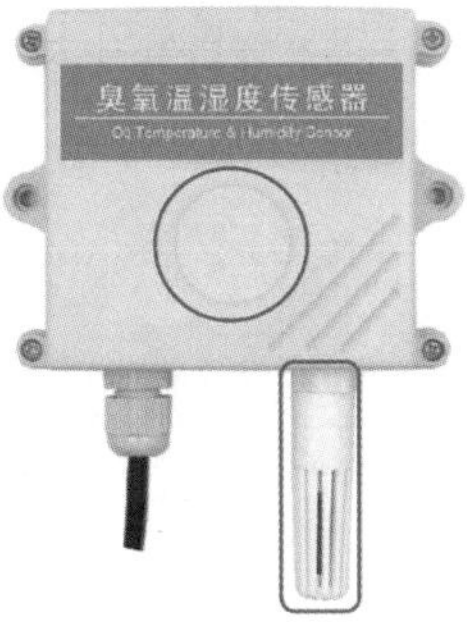

② **연 결**

온도 센서 매뉴얼의 결선도를 참조하셔서 위 그림과 같이 센서 기준으로

ⓐ RS485 통신 노란색(A), 청색(B)

ⓑ DC 전원선 갈색 '+', 검은색 '−'를 연결하였습니다.

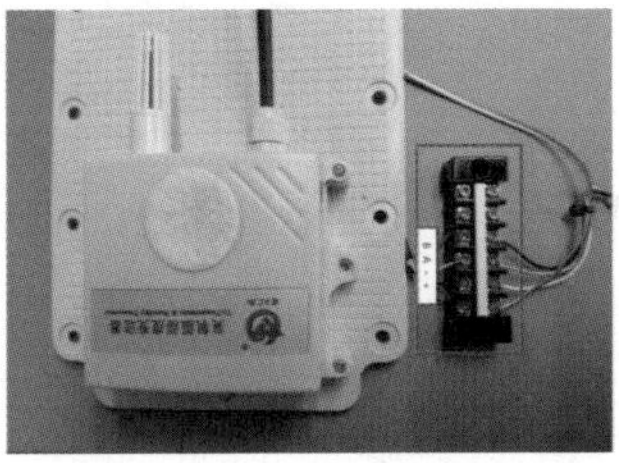

③ **모드버스(Modbus Poll) 연결**

ⓐ 제조사가 제공하는 온/습도, 오존 센서 주소입니다.

Register address (Hex)	PLC Address (decimal)	meaning	Number of bytes	content	remark
0000	40001	Humidity	2	0.1%RH	read
0001	40002	Temperature	2	0.1℃	read
0002	40003	O3	2	0.1ppm(0-100ppm) 0.01ppm(0-10ppm)	read

테스트 오존 센서는 오존농도 0~10ppm(분해능 0.01ppm) 측정용 센서입니다.

ⓑ 모드버스 연결 값은 다음과 같습니다.

연결은 시리얼 포트로 연결하며, 특히 USB 연결 포트는 장치관리자에 연결된 포트에 맞추어서 선택합니다. 그리고, 속도 및 8, N, 1을 기본 셋업 하고 Mode를 RTU로 선택합니다.

ⓒ 센서의 Slave Address 변경주소는 2000번(1~254)이며, 통신속도(Band Rate) 변경은 2001번 메모리 주소 값을 0, 1, 2(0: 2400bps, 1: 4800bps, 2: 9600bps)로 변경합니다.

Register address (Hex)	PLC Address (decimal)	meaning	Number of bytes	remark
07D0	42001	Slave ID	2	1-254
07D1	42002	baud rate	2	0: 2400 1: 4800 2: 9600 Default 4800

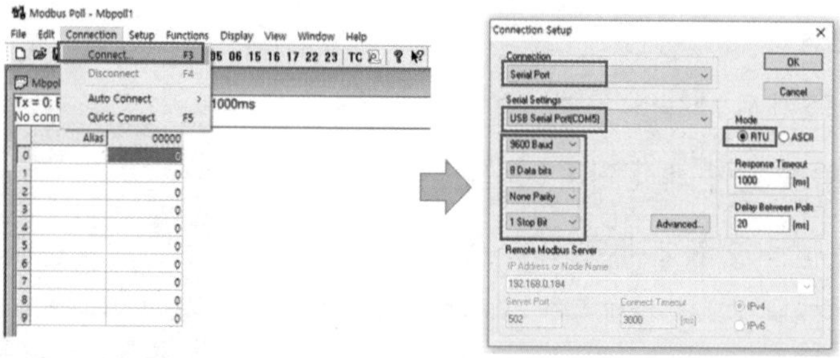

ⓒ 메뉴에서 Setup → Read/Write Definition Setup을 설정합니다.

센서 구입 시 일반적으로 슬라브 번호는 '1'로 셋업 되어있으며, Function 코드는 제조사 매뉴얼을 참조하여 '03'을 불러옵니다. 보여줄 주소는 1을 기준으로 3개의 값을 보이도록 지정합니다. 즉, 주소 0, 1, 2 값의 데이터를 1초당 1회씩 값을 불러옵니다.

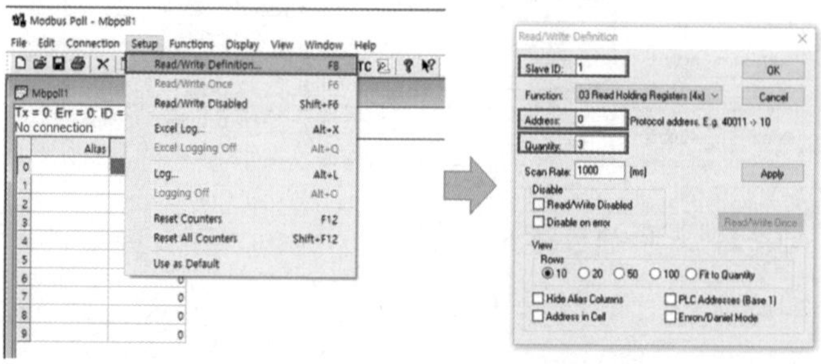

④ **테스트 결과 값**

주소 0, 1, 2 결과 값은 각 셀에 10진수 값으로 보여주며, 모드버스 통신 트래픽을 확인합니다.

습도: 552/10=55.2%, 온도: 248/10=24.8℃, 오존농도: 0ppm(0.01ppm 이하일 경우 0으로 표시)으로 센서 동작 상태 및 모드버스 통신 트래픽을 확인합니다.

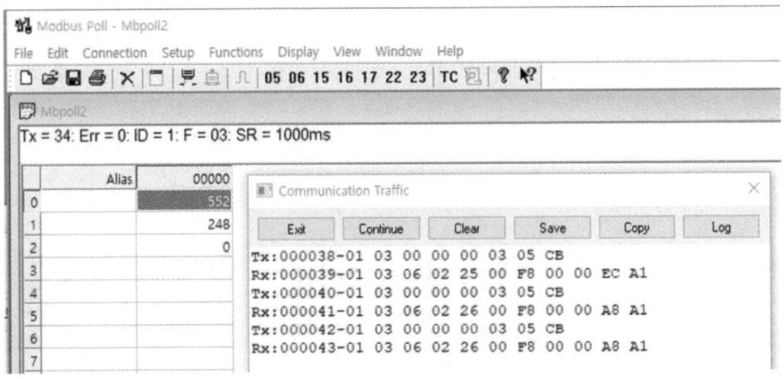

⑤ **ComWinTop 업체에서 제공하는 오존 센서 전용 툴을 이용하여 각각의 측정 파라미터 값, 센서의 작동상태 및 센서의 국번과 통신속도**(Band Rate)**도 변경할 수 있습니다.**

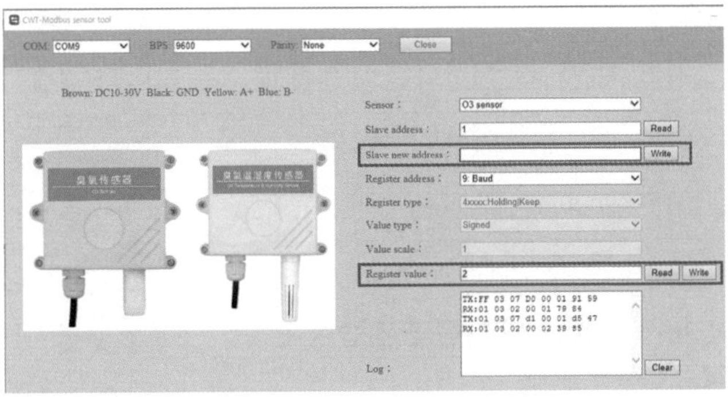

ⓐ 앞과 동일합니다.

4. 이산화탄소(CO2) 센서

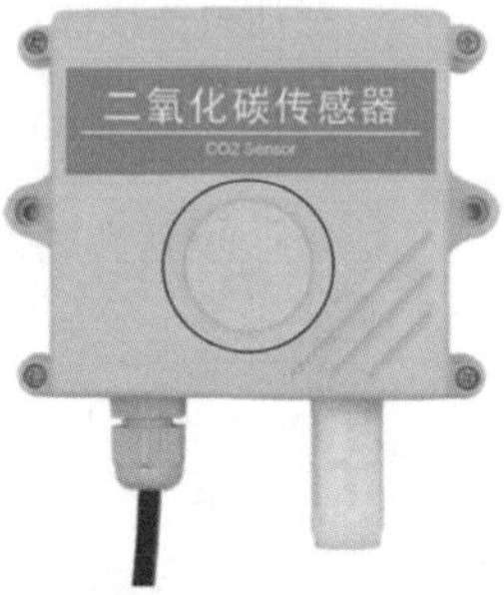

① **ComWinTop 제품 중 RS485 Modbus를 지원하는 이산화탄소 측정 센서를 준비하여, 측정 테스트 및 통신 연결합니다.**

센서 중앙부의 부직포가 있는 부위에 이산화탄소 측정 센서가 내장되어 있습니다. 센서 모델에 따라, 온·습도 측정 센서가 포함되어 있는 것도 있습니다.

② **연 결**

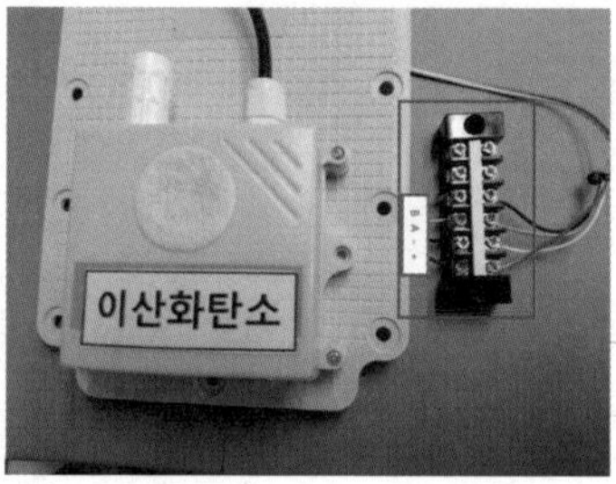

이산화탄소 매뉴얼의 결선도를 참조하셔서, 위 그림과 같이 센서 기준으로

ⓐ RS485 통신 노란색(A), 청색(B)

ⓑ DC 전원선 갈색 '+', 검은색 '–'를 연결하였습니다.

③ **모드버스**(Modbus Poll) **연결**

ⓐ 제조사가 제공하는 이산화탄소 센서 주소는 다음과 같습니다.

40001(0×0000) → 이산화탄소

42001(0×2000) → Slave

42002(0×2001) → 속도

ⓑ 모드버스 연결 값은 다음과 같습니다.

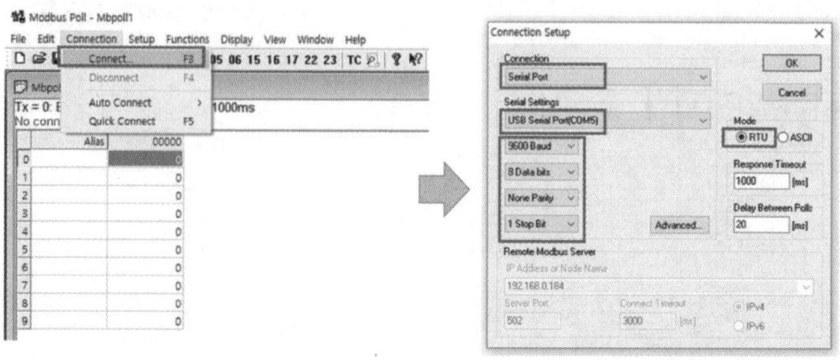

ⓒ 메뉴에서 Setup → Read/Write Definition Setup을 설정합니다.

센서 구입 시 일반적으로 슬라브 번호는 '1'로 셋업 되어있으며, Function 코드는 제조사 매뉴얼을 참조하여 '03'을 불러옵니다. 보여줄 주소는 0을 기준으로 1개의 값을 보이도록 지정합니다. 즉, 주소 0(이산화탄소 측정값)값의 데이터를 1초당 1회씩 값을 불러옵니다.

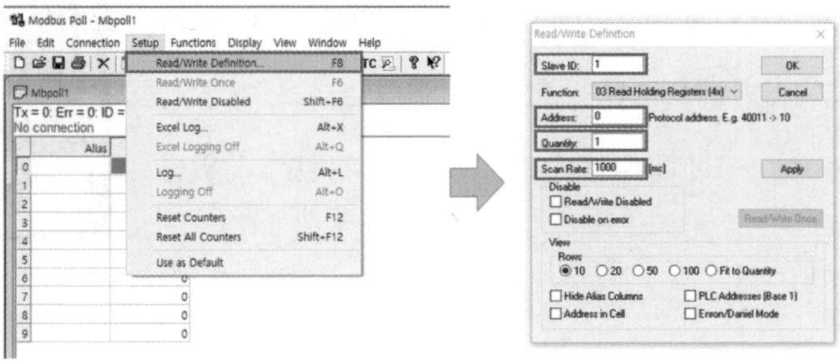

④ **테스트 결과 값**

주소 0(이산화탄소 측정값) 결과를 10진수 값으로 보여주고 있으며, 이산화탄소(CO_2) 센서에서 측정된 현재 값은 665PPM임을 확인합니다.

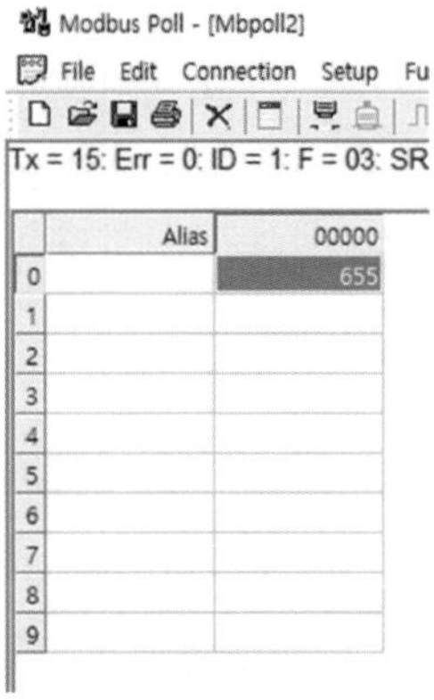

⑤ **ComWinTop 업체에서 제공하는 소프트웨어 이산화탄소 전용 툴을 이용하여 측정 파라미터 값, 센서의 작동상태 및 센서의 국번과 통신속도**(Band Rate)**도 변경할 수 있습니다.**

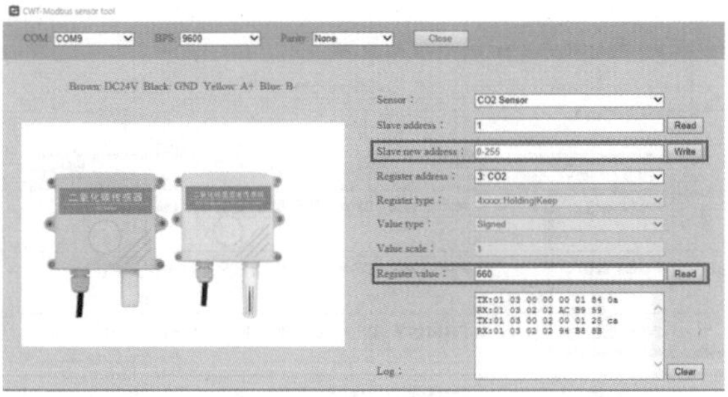

ⓐ 앞과 동일합니다.

5. 미세먼지 센서

① **PM 1.0/PM 2.5/PM 10 기준의 대기 미세먼지 농도 및 2개의 릴레이를 제어할 수 있는 센서로, 측정 테스트 및 통신을 연결합니다.**

센서 상단 부분은 2개의 릴레이 제어를 하는 부분과 하단에 전원 및 RS485 연결포트가 있으며, Modbsu-RTU/ASCII 프로토콜을 지원하고 있습니다.

② **연 결**

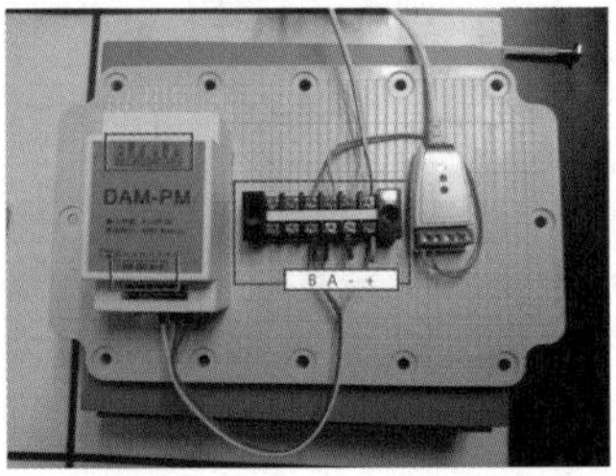

센서에 표시된 위치를 참조하여, 센서의 전원(+, -), RS485(A+, B+)를 단자대에 연결합니다.

ⓐ RS485 통신 보라색(A), 청색(B)

ⓑ DC 전원선 흰색 '+', 회색 '–'를 연결하였습니다.

③ **모드버스**(Modbus Poll) **연결**

ⓐ 제조사가 제공하는 먼지 센서 주소입니다.

5 데이터 입력 레지스터

기능 코드 :되는 상기 입력 레지스터에 저장된 원본 패턴 취득한 온도 값 : 04

데이터 시작 주소 : 3x0001-3x0015

등록 주소	이름	설명	기본 값
3x0001	PM1.0 집중	PM1.0 농도 (CF = 1 표준 입자) 단위 μ g / m3	TBD
3x0002	PM2.5 집중	PM2.5 농도 (CF = 1 표준 입자) 단위 μ g / m3	TBD
3x0003	PM10 집중	PM10 농도 (CF = 1 표준 입자) 단위 μ g / m3	TBD
3x0004	PM1.0 집중 (대기 환경)	PM1.0 농축 장치 (대기 분위기) (μ) g / m3	TBD
3x0005	PM2.5 집중 (대기 환경)	PM2.5 농축 장치 (대기 분위기) (μ) g / m3	TBD

릴레이 제어주소는 0×0001~0×0002입니다.

등록 주소	이름	기본 값
0001	첫 번째 (1) 도로 릴레이	0 / OFF
0x0002	첫 번째 이 도로 릴레이	0 / OFF

ⓑ 모드버스 연결 값은 다음과 같습니다.

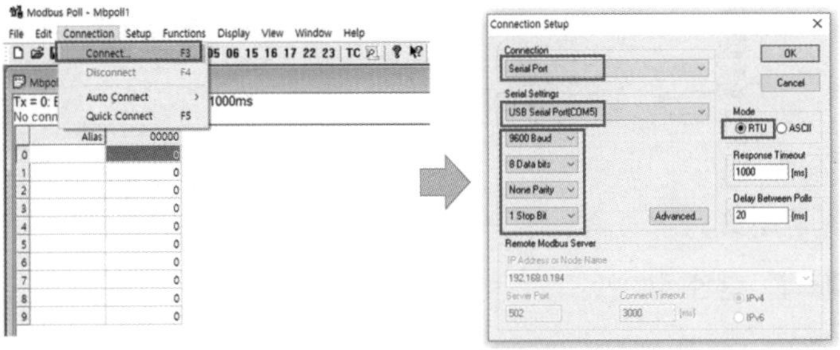

ⓒ 메뉴에서 Setup → Read/Write Definition Setup을 설정합니다.

작동테스트는 먼지 센서 데이터 1~3번까지 미세먼지(PM) 1.0, 2.5, 10 측정 테스트와 2개의 릴레이 접점 수동 테스트를 진행합니다.

ⓓ 먼지 센서 데이터

센서 구입 시 일반적으로 슬라브 번호는 '1'로 셋업 되어있으며, Function 코드는 제조사 매뉴얼을 참조하여 '03'을 불러옵니다. 보여줄 주소는 1을 기준으로 3개의 값을 보이도록 지정합니다. 즉, 주소 1, 2, 3 값의 데이터를 1초당 1회씩 값을 불러옵니다.

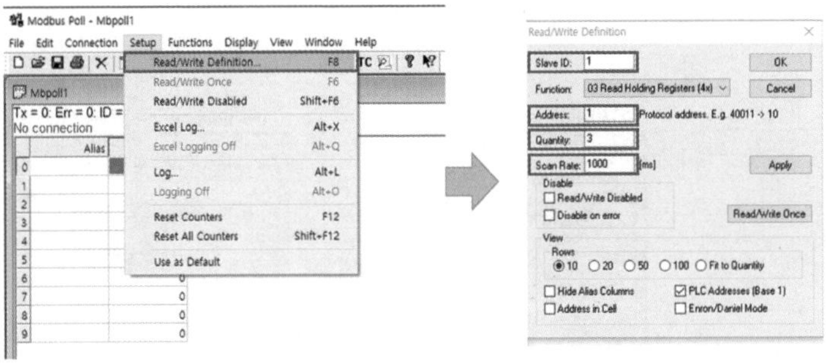

ⓔ 릴레이 접점 제어

릴레이 제어(출력) Function 코드는 제조사 매뉴얼을 참조하여, '15'를 선택합니다. Bit 정보를 쓸 주소는 2개이며, 주소 1, 2 값을 1초당 1회씩 값을 출력합니다.

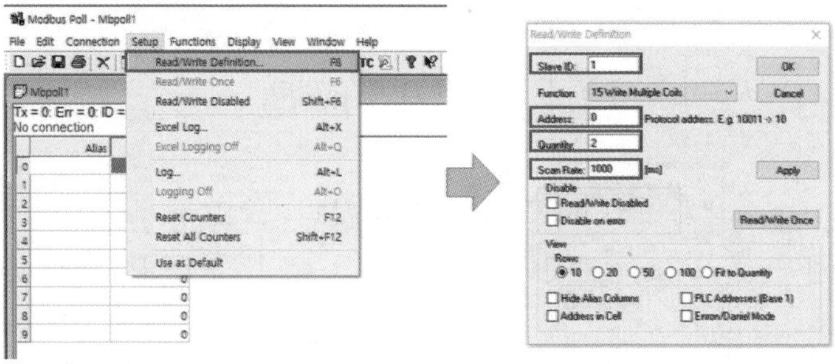

④ 테스트 결과 값

ⓐ 먼지 센서 데이터

주소 0, 1, 2 결과를 10진수로 보여주고 있으며, 미세먼지 (PM1.0)=21, (PM2.5)=38, (PM10)=41으로 센서 동작 상태를 확인합니다.

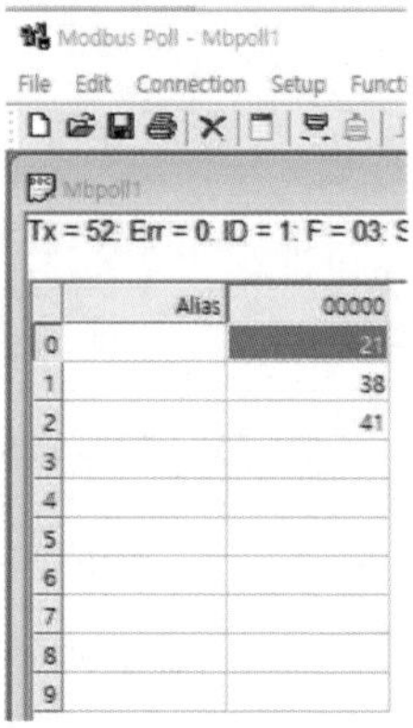

ⓑ 릴레이 제어

Bit 주소 0×0001, 0×0002번을 값을 0(Off)/1(On)을 변경하면서 릴레이의 동작 상태(소리)를 확인합니다. 값을 변경할 때마다 작동 소리가 난다면 정상작동을 하고 있는 것입니다.

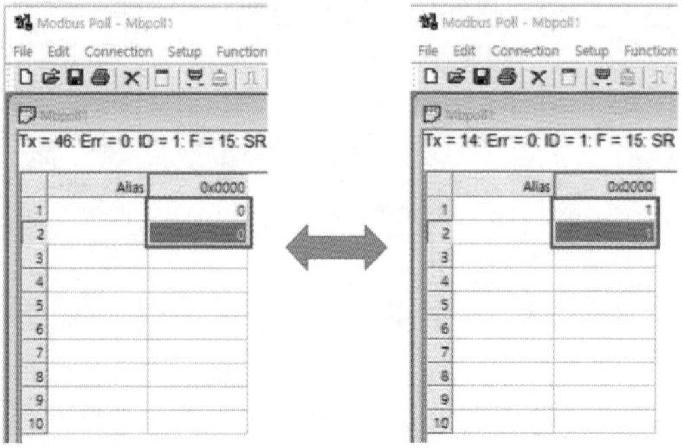

6. DI/DO/AI 센서 모듈

① Wellpro 회사의 제품번호 'WP9038ADAM' 모듈을 준비합니다. 이 모듈은 아날로그 입력(AI 접점) 6점, 디지털 입력(DI 접점) 4점, 디지털 출력(DO 릴레이/NPN 방식) 4점을 지원하는 모듈로써, 하나의 모듈에서 다양한 입출력 제어가 가능하며, RS485/Modbus-RTU 프로토콜을 지원합니다.

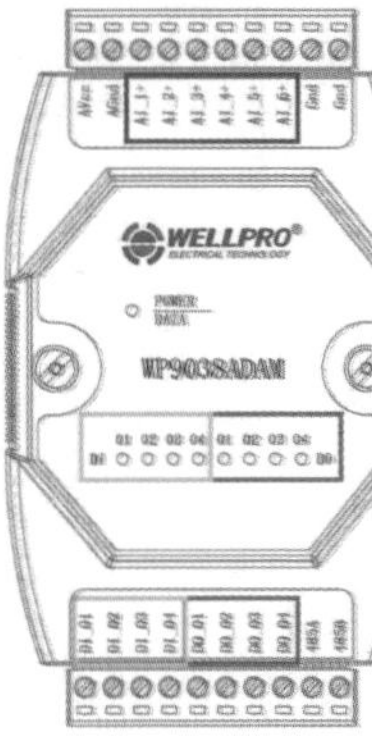

② 연 결

입출력 센서의 매뉴얼의 결선도를 참조하셔서, 위 그림과 같이 센서 기준으로

ⓐ RS485 통신 보라색(A), 청색(B)

ⓑ DC 전원선 적색 '+', 흰색 '–'를 연결하였습니다.

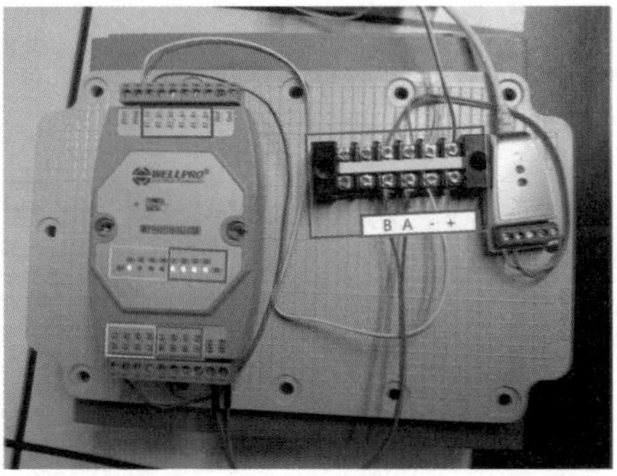

③ 모드버스(Modbus Poll) 연결

ⓐ 제조사가 제공하는 'WP9038ADAM' 모듈의 제어 주소입니다.

MODULE	CHANNEL TYPE	FUNCTION CODE	REGISTER TYPE	REGISTER ADDRESS		
				STANDARD MODE	OFFSET MODE	COMBINATION MODE
WP9038ADAM	AI	03	4X	0-5	1-6	40001-40006
	DI	02	1X	0-3	1-4	10001-10004
	DO	01/05/15	0X	0-3	1-4	00001-00004

ⓑ 모드버스 연결 값은 다음과 같습니다.

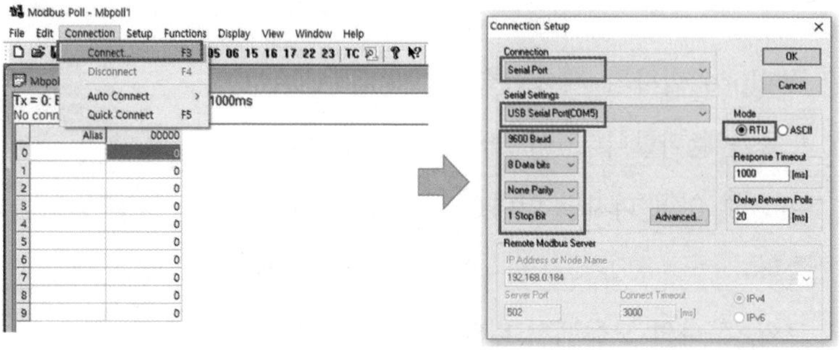

ⓒ 메뉴에서 Setup → Read/Write Definition Setup을 설정합니다. 작동테스트는 DI(Digital Input: 입력접점) 4접점, DO(Digital Output: 출력접점) 4접점의 동작 테스트를 진행합니다.

ⓓ DI(Digital Input: 입력접점) 데이터 읽기

센서 구입 시 일반적으로 슬라브 번호는 '1'로 셋업 되어있으며, Function 코드는 제조사 매뉴얼을 참조하여 '02'을 불러옵니다. 보여줄 주소는 1을 기준으로 4개의 Bit 정보 값을 보이도록 지정합니다. 즉, 주소 1, 2, 3, 4 값의 데이터를 1초당 1회씩 값을 불러옵니다.

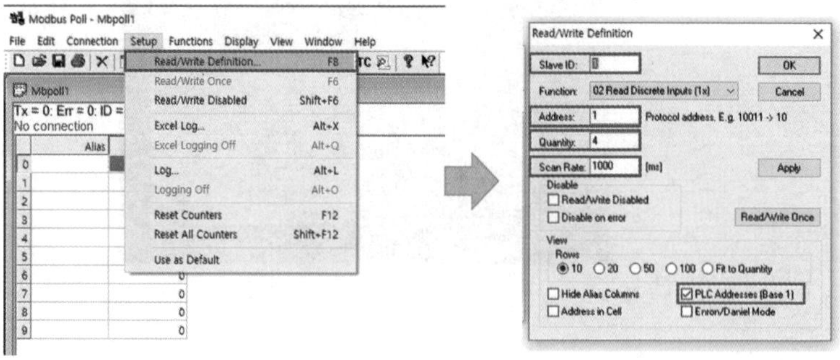

ⓔ DO(Digital Output: 출력접점) 데이터 쓰기

Function 코드는 제조사 매뉴얼을 참조하는데 '15'을 이용해서, Bit 정보 연속 쓰기를 합니다. 메모리의 주소는 1을 기준으로 4개의 Bit 정보 값을 쓰도록 지정합니다. 즉, 주소 1, 2, 3, 4 값의 데이터를 1초당 1회

씩 값을 쓰기합니다.

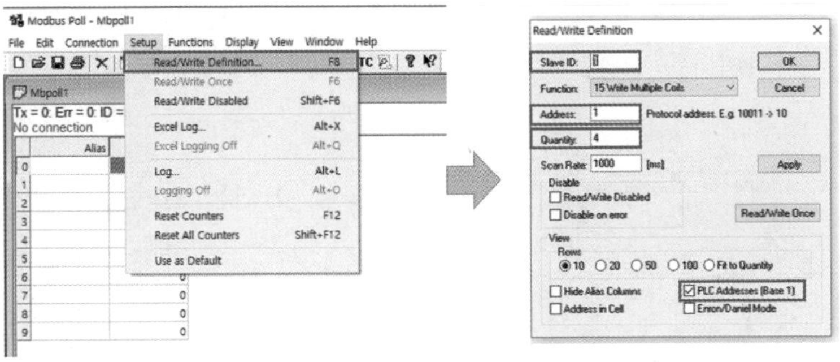

④ **테스트 결과 값**

ⓐ DI(Digital Input: 입력접점) 데이터 읽기

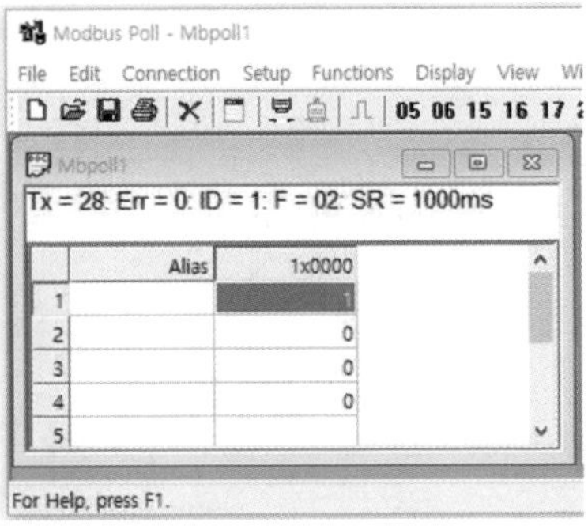

디지털 Input (DI) 테스트하기 위해 인위적으로 DI_01 접점을 Ground 시켰습니다.

1번 버튼이 눌려있는 상태(Input 접점 이벤트)를 가정합니다. 주소 1, 2, 3, 4 결과를 10진수 값으로 보여주고 있으며, 각 DI 접점 센서 동작 상태를 확인합니다.

ⓑ DO(Digital Output: 출력접점) 데이터 쓰기

DO 접점별 On/Off 상태(LED 점멸)를 확인하기 위해서, 적색 표기된 메모리 주소 Bit (DO_01, DO_02, DO_03, DO_04) 값인 '0/Off', '1/On' 변경하면서, LED 점멸 유무를 확인합니다.

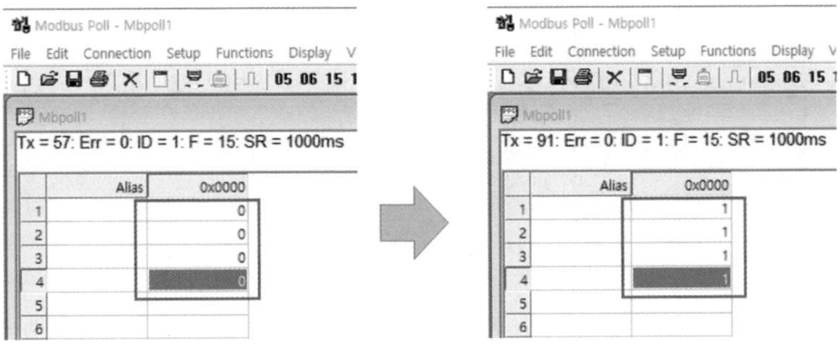

⑤ **Wellpro 제조사 전용 툴**

DI, DO, AI 값을 읽어 오거나 쓸 수 있으며, 센서의 국번과 통신속도 및 파라미터를 변경할 수 있습니다.

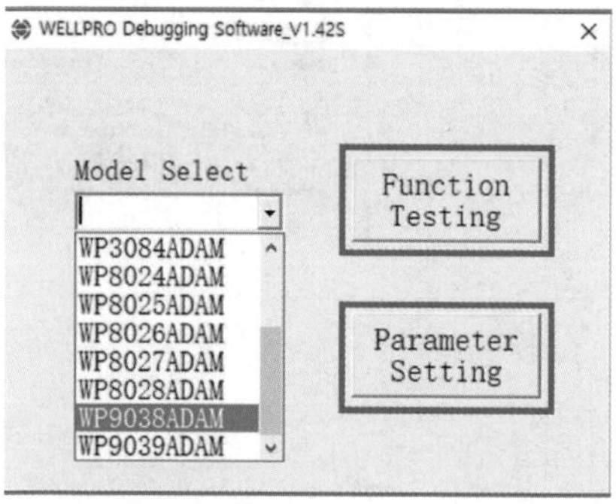

ⓐ 전용 툴에서 해당 제품 모델을 선택 후 각 기능테스트 및 파라미터 설정 버튼을 선택합니다.

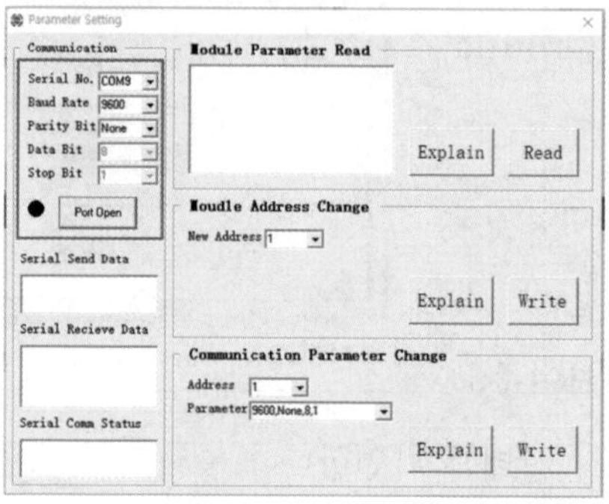

ⓑ 파라미터 설정 클릭 → 접속포트, 속도 및 8, N, 1을 기본 셋업 하고 'Port Open' 버튼을 클릭합니다.

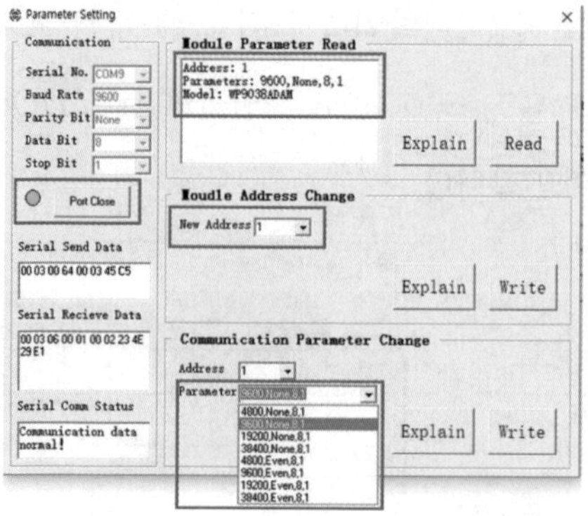

ⓒ 'Port Open' 버튼 옆에 있던 원형의 색상이 검정에서 녹색으로 변경되며, 센서 모듈과 전용 툴의 접속 표시입니다. 모듈의 상태 값, 국번 변경 및 통신 파라미터 값을 변경합니다.

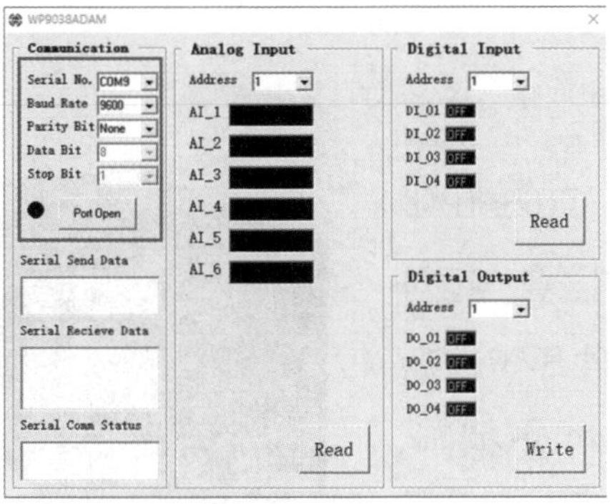

ⓓ 기능 테스트 → 접속포트, 속도 및 8, N, 1을 기본 셋업 하고 'Port Open' 버튼을 클릭합니다.

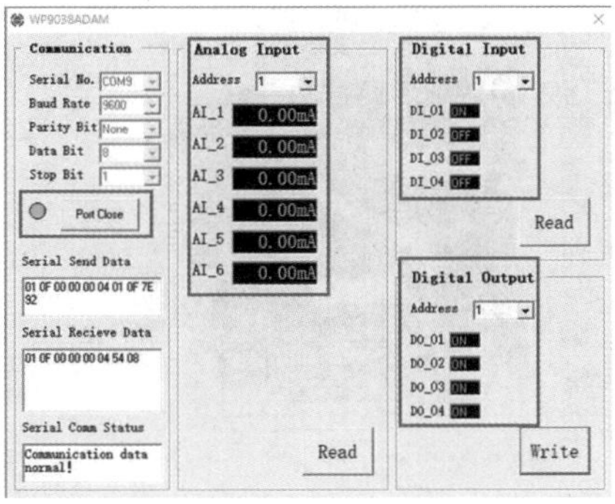

ⓔ 'Port Open' 버튼 옆에 있던 원형의 색상이 검정에서 녹색으로 변경되며, 이는 센서 모듈과 전용 툴의 접속됨을 의미합니다. AI(Analog Input) 6점, DI(Digital Input) 4점, DO(Digital Output) 4점의 데이터 정보를 읽거나 쓰기할 수 있습니다.

7. 카운터 센서

① **오토닉스 제조사의 카운터 모델 'CT6S-1P4T'은 카운터/타이머 및 릴레이 기능을 제공하는 제어 모듈로써, 카운터 센서의 SV**(목표 값), **PV**(현재 값) **변경 및 작동상태를 확인합니다.**

② **연 결**

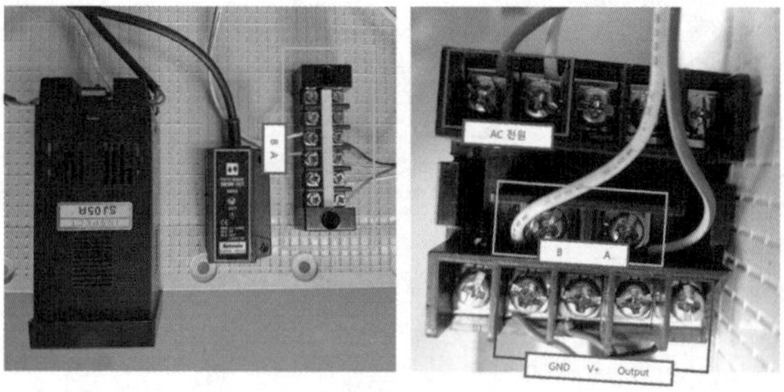

오토닉스 제조사의 매뉴얼을 참조하여, 위 그름과 같이 센서 기준으로

ⓐ RS485 통신(주황 박스) 적색(A), 흰색(B)

ⓑ DC 전원선(적색 박스: 220V) 적색 '+', 흰색 '–'

ⓒ 포터 센서 전원/통신(보라색 박스) 청색(GND), 갈색(+), 흑색(Output)을 연결하였습니다. 카운트 센서에 포토 센서 'BM200-DDT'을 연결하여, 카운터 테스트를 진행합니다.

③ **모드버스**(Modbus Poll) **연결**

ⓐ 제조사가 제공하는 카운터 센서 모듈의 제어주소입니다.

0×00001 → PV(현재 값) Reset/쓰기

0×00002 → 목표 이상 경보 읽기

0×30001 → SV(목표 값) 읽기/쓰기

0×41004 → PV(현재 값) 읽기

ⓑ 모드버스 연결 값은 다음과 같습니다.

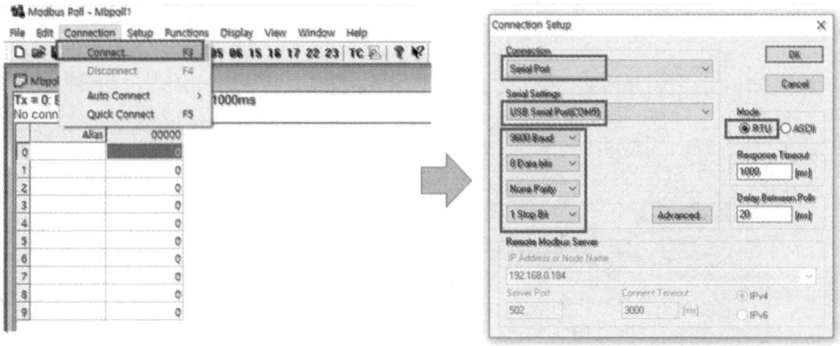

ⓒ 메뉴에서 Setup → Read/Write Definition Setup을 설정합니다. 작동테스트는 PV(현재 값) Rest, 목표 이상 경보 값 읽기, SV(목표 값) 읽기/쓰기, PV(현재 값) 읽기 동작 테스트를 진행합니다.

ⓓ PV(현재 값) Reset (쓰기) 및 목표 이상 경보 읽기

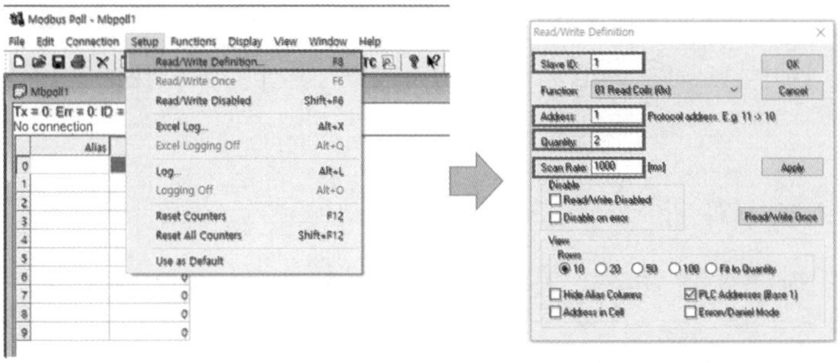

슬라브 번호 '1', Function 코드는 제조사 매뉴얼을 참조하여 '01'을 선택합니다. 가져올 주소의 번지는 1을 기준으로 2개의 Bit 정보 값을 보이도록 지정합니다. 주소 1, 2 값의 데이터를 1초당 1회씩 가져오거나 쓰도록 합니다.

ⓔ SV(목표 값) 데이터 값 읽기/쓰기

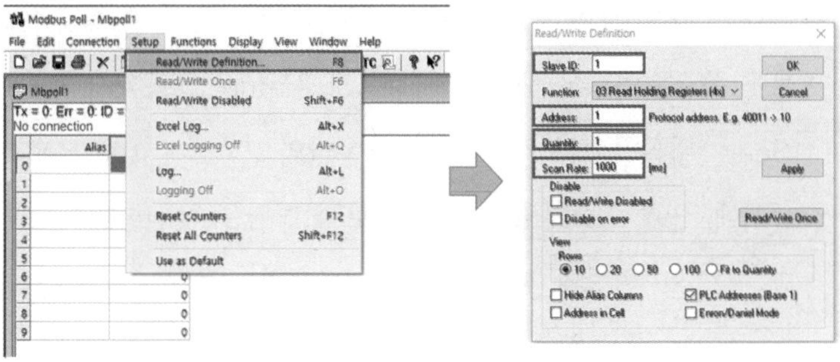

슬라브 번호 '1', Function 코드는 제조사 매뉴얼을 참조하여 '03'을 선택합니다. 가져올 주소의 번지는 1을 기준으로 1개의 정보인 SV(목표 값)를 보이도록 지정합니다. 주소 1번의 SV값을 1초당 1회씩 가져오도록 합니다.

ⓕ PV(현재 값) 데이터 값 읽기

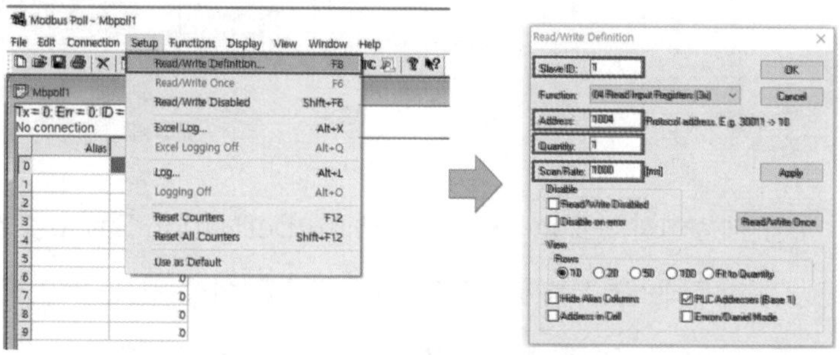

슬라브 번호 '1', Function 코드는 제조사 매뉴얼을 참조하여 '04'을 선택합니다. 가져올 주소의 번지는 1004을 기준으로 1개의 정보인 PV(현재 값)을 보이도록 지정합니다. 주소 1번의 PV값을 1초당 1회씩 가져오도록 합니다.

④ **테스트 결과 값**

ⓐ PV(현재 값) Reset (쓰기) 및 목표 이상 경보 읽기

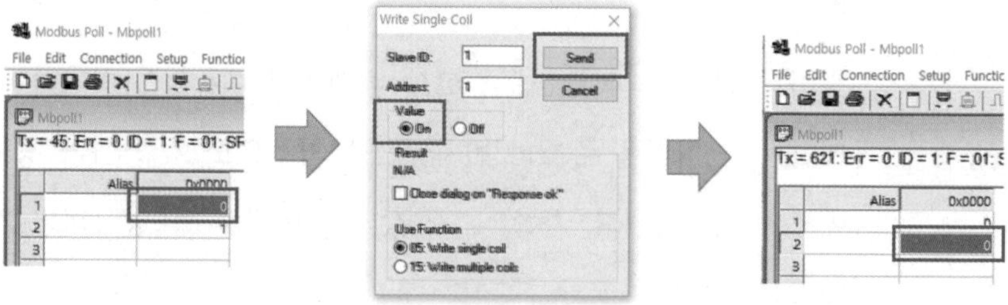

모드버스(Modbus Poll) 0×00001 주소 셀을 마우스로 더블 클릭하면 아래와 같은 창이 표시됩니다. 표시된 창은 Coil 메모리 주소의 1bit 정보를 쓸 수 있도록 해주는 기능으로 'Value' 항목에서 'On'을 선택한 후 'Send' 버튼을 클릭하게 되면 카운터의 PV(현재 값)이 Reset '0'이 됨과 동시에, 2번 주소의 값이 0 → 1로 변경됨을 확인합니다.

'0 → 1'로 변경된 이유는 PV(현재 값)가 SV(목표 값)보다 큰 상태에서

PV(현재 값) 값이 '0'으로 작아져 목표 이상 경보 등이 해제됨을 의미하며, 카운터 센서의 화면에서 변화된 값을 확인합니다.

ⓑ SV(목표 값) 데이터 값 읽기/쓰기

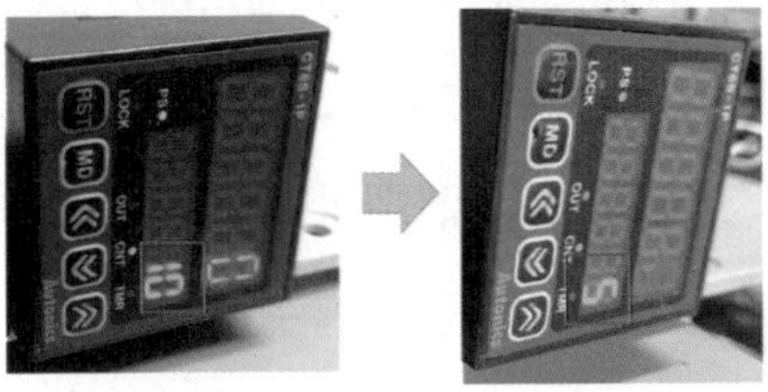

모드버스(Modbus Poll) 0×40001 주소 셀을 마우스로 더블 클릭하면 아래와 같은 창이 표시됩니다. 표시된 창은 'Single Register' 주소의 1Word 정보, 즉 SV(목표 값) 정보를 수정할 수 있는 기능으로 'Value' 항목의 값을 10->5로 변경하여, 'Send' 클릭하게 되면 SV(목표 값) 주소 값의 변경(10→5)과 동시에 카운터 화면의 SV(목표 값) 값이 변경됨을 확인합니다.

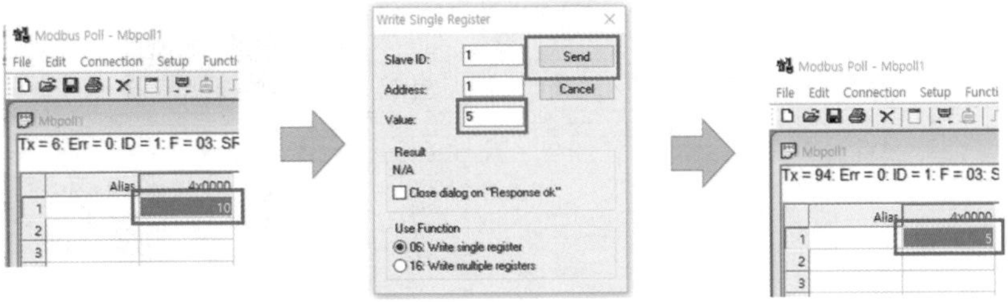

ⓒ PV(현재 값) 데이터 값 읽기

카운터 좌측에 있는 포토 센서 센서부에 손바닥을 이용해서 앞을 지나가면 카운터 화면에서 PV(현재 값) 값이 1씩 증가합니다. 카운터 화면의 숫자와 Modbus Pull의 결과 화면을 확인합니다.

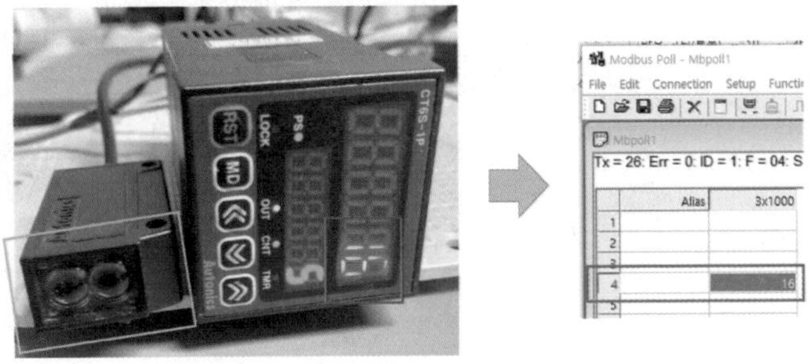

8. 통합환경 센서

국립전파연구원
National Radio Research Agency

○ 인증현황검색결과

상호	케이빅데이타
기기명칭	Smart Air Quality Monitor
모델명	PT02
파생모델명	
인증번호	R-R-KbD-PT02
제조자	Shenzhen Prodo Technology Co. Ltd
제조국가	중국
인증연월일	2022-08-08
기타	

Air Quality를 측정하는 통합환경 센서를 소개합니다.

기본적으로 RS485 Modbus 시리얼 통신 및 Tuya IoT 클라우드 서비스 양쪽 모두를 지원하는 제품으로, '케이빅데이터'에서 국내 KC 인증을 진행하여 적합등록된 제품입니다.

① 준비물

통합환경 센서 'PT02'를 갖고 시리얼 통신 테스트 및 센서 데이터를 확인합니다.

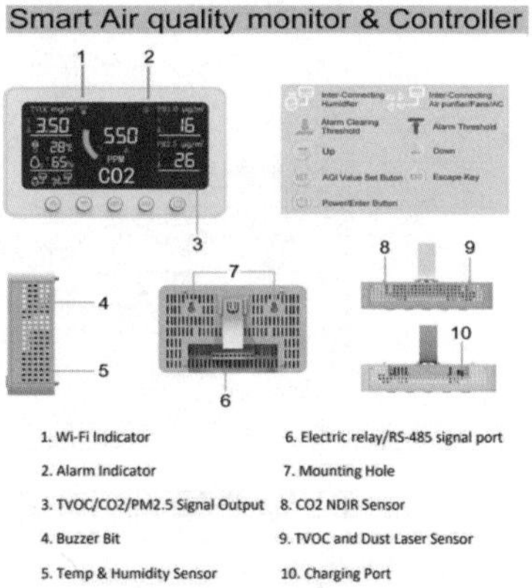

② 연 결

통합 센서 매뉴얼을 결선도를 참조하셔서 위 그림과 같이 센서 기준으로

ⓐ RS485 통신 빨간색(A), 하얀색(B)

ⓑ 별도 DC 어댑터 DC 12V 연결

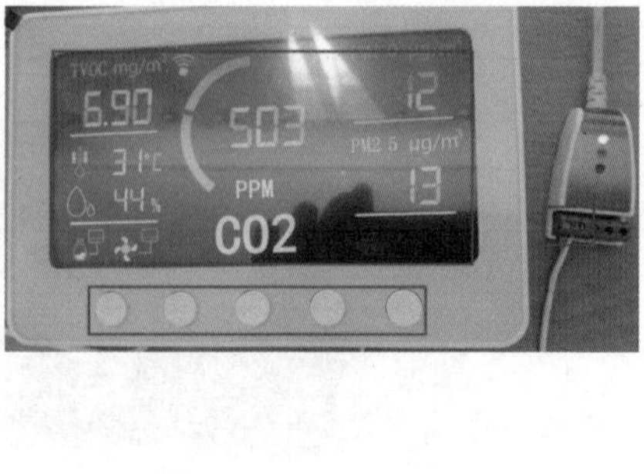

③ **모드버스**(Modbus Poll) **연결**

ⓐ 제조사가 제공하는 환경 센서 주소입니다.

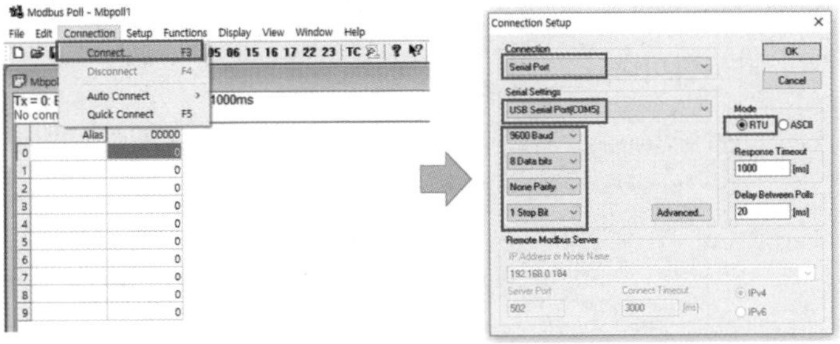

30001: 이산화탄소

30002: TVOC

30003: PM 1.0

30004: PM 2.5

30005: PM 10

30006: 온도

30007: 습도

40001~: 환경 센서의 컨트롤 제어 값으로, 이산화탄소 및 TVOC, 습도, PM을 컨트롤 제어할 수 있는 기능까지 포함되어 있습니다. (검증 필요 및 별도 첨부 자료 참조)

ⓑ 메뉴에서 Setup → Read/Write Definition Setup을 설정합니다.

센서를 처음 구매한 상태에서는 슬라브 '100'으로 셋업 되어 있으며, Function 코드는 제조사 매뉴얼을 참조하는 데 '04'을 불러옵니다. 보여줄 주소는 0을 기준으로 10개의 값이 보이도록 지정하여, 주소 0~6(파라미터 7개) 값의 데이터를 확인합니다.

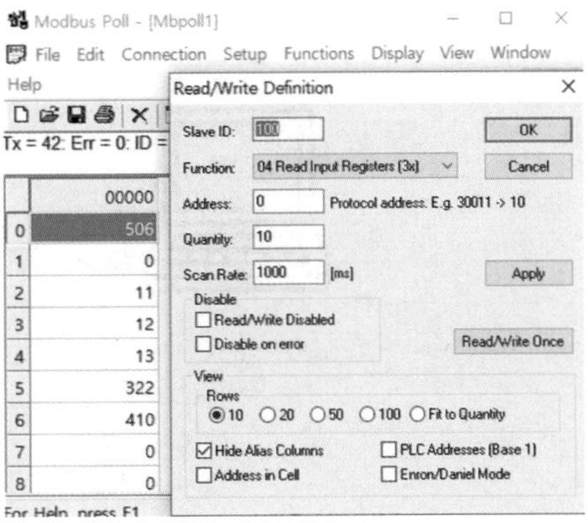

④ **테스트 결과 값**

슬라브 번호를 변경하려면 Address 값 수정이 아니라, Modbus Poll 기능 중 테스트 센터로 슬라브 주소를 변경할 수는 있지만, CRC 코드까지 이해해야 가능합니다.

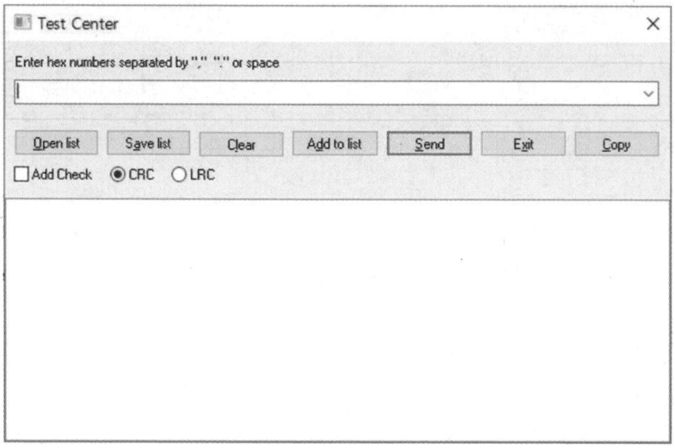

⑤ **로라 통신을 이용한 환경 센서 연결**

ⓐ 투야 앱을 통해서 데이터 검색 및 Smart 작화를 합니다.

ⓑ 로라(Lora) RS485 통신 모듈을 PC USB 단자에 연결합니다.

ⓒ 로라(Lora) RS485 통신 모듈을 HMI에 연결해서 데이터 저장 및 분석을 합니다. 로라(Lora) 통신 및 데이터 센싱 관련해서는 별도 교육으로 진행합니다. 이와 같이 투야(Tuya) 클라우드 서비스 및 RS485 시리얼 통신 모두를 제공하는 제품은 거의 없습니다. 통합환경 센서로 스마트팜 및 스마트 팩토리에 적용하면 효율적으로 이용할 수 있습니다.

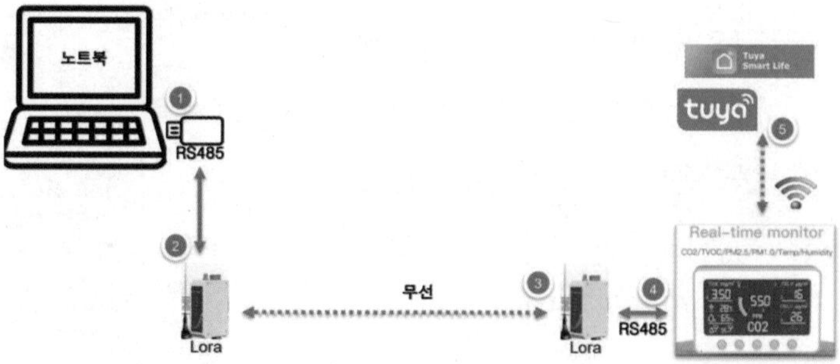

투야(Tuya) 클라우드 서비스를 지원하는 Smart Life 앱에 접속한 통합 환경 센서 화면입니다. 그리고 자세한 사용법은 웹 검색 및 첨부된 파일로 확인 바랍니다.

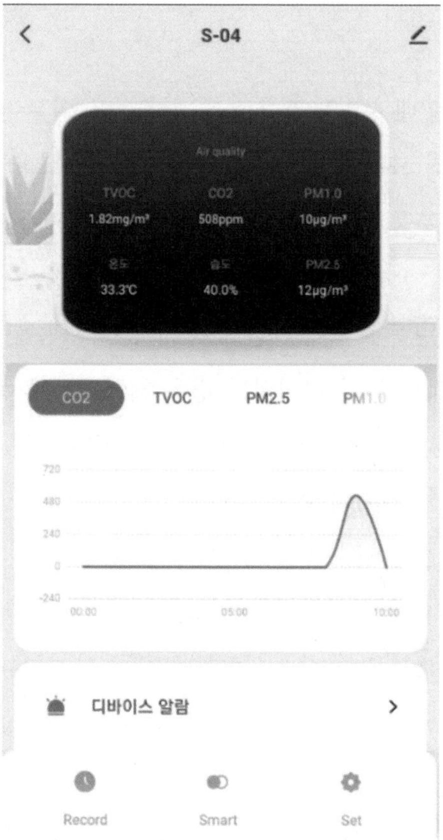

팁

ⓐ 센서 구매는 알리 익스프레스 이용
ⓑ 장기적으로 센서 구매를 위한 개인통관 고유번호 등록
ⓒ 무작정 저렴한 제품 구매 방식보다, 구입하고자 하는 센서의 정보를 충실히 제공하고 있는 'ComWinTop' 혹은 'Wellpro' 사 등의 제품을 이용합니다.

제5장

ICT HMI 구성

현재까지 보급된 대부분의 스마트 팜 시스템은 아두이노, 라즈베리 파이와 같은 마이크로 컨트롤러 또는 단일 보드 컴퓨터로 제작합니다. 이를 통한 제어통신 시스템은 상용화된 부품과 센서의 다양성, 비교적 부피가 소형이며 제작 단가가 낮은 점이 장점인 반면, 실제로 장치를 제어하고 데이터를 읽어 들이고 장치 간의 통신 등을 하기 위해서는 프로그래밍 언어 명령어, 즉 코딩을 통한 프로그램을 작성하며 사용되는 장치, 센서 등이 많아지는 경우 제어하는 명령어 작성이 복잡해지고 각 장치 간의 호환성 확인 등이 필요해 전문 개발자가 아닌 일반 사용자가 활용하기에는 제한되는 요소가 많습니다.

HMI(Human Machine Interface)가 PLC(Programmable Logic Controller), 아두이노, 라즈베리 파이와 사용상에서 가장 큰 차이는 HMI가 좀 더 사용자 친화적인 그래픽 인터페이스로 연결된 기기 조작이 가능한 패널 중심의 컨트롤러입니다. HMI는 기본적으로 HMI와 연결된 외부 디바이스의 메모리 값을 그림과 같은 패널 그래픽의 형태로 처리된 오브젝트와 연결하여 패널 상에서 기기의 동작 상태, 수치와 변화 등을 사용자가 쉽게 관리가 가능한 소프트웨어를 제공합니다.

5장에서는 Weintek(社)의 CMT-SVR-102 모델을 기준으로 HMI의 기본 구성과 프로젝트 작화용 소프트웨어인 'Easybuilder Pro'을 사용하여 시각적으로 표현된 HMI 기본 학습을 합니다.

HMI device를 공급하는 다양한 업체의 제품 중에서 본 저서에서 Weintek의 HMI를 선택한 이유가 있습니다.

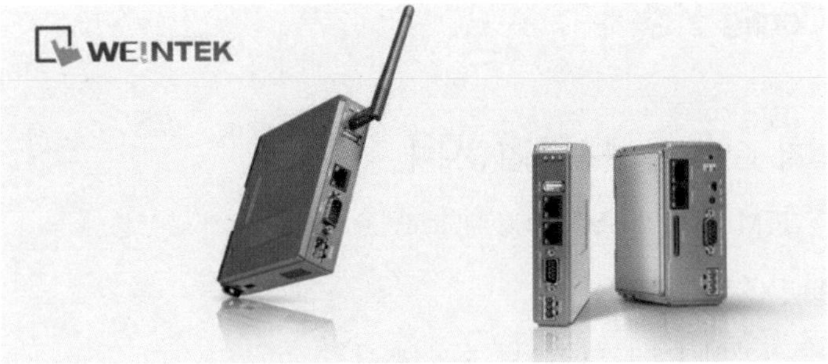

ⓐ Weintek의 HMI는 제공되는 성능에 비교하여 공급단가가 저렴합니다. 산업용 컨트롤러의 특성상 제품의 신뢰도가 중요하며, 이에 오랜 기간 동안 해당 산업군에 적용되어 제품의 성능이 검증된 제품은 공급단가가 매우 높습니다. 정밀한 제어가 필요한 산업군에서는 각 분야에 특화된 HMI의 사용이 권장되지만, 소규모의 제조업 및 농업에서 요구되는 수준의 기능은 Weintek의 제품이 합리적인 가격 기준으로 구성되어 추천됩니다.

ⓑ 타사의 제품과는 다르게 가장 기본적인 제품군도 HMI에 연결된 디바이스를 제어하고 발생한 데이터를 내부 저장소에 저장하는 기능 외에 데이터를 로컬 서버, 클라우드 서버에 저장 및 호출이 가능한 강력한 기능을 제공하고 있습니다. 이는 HMI가 PLC나 기타 마이크로 보드를 사용한 시스템 구성에서는 구현하기에는 복잡한 단계들을 단일 디바이스에서 해결해주는 역할을 합니다.

ⓒ 위의 강력한 데이터베이스 활용 기능과 더불어 Weintek의 HMI는 자체 VPN 서버를 활용한 HMI의 원격 관리가 가능합니다. 산업용 컨트롤러는 해당하는 위치(로컬)와 근접한 장소에 설치되어 운용되는 경우가 일반적이지만, 인터넷망에 접근이 가능한 전 세계 어디에서나 원격으로 HMI를 제어할 수 있는 것은 그 활용성이 높습니다. 또한, 원격제어 기능을 위한 모바일 애플리케이션 및 웹 서비스(CMT viewer, Easyaccess, Weincloud)를 제공해 별도의 개발 없이 사용이 가능합니다.

1. HMI Config 설정

① 먼저 준비물은 다음과 같습니다.

ⓐ HMI CMT SVR 102(해당 모델을 이름을 'HMI'로 부름)

ⓑ DC 24 SMPS

ⓒ 소개한 RS485(온·습도/조광) 센서

ⓓ 작화용 '이지빌더 프로' 다운로드 및 설치(첨부 매뉴얼 참조)

ⓔ 작화 관리도구 CMT Viewer 설치(첨부 매뉴얼 참조)

② 연결 과정은 다음과 같습니다.

ⓐ HMI에 전원 DC 24V 연결합니다.

ⓑ 통신 시리얼 포트를 다음과 같이 연결합니다.

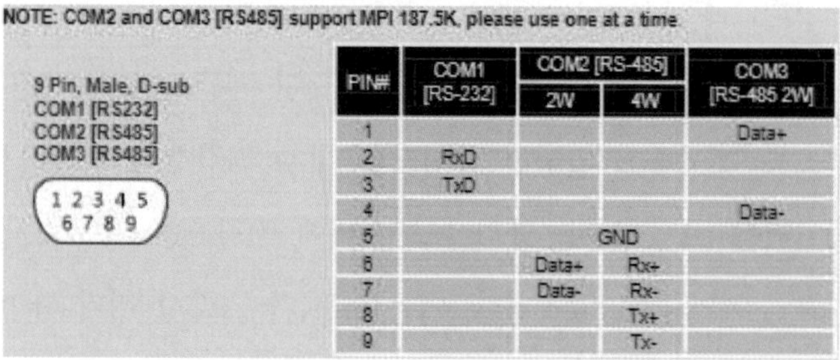
NOTE: COM2 and COM3 [RS485] support MPI 187.5K, please use one at a time

9 Pin, Male, D-sub
COM1 [RS232]
COM2 [RS485]
COM3 [RS485]

1 2 3 4 5
6 7 8 9

PIN#	COM1 [RS-232]	COM2 [RS-485] 2W	COM2 [RS-485] 4W	COM3 [RS-485 2W]
1				Data+
2	RxD			
3	TxD			
4				Data-
5	GND			
6		Data+	Rx+	
7		Data-	Rx-	
8			Tx+	
9			Tx-	

ⓒ Com3[Pin 1(A+), 4(B-)] 기준으로 연결 사진입니다.

통신선 하얀색 핀1(A), 녹색 핀4(B)로 Com3를 연결합니다.

ⓓ Com2[Pin 5(A+), 6(B-)] 기준으로 연결 사진입니다.

통신 Com2로 핀5(A+), 핀6(B-)로 연결합니다. 즉, 그림처럼 빨간색 핀5(A), 녹색 핀6(B)로 Com2를 연결합니다.

ⓔ HMI의 기존 작화를 삭제하기 위해서 Format 합니다. CMT 스위치는 2개 모두 ON 상태로 전원을 인가합니다.

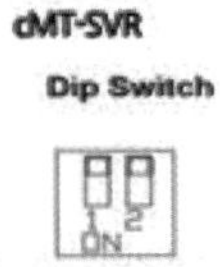

SW1	SW2	Mode
ON	ON	초기 설정 복원
ON	OFF	이더넷 IP 설정 복원
OFF	ON	Boot loader 모드
OFF	OFF	정상 모드

즉, HMI의 스위치 버튼의 기능은 측면에 있으며, 스위치 0, 1를 모두 'OFF → ON' 변경하면 HMI 자체를 포맷 초기화합니다. HMI를 전체 포멧 삭제합니다.

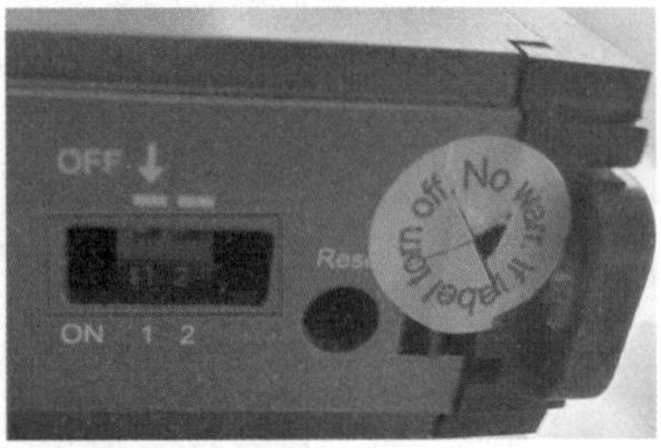

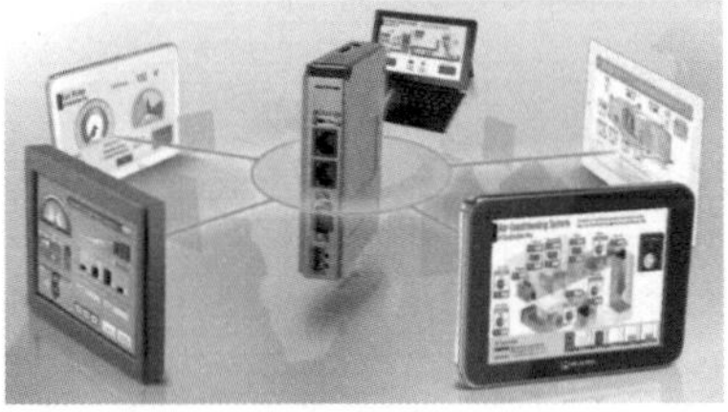

ⓕ 라우터 인터넷 잭(RJ45)을 HMI '이더넷1'에 연결합니다.

ⓖ 딥 스위치 0, 1을 모두 ON 10초 후에(포맷한 상태) CMT Viewer에 연결합니다. CMT Viewer는 로컬/웹 HMI의 작화를 관리해 주는 프로그램입니다. 좌측 상단 노란색 동그라미를 클릭하면 HMI에서 가동 중인 모든 작화를 보여줍니다. 여러 개의 작화가 보인다면 최근 파일 우측 1개의 작화를 제외하고 삭제합니다.

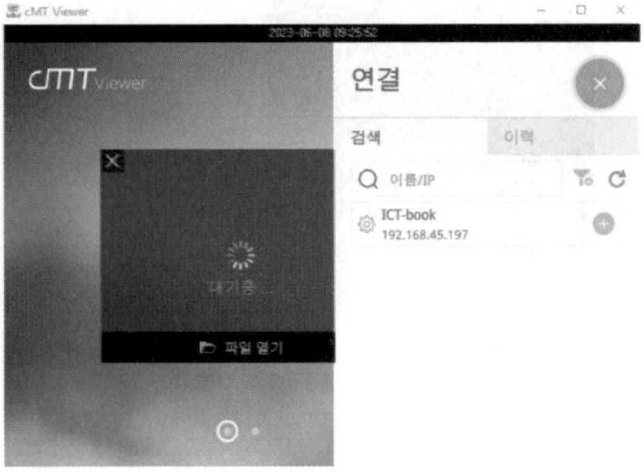

ⓗ 우측 상단의 동그라미 '+'를 클릭해서 HMI가 인터넷 연결된 상태를 확인합니다.

기존 작화를 삭제하려면 중간 대기 중 'x'를 클릭하면 HMI 메모리에서 삭제가 됩니다.

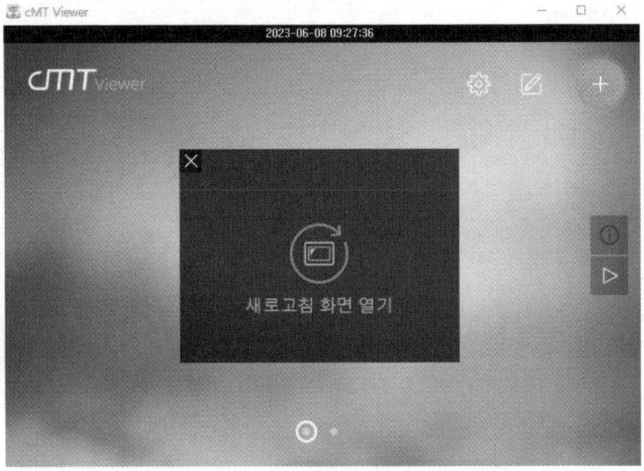

ⓘ 네트워크 그룹 내의 웨인텍 HMI 작화 리스트 목록을 보여줍니다.

IP의 좌측 기어 모양(인터넷 주소 좌측)을 클릭하면 해당 IP 웹 작화 사이트가 열립니다.

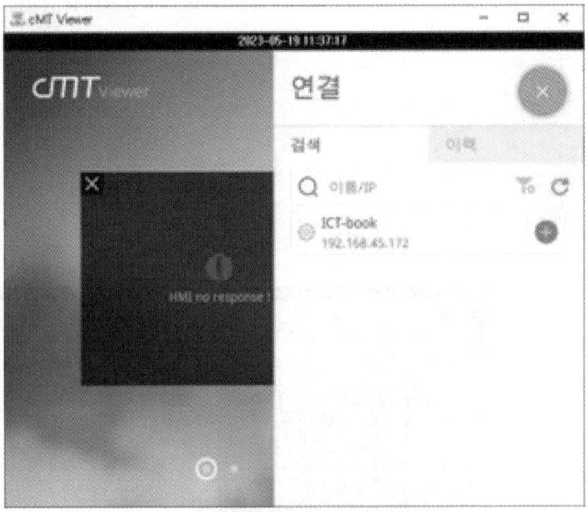

ⓙ 웹 사이트에서 기본 Password '111111' 기본값을 입력하고, 버튼(화살표)을 클릭합니다.

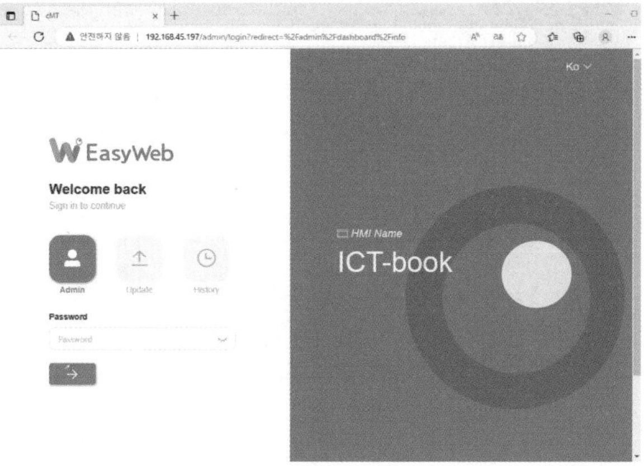

[중요] 게시판 보안은 다음과 같이 모두 체크가 되어있어야 HMI 작화를 업로드할 수 있습니다. 이 부분에 유저의 애로가 많으며, 컴퓨터 보안 문제를 잘 해결해야 합니다.

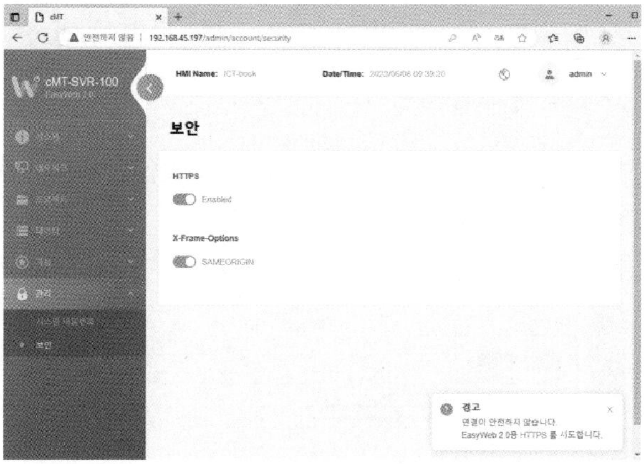

ⓚ 게시판 시스템에서 HMI 이름 및 HMI Date/Time을 조정합니다.

이 기능은 작화 시간이 현재 시간과 간격이 발생할 때, PC 시간으로 조정됩니다.

ⓛ 네트워크 인터넷 접속 이더넷1, 2를 자동/수동으로 지정할 수가 있습니다.

인터넷 연결된 '이더넷 1번'은 자동으로 되어있습니다.

처음 Automatic 인터넷 주소를 사용하다가 안정화된 이후에는 DHCP

로 변경해서 사용합니다.

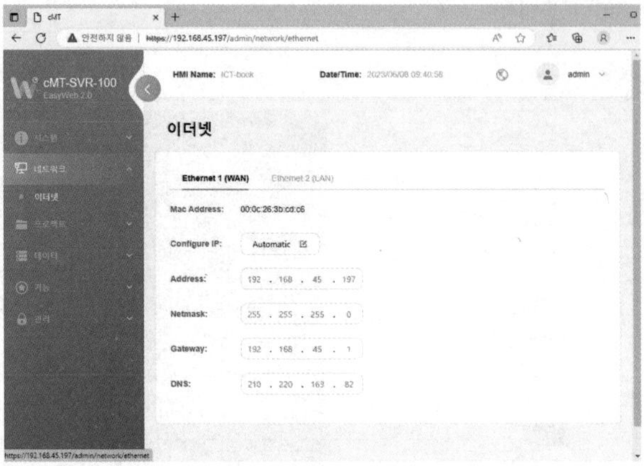

ⓜ HMI에서 게시(기능)에 'EasyAccess 2.0'을 소개합니다.

'HMI SVR 102' 모델은 데이터베이스 저장 및 Access 2.0 VPN이 포함된 모델입니다.

따라서 로컬이 아니라 인터넷으로 HMI 작화에 접속할 수 있도록 버튼(Start)을 클릭해 놓습니다.

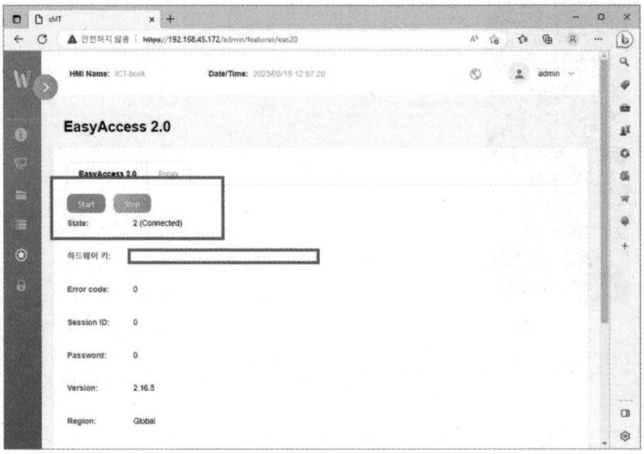

초기화/포맷 이후 1회 버튼(Start)을 클릭

2. HMI 시스템 파라미터

① **작화 HMI '이지빌더' 소프트웨어를 열기를 누릅니다.**

ⓐ 작화 준비 중인 제품(HMI CMT SVR 100/102)를 선택하고 버튼(확인)을 클릭합니다.

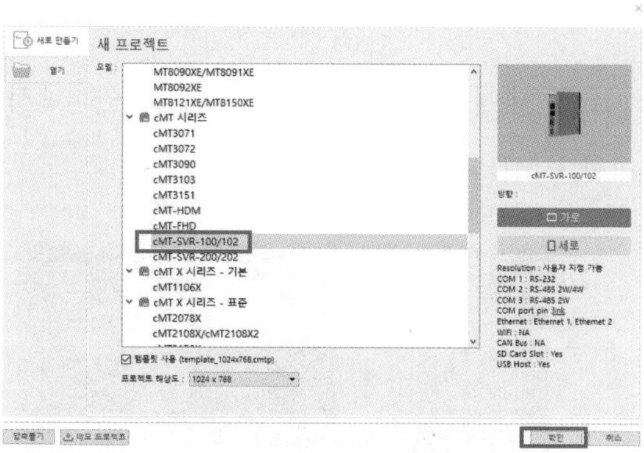

ⓑ 좌측 하단에 데모 프로젝트를 클릭하면 웨인텍 웹 다운로드 사이트로 이동해서, 예제를 갖고 학습합니다.

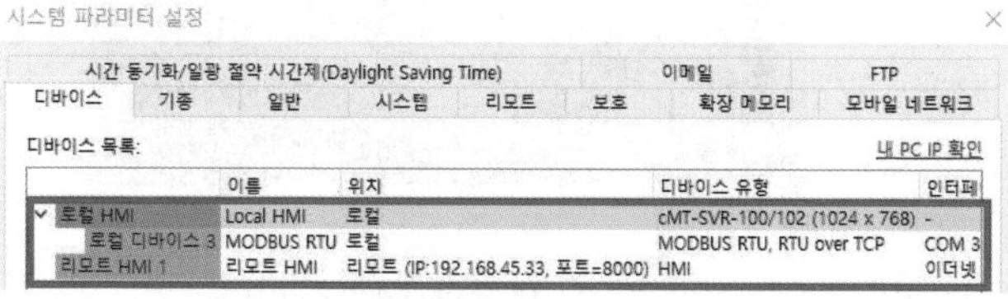

ⓒ 다른 HMI 및 디바이스 센서/서버를 추가합니다.

특히 버튼(HMI 추가)을 클릭해서 IP 주소 이더넷 설정으로 이더넷/포트 번호로 연결합니다.

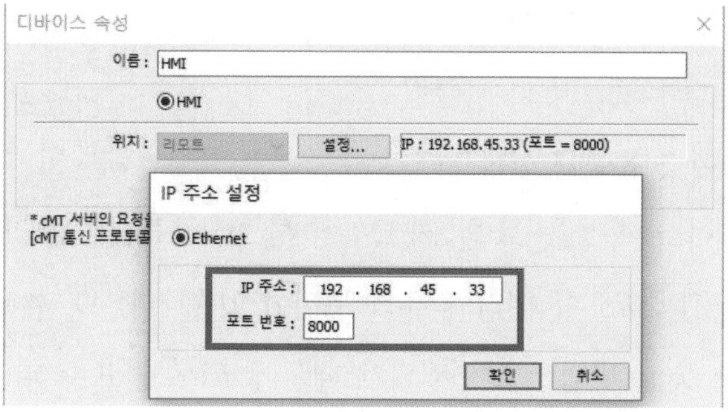

즉, 정확한 고정 IP의 리모트 이더넷로 다른 HMI을 연결합니다.

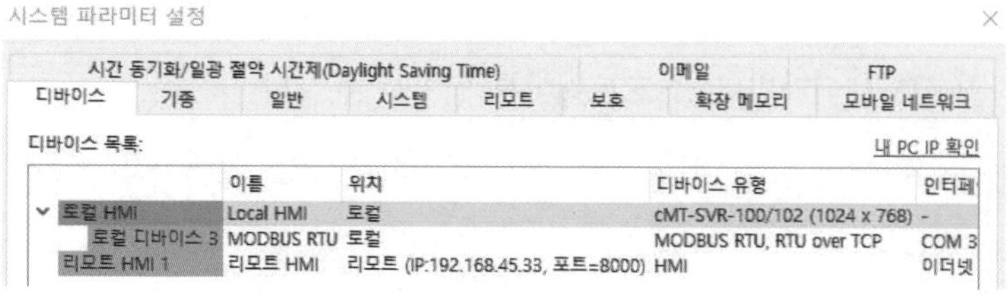

즉, HMI 한 대에 여러 대의 HMI/PLC를 연결해서 작화를 합니다. 실제 연결한 HMI 및 디바이스입니다.

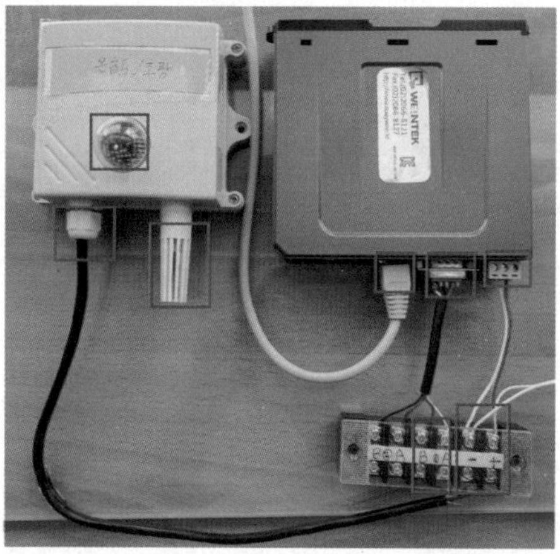

② **HMI와 디바이스**(온·습도/조광) **센서와 연결합니다.**

사진처럼 실물 HMI에 이더넷 포트 1번으로 인터넷 연결하고, 통신은 RS485 COM3, 전원선 DC +/- 연결을 합니다. '이지빌더'로 디바이스에 센서가 연결되도록 통신 프로토콜/처리 속도를 추가합니다.

ⓐ 로컬 HMI를 선택하고

ⓑ 버튼(디바이스/서버 추가) 클릭

ⓒ 디바이스 유형을 선택

디바이스 속성을 보면(아래 그림 우측), Moudbus ASCII1부터 Modbus TCP/IP(Zero) 등 여러 종류의 통신이 있습니다. 즉, 센서 제조사마다 다양한 통신 방법으로 연결되기 때문에 되도록 표준 디바이스 'Modbus

RTU, RTU over TCP'에 연결되는 제품을 구매하도록 합니다.

[중요] 제조사마다 통신 디바이스 통신 접속이 달라서 동일한 RS485 병렬로 연결할 수 없는 경우도 있습니다. 되도록 센서 디바이스 구매할 때, 표준 통신('Modbus RTU, RTU over TCP') 지원 여부를 확인합니다.

ⓓ 버튼(설정)을 클릭

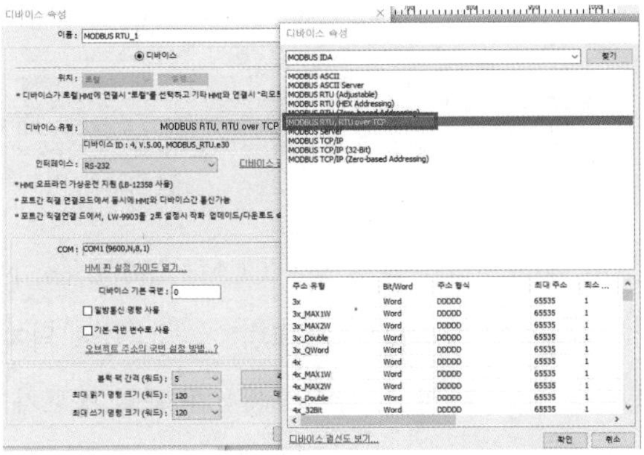

시리얼 COM에서 'Com3', 통신속도 '9,600' 데이터베이스 '8', 패러티 'N', 정지비트 '1'을 지정합니다. ICT 입문자의 경우, 통신 책을 봐도 통신 학습에는 한계가 있으며, 초보자가 배워야 하는 기본적 셋업 정보만 이해하고 넘어갑니다. 이제 디바이스 인터페이스를 'RS-485 2W' 선택합니다.

ⓔ 인터페이스 RS-485를 선택합니다.

시리얼 통신 COM 포트를 먼저 변경해 줘야, 'RS485 2W'가 선택됩니다.

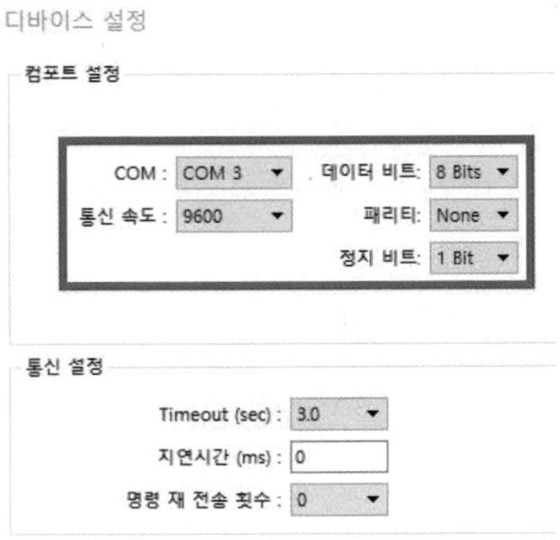

ⓕ 설명할 내용은 많지만, '디바이스 기본 국번 및 기본 국번 변수로 사용 등' 설명은 생략하고 버튼(확인)을 클릭합니다. 그림처럼 로컬 HMI의 시리얼 통신 COM3 기준으로 디바이스 온·습도/조광(8, N, 1)을 연결 정보를 보여줍니다.

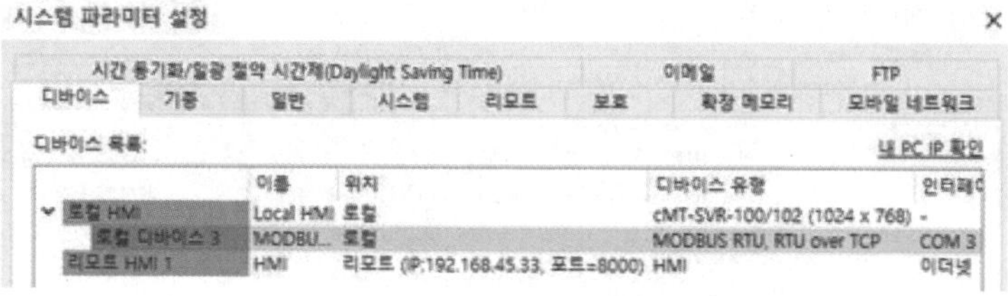

즉 HMI에서 시리얼 통신으로 'COM3, 9600, 8, N, 1' 상태에서, 모든 연결 디바이스 센서 모두 '9600, 8, N, 1'으로 되어있어야 HMI에서 표시됩니다. 만약 디바이스 여러 센서가 통신 정보가 모두 다르다면 동일한 시리얼 통신으로 연결할 수 없습니다. 디바이스 목록에는 3가지가 연결되어 있는데, 불필요한 디바이스는 선택해서 삭제합니다.

ⓖ 기종 탭에는 다른 HMI로 변경할 수 있습니다.

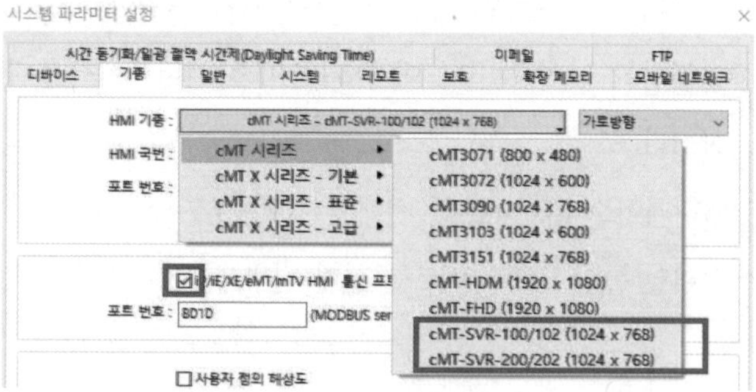

[중요] 표준화된 작화를 만들어서 HMI 기존을 변경해서 작화하는 방향으로 학습합니다. HMI마다 다른 표준 작화를 만든다는 것은 많은 시간이 소요됩니다.

그리고 위에 'IP/IE/XE~' 체크 박스는 액정 없는 HMI를 액정 패널로 연결할 때, HMI 데이터를 액정 패널에서 표시합니다. (연결 과정은 생략)

ⓗ 일반 탭에서는 HMI의 '시작화면/기본 화면은 10' 및 절전 모드를 설정합니다.

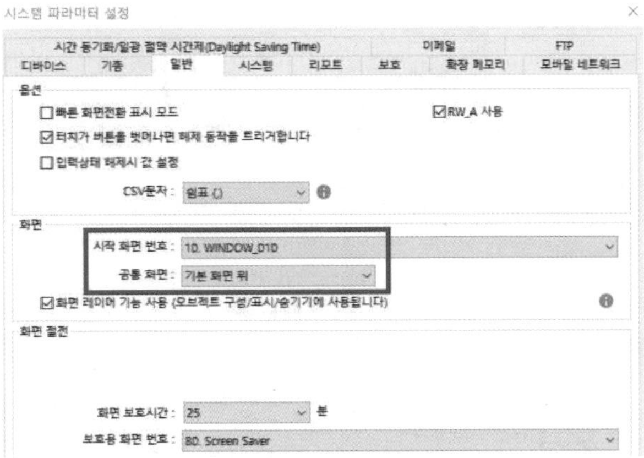

[중요] 처음에 HMI를 마스터하기 위해 노트 정리보다 HMI (가상) 실습을 통해서 연결해 보고 HMI 작화를 수정하면서 학습합니다. 실제 잘 몰라서 학습량이 많아 보이지만, 나중에 보면 학습할 것은 기대 이상 없습니다. HMI 학습 접근의 순서를 저자의 책에 맞추어서 진행하고, 충분한 실습한 후, 각 센서의 전문 내용을 학습합니다.

ⓘ 리모트 탭에서는 VPN을 이용해서 웹으로 접속할 수 있는 EasyAccess 2.0 설정 체크 및 진단기 사용 가능을 체크합니다. 그리고 CMT Viewer의 인원수를 설정합니다.

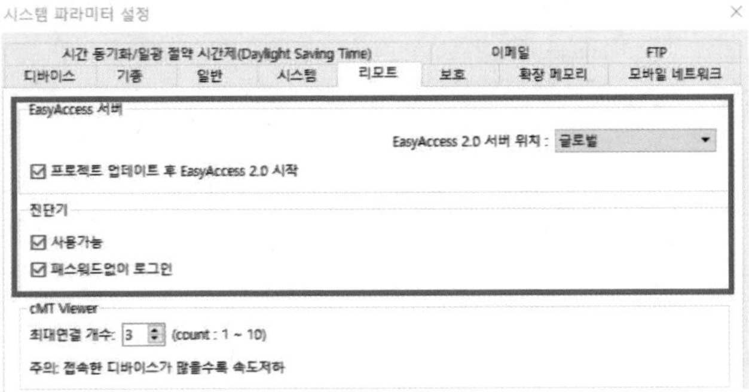

ⓙ 모바일 탭에는 시스템 워드 값을 설정해서 USB LTE 4/G가 인터넷 접속되도록 해줍니다.

마지막 장, 인터넷 설치가 어려운 지역의 LTE HMI 인터넷 연결 자세히 학습합니다.

ⓚ 이메일 탭은 이메일로 디바이스 센싱 데이터를 지속적으로 보내는 기능입니다. 예제로 이메일 네이버 설정값입니다. 이메일 설정은 도메인 처리 회사마다 다르기 때문에 별도로 학습합니다. 단, 온도가 특정 온도보다 높다면 이런 메시지를 이메일로 받을 수가 있습니다. 현재 경보, 알람, 장애 요인의 상태를 실시간 이메일로 모니터링합니다.

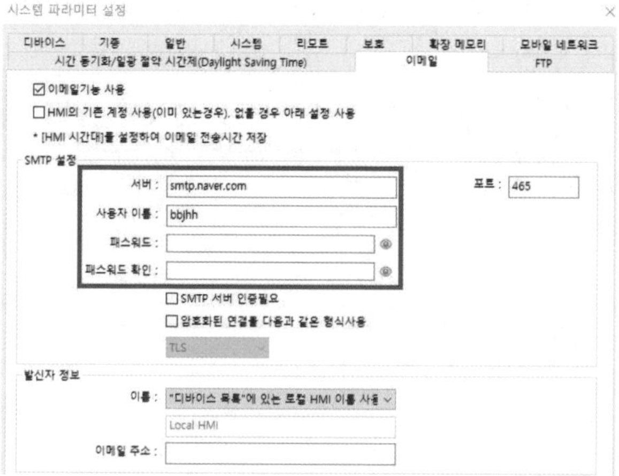

기타 수신자 리스트를 작성해서 SMTP 설정 테스트로 이메일 송신 여부를 확인합니다.

3. 작화 화면 구성

앞에서 주로 HMI Config 및 HMI '이지빌더'의 시스템 파라미터를 학습하였습니다. 앞으로는 HMI 작화 전체 화면 구성을 학습합니다.

① **HMI의 주소**(Address)

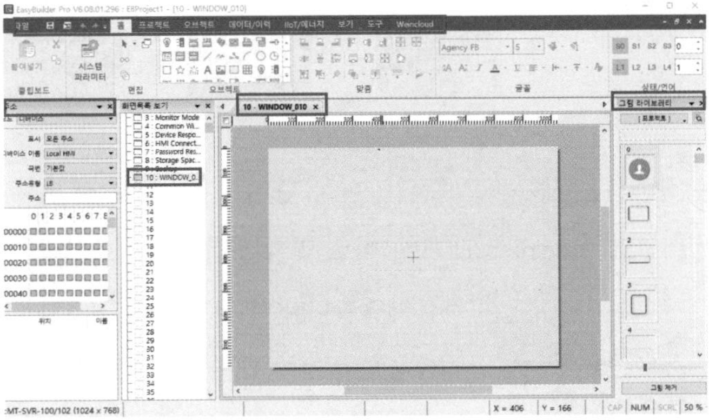

ⓐ 상단에는 메뉴

ⓑ 중간 좌측에는 주소

ⓒ 중간 좌측 두 번째 화면 미리 보기(기본 화면은 10번)

ⓓ 오른쪽 화면에는 그림 라이브러리 등으로 구성되어 있습니다.

② **ICT 입문자를 위한 기초 상식**

좌측 중간에 주소 창을 먼저 학습을 합니다. HMI 자체적으로 다양한 주소 유형으로 표시됩니다.

ⓐ 비트: 0 or 1

ICT 초보자에게는 무조건 '0 or 1'를 '비트'라고 정의합니다.

ⓑ LW: 숫자(Short, Long 등)

즉, HMI 주소에는 비트 및 워드로 구분합니다. 릴레이/스위치 값은 '0' or '1' 값으로 비트(Bit) 표시가 되고, 온·습도 값은 '123' 숫자 값으로 표시되는 것을 워드(Word)라고 정의합니다. 디바이스 센서마다 중복이 안 되도록 하는 것을 국번(Slave)이라고 합니다.

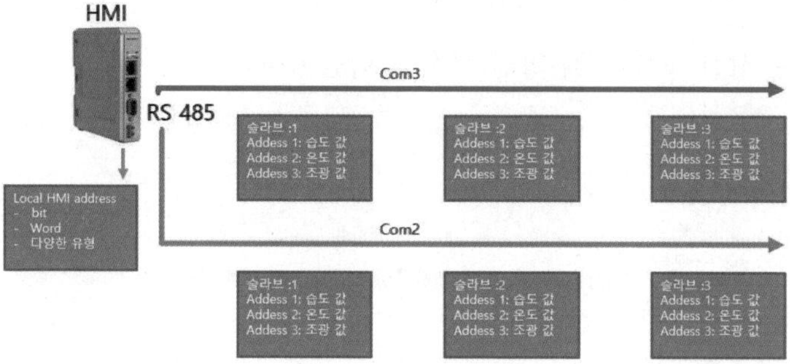

본 장에서는 세부적으로 다양한 유형 주소(RW, PLW, PLB, RW_Bit 등)가 있지만 HMI Address도 크게 비트 및 워드만 구분하고, 뒷장 응용 부문에서 학습합니다. HMI마다 주소 체계가 모두 다르고, ICT 초보자 대상으로 기본만 학습합니다.

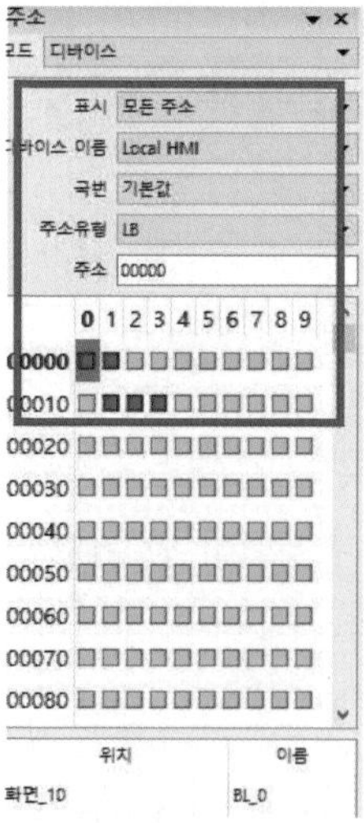

디바이스 센서 종류별로 시리얼 통신 포트(COM 3, COM 2)에 따라서 디바이스 센서마다 슬라브 번호가 달라야 하며, 센서마다 주소가 다를 수도 있습니다.

즉, A 디바이스 회사는 Address 1에 온도 값 설정되어 있지만,

B 디바이스 회사는 Address 1에 습도 값으로 설정되어 있습니다.

ⓐ 작화 중인 모든 센서 주소는 주소 창에서 Local HMI 유형에 LB(비트)인 주소가 빨간색(■)으로 표시되며, 주소를 클릭합니다.

ⓑ 주소를 클릭하면 주소 창 아래쪽에 주소별 화면 목록 리스트 '화면_8'을 보여줍니다.

ⓒ 위치/이름에서 관련 화면을 선택 클릭하면 우측 해당 화면의 오브젝트로 이동합니다.

> 디바이스 슬라브 번호 및 주소는 Slave#address로 표시됩니다.
> 1#1: 슬라브 1번의 주소 1, 3#3: 슬라브 3번의 주소 3을 표시합니다.

② **화면목록 보기에서 "11"번을 선택하고, 마우스 우측 클릭해서 작화 화면을 추가합니다. 즉, 신규로 11번~49번까지 작화 화면을 추가할 수 있습니다.**

화면목록 보기에서 11번을 마우스 우측 클릭해서 화면 설정 단계는 다음과 같습니다.

ⓐ 화면 이름

ⓑ 화면 사이즈

ⓒ 화면 배경 등 설정합니다. 특히, HMI에는 각 화면을 나눠서 개발하는 것이 가능합니다.

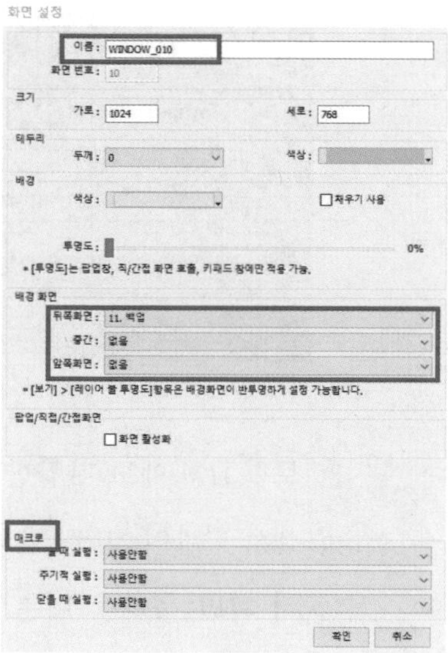

1화면은 요약을 2, 3, 4, 5 화면에서는 세부, 각각 다른 센서와 연결해서 다양한 화면 구성을 합니다. 오브젝트 화면 이동(버튼)을 메뉴로 추가해서 원하는 화면 이동도 가능합니다.

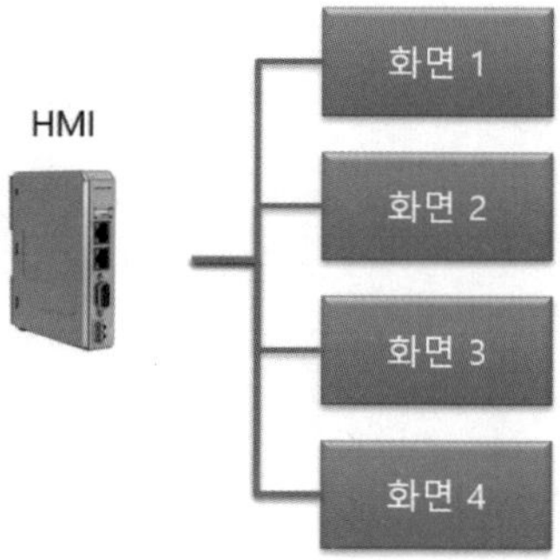

예제(펑션 키)로, 메인 화면, 이산화탄소, 습도, 온도, 릴레이 작화 화면으로 이동합니다. 각자 관리 화면에 추가해서 디바이스 센싱 데이터를 연결합니다.

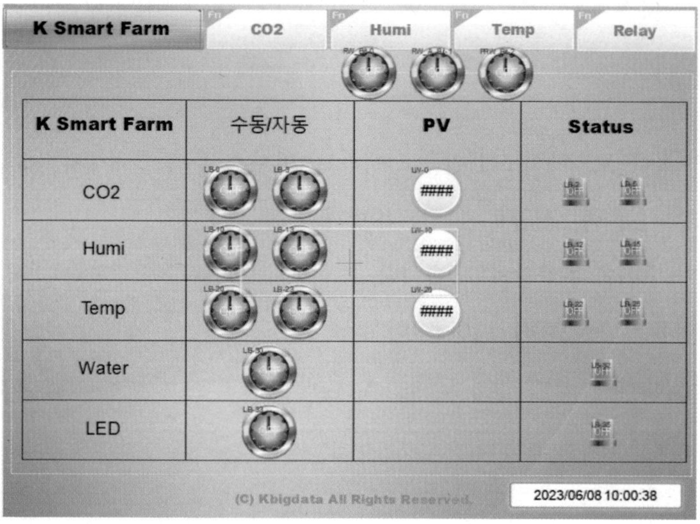

ⓐ 로컬 HMI에도 다양한 주소로 비트 혹은 워드가 있고,

ⓑ 센서 디바이스마다 슬라브(Slave) 및 다양한 주소(Address)로 구성,

ⓒ 각 화면 목록을 버튼 '이산화탄소, Humi, Temp, Relay'로 작성한 예제입니다.

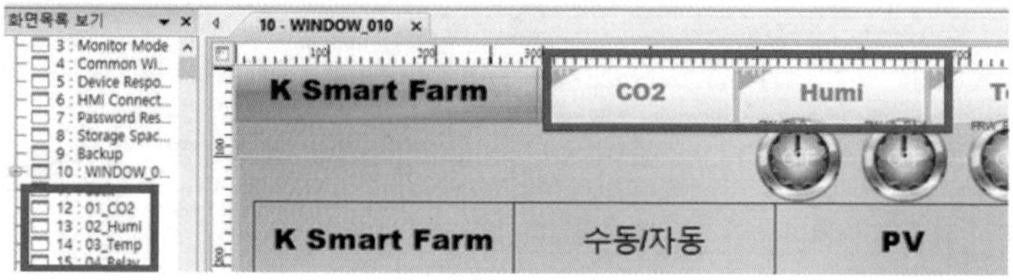

4. 작화 오브젝트

HMI에는 다양한 주소도 있고, 디바이스마다 슬라브(Slave) 및 다양한 주소(Address)로 구성할 수 있습니다. 특히, 주소 데이터 값은 비트(Bit) 및 워드(Word) 값으로 구분됩니다. 즉, 데이터 처리에는 2가지로 구분되며, 비트(0 or 1) 혹은 워드(숫자)만 학습합니다.

① 비 트

비트 램프와 비트 세트의 차이점은 다음과 같습니다. 비트 램프(읽기)는 클릭을 할 수 없지만, 세트 비트(쓰기)는 '0 혹은 1'을 선택할 수 있습니다.

[중요] 전문적으로 주소 7bit 먼지 8bit를 소개하다 보면 너무 깊이 갈 수 있기 때문에 BIT 구성은 생략하고 작화 비트 의미만 학습합니다.

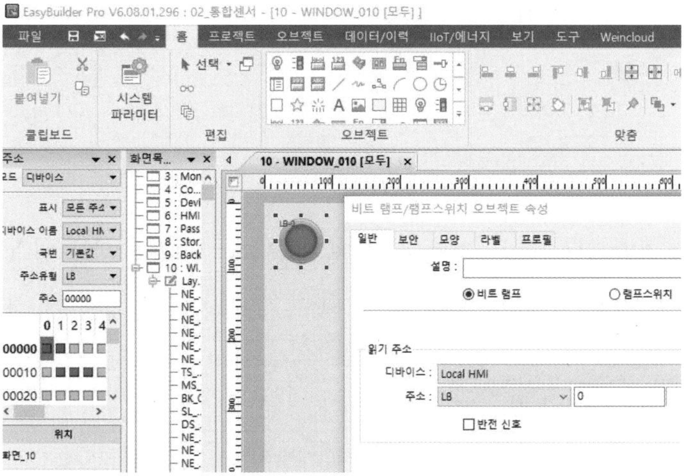

오브젝트에서 램프그룹에서 '비트 램프'을 클릭하면, 비트 속성 창이 열립니다(램프는 읽기만, 스위치는 읽기 및 쓰기 가능).

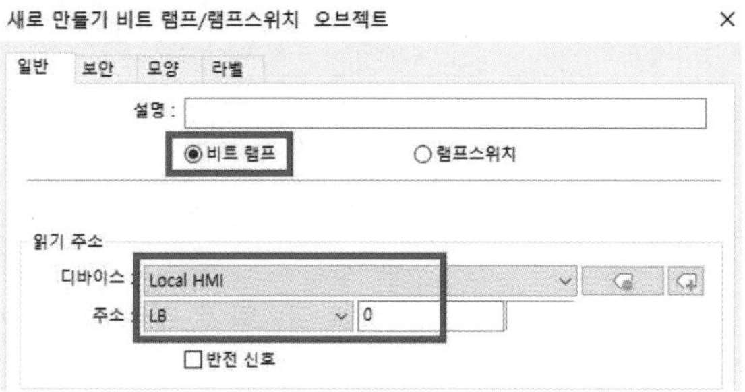

ⓐ 비트 램프를 선택(읽기만)합니다. 램프 스위치는 읽기 및 쓰기가 가능한 버튼으로 '0 혹은 1' 값을 선택합니다.

ⓑ 읽기 주소를 디바이스 Local HMI 주소 LB로 '0'을 지정합니다. 특히 시리얼 연결된 Com3으로 BIT 값을 연결할 수 있습니다.

ⓒ 비트 램프 속성을 변경하려면 '비트 램프'를 더블클릭합니다.

ⓓ 모양 탭 창에서 비트 '0 혹은 1'의 디자인을 변경할 수 있습니다.

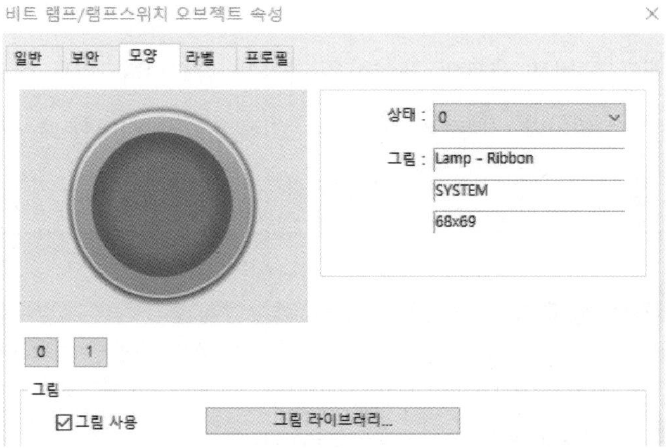

ⓔ 라벨 탭 창에는 라벨 사용 체크합니다. 상태가 '0'일 때 'OFF'로, 상태가 '1'일 때 'ON' 되며, 글꼴 및 크기 색상 등을 지정합니다.

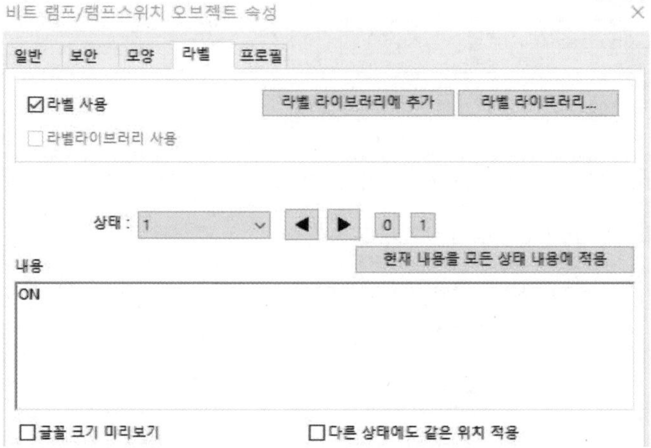

ⓕ 프로필 탭 창에서는 오브젝트(비트)의 위치 및 크기를 지정합니다.

> 팁
>
> 오브젝트를 동일한 모양으로 비트 수십 개를 작화해야 한다면 기존에 작성된 작화에서 해당 BIT를 복사해서 주소 값만 변경합니다.

ⓖ 비트램프를 작성하면, 주소 LB '0'에 빨간색(■) 표시, 클릭하면 주소 탭 위치에는 연결 화면 정보와 오브젝트 비트를 디자인 속성으로 보여줍니다.

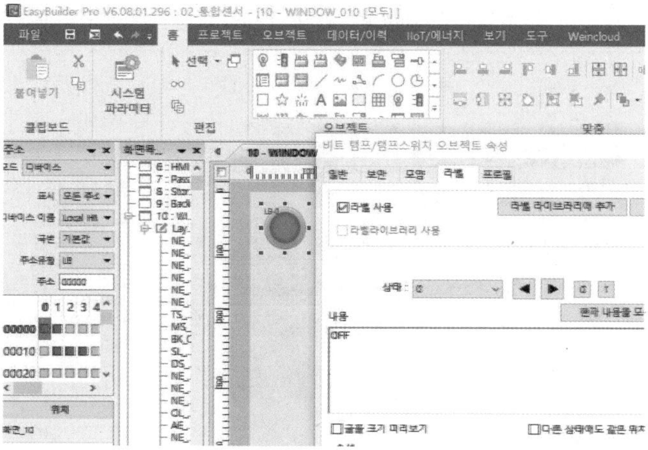

ⓗ 비트램프 주소 LB '0'을 복사해서 주소를 LB '1'로 변경해서 '램프 스위치'로 설정하고, 램프 스위치의 속성을 '토글'로 설정합니다.

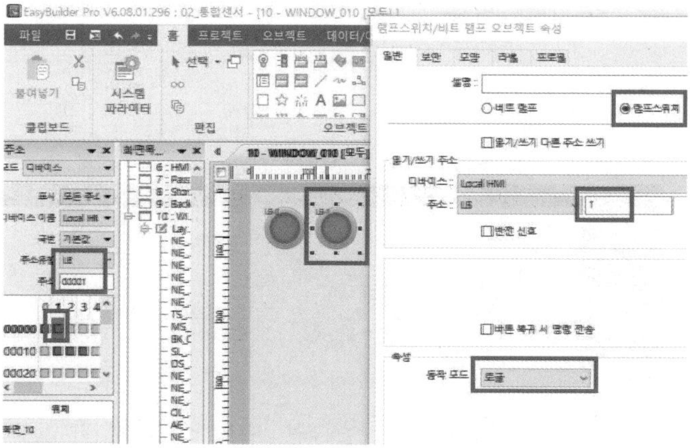

위와 같이 주소 창에도 LB 0, 1에 데이터가 사용 중 빨간색(■)이 표시됩니다. 램프 스위치를 체크하고 '토글'로 선택합니다.

토글 동작 모드에는 4가지 있습니다.
ⓐ 세트 ON: 무조건 값이 '1'
ⓑ 세트 OFF: 무조건 값이 '0'
ⓒ 토글: 누를 때마다 1 또는 0으로 변경
ⓓ 모멘터리: 일정 시간 경과 후에 변경

① **작화 화면을 HMI에 가상으로 업데이트하는 '오프라인 가상운전'을 실행합니다.**

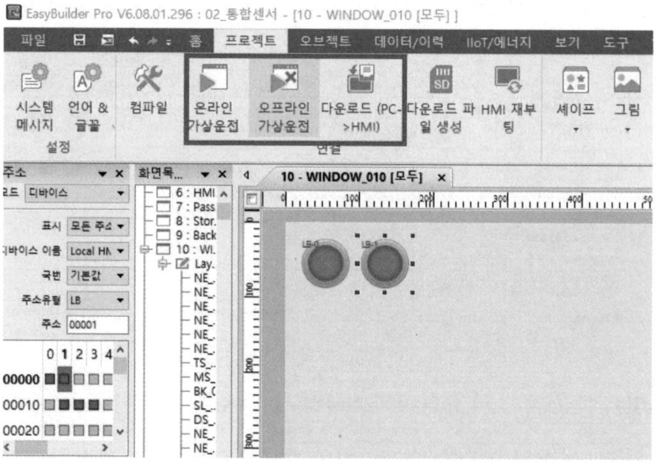

[중요] 즉, 로컬 HMI 작화를 확인하는 경우에는 HMI 펌웨어 방식보다는 '오프라인 가상운전'을 권합니다. 그리고 HMI 없이 충분히 작화나 '오프라인 가상운전'으로 작화 결과를 확인합니다.

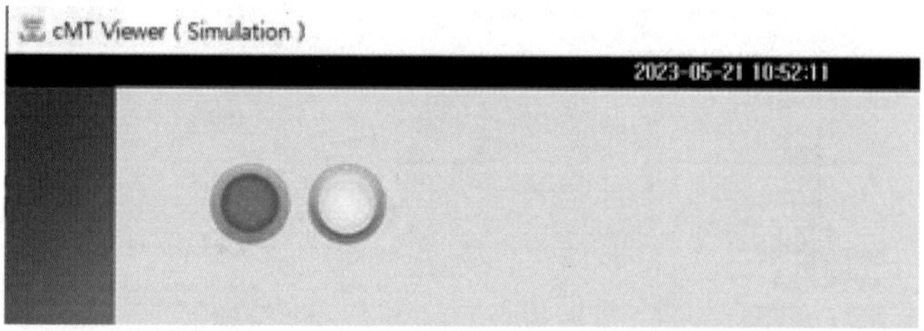

좌측은 '비트 램프' 읽기 전용, 우측은 '비트 스위치(읽기/쓰기)'입니다. '토글' 버튼을 클릭하면 값이 '1'과 '0'으로 반복적으로 색상 변경을 확인합니다.

HMI 연결 없이 가상으로 모의 데이트 '오프라인 가상운전'이 가능합니다. 따라서 처음 디바이스 센서 및 HMI 없이 가상 오프라인 작화로 사전 테스트 가능합니다.

② 워 드

앞에 비트는 0 혹은 1 값 2가지 종류 표시가 되지만, 여러 개를 '0, 1, 2, 3'와 같이 숫자로 표시하고자 할 때, 워드 램프 및 워드 스위치를 이용합니다.

ⓐ 워드 램프를 클릭합니다. 주소는 LW 0, 상태 개수를 4로(0~3) 선택합니다.

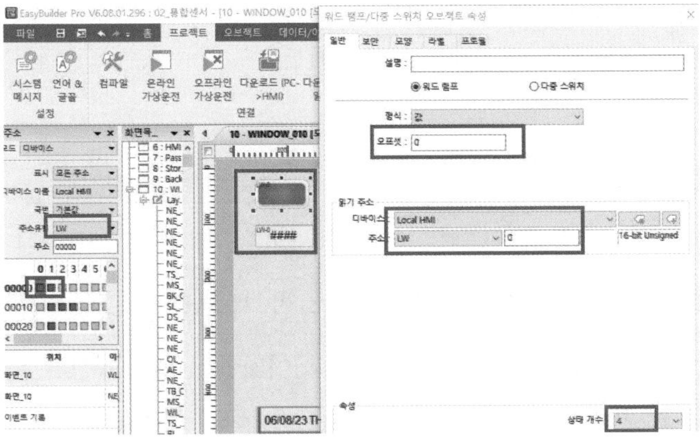

ⓑ 다중 스위치를 클릭합니다. 주소는 LW 1, 'Jog+' 상태 개수를 4로(0~3) 선택합니다.

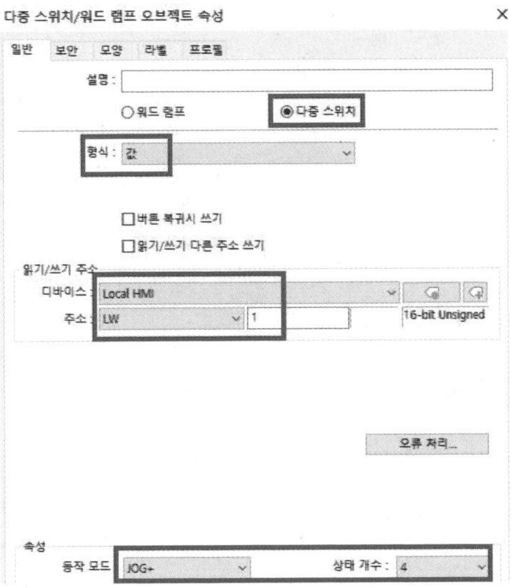

ⓒ 좌측 '워드 램프'는 데이터의 읽기로 버튼 클릭해도 반응이 없습니다. 숫자 수치 '1'을 입력해야 버튼이 변경되는 것을 확인합니다.

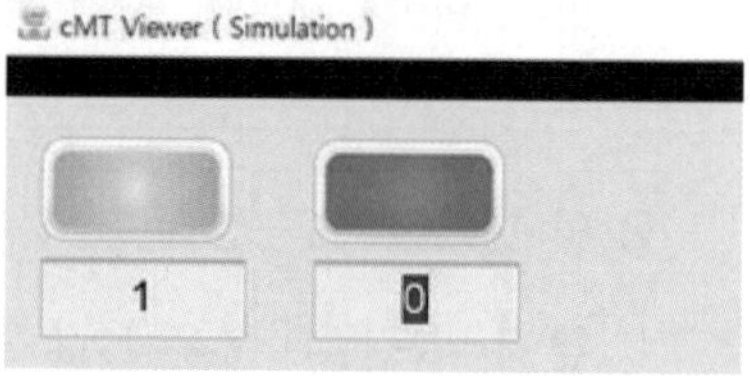

우측 '다중 램프 스위치'는 버튼 클릭할 때마다 상태 개수에 따라 4(0~3)까지 클릭마다 1씩 순차적으로 숫자가 증가합니다. 만약 오브젝트 속성에서 '주기적'을 체크하면 버튼을 클릭할 때마다 반복해서 숫자 값을 보여줍니다.

'동작모드' 관계는 생략합니다.

ⓓ 디바이스 주소의 '속성'을 클릭합니다.

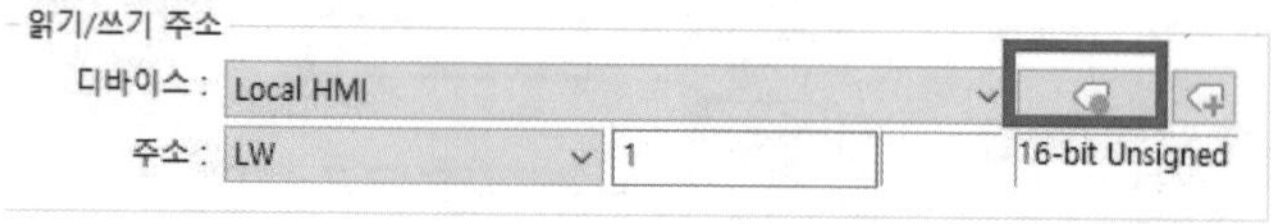

특히 마커 '시스템 태그'를 체크하면 시스템 주소를 사용할 수 있으며, 보통 숫자 값이 16-bit unsigned이지만, 32bit 등으로 태그 변경은 초보자에게 이해하기 어려운 부문이기에 본 저서에서는 생략합니다. 어느 정도 실력이 된다면 '시스템 태그' 번호를 이용해서 다양한 작화를 작성하는 데 시스템 주소를 사용합니다.

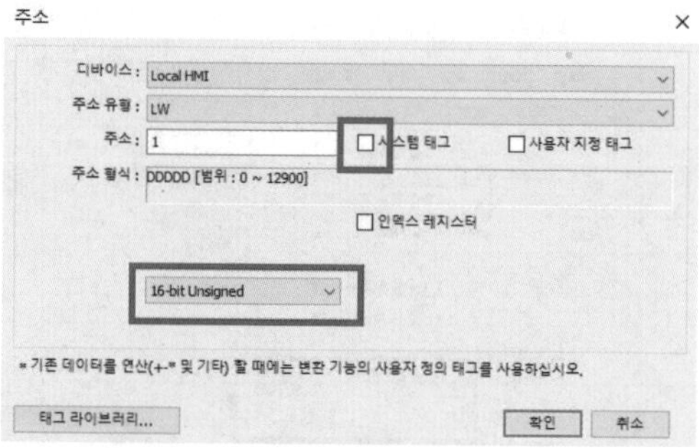

ⓔ 예제인 디바이스에 연결된 습도/온도/조광 데이터를 워드 값으로 연결합니다. RS485 USB 데이터 연결은 4장에서 자세히 다루었기 때문에 워드 값으로 연결합니다.

4×0001: 습도

4×0002: 온도

4×0004: 조광

4×2000: Slave(기본값은 '1') 변경 가능

4×2001: 통신속도

ⓕ 주소 탭 창에는 디바이스 'Com3'에 연결된 센서 디바이스 이름 'Modbus RTU'로, 기본 슬라브 1로 1~4번까지 주소록이 사용 중입니다.

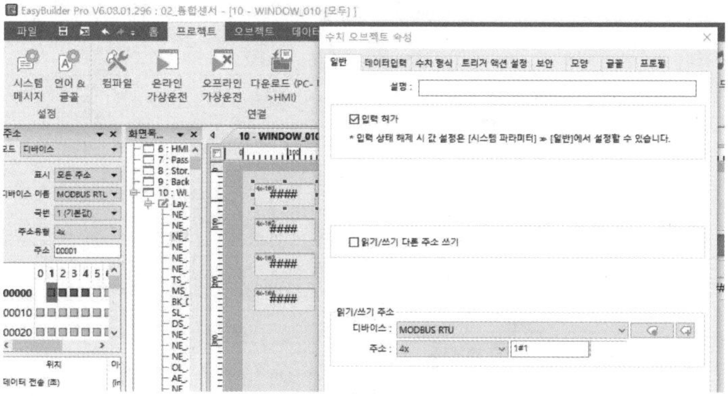

ⓖ 각 디바이스는 4×1#1~1#4까지 지정한 후에, 메뉴 '프로젝트-연결-다운로드(PC → HMI)'를 선택한 후에 HMI로 업데이트합니다.

ⓗ HMI 디바이스 워드 값을 CMT Viewer로 확인합니다.

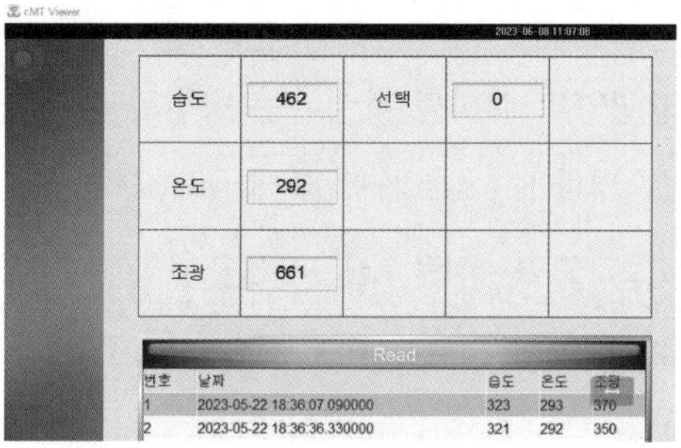

- 374는 습도로 37.4 %

- 290은 온도로 29.0도

- 2241은 조도입니다.

③ 스위치

램프는 읽기만 가능하지만, 스위치는 쓰기가 가능합니다. 램프 스위치는 '0 or 1', 다중 스위치는 워드 값으로 '0~숫자' 가능합니다. 앞에서 주소 값은 자세히 소개하였기 때문에 생략합니다.

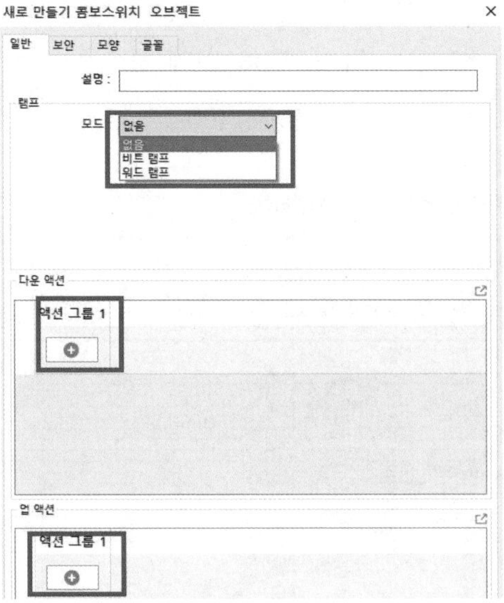

ⓐ 콤보 스위치는 비트 램프, 워드 램프가 있는데, 다운/업 액션에 따라 액션 그룹을 지정할 수 있습니다만 생략합니다.
주로 액션 매크로로 많이 이용합니다. ON 되었을 때, 10초간 지연 후에 특정 매크로 실행할 수 있는 기능까지 포함되어 있습니다. 즉, PLC의 사다리 모양의 레더를 작성하는 방법과 유사하며, 다양한 기능을 포함하고 있습니다(ICT 초보가 학습하기는 어려우며, 어느 정도 학습 후에 학습 바랍니다. ICT 초보자의 경우 이런 복잡한 내용은 패스…).

ⓑ 슬라이서를 주소 값으로 LW 11(하한 값), LW 12(상한 값) 지정하고, 슬라이서 현재 값은 LW 13을 지정합니다.

ⓒ 시작 '0' 최대는 '10'까지 지정하고, 현재 값을 '5'로 지정하면 슬라이서에 하한/상한 값이 보이며, 현재 값 '5'로 이동합니다. CMT 뷰어는 오프라인 가상운전 결과입니다.

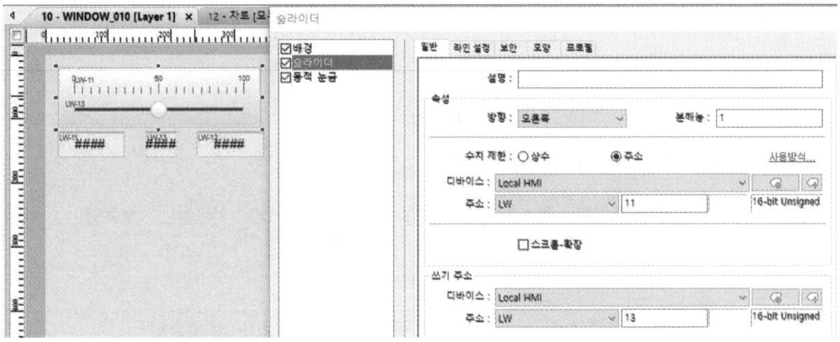

ⓓ 옵션리스트

숫자를 보이는 다중 스위치와 다르게 계산/입력은 수치로, 작화 화면은 문자로 보이도록 할 때 사용합니다.

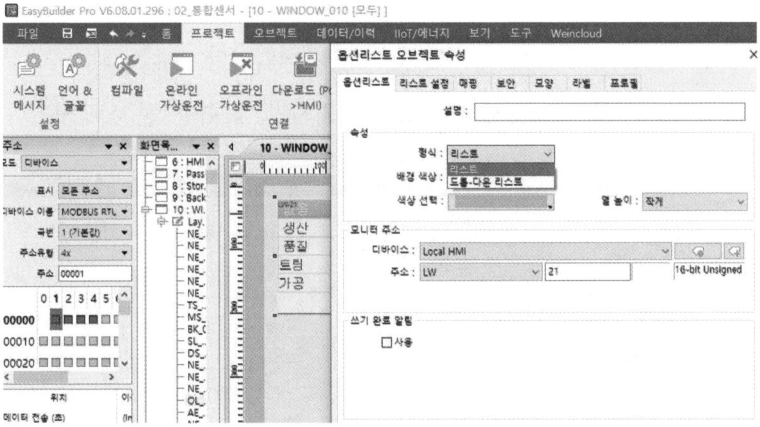

ⓔ 리트스 설정 창에서 형식을 '리스트'로 변경하고 로컬 주소 워드 'LW 21'로 지정합니다.

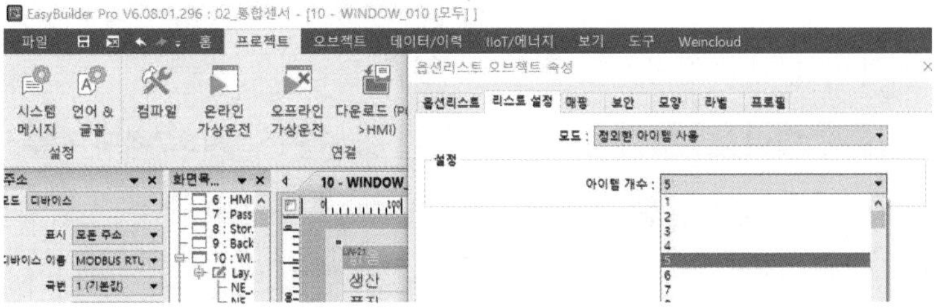

ⓕ 매핑 창에서 아이템 데이터 이름을 입력합니다. 데이터는 아이템 숫자 값으로 표시됩니다.

ⓖ 프로젝트–'오프라인 가상 운전'을 클릭합니다.

HMI는 실행은 숫자 값으로 처리되지만, 작화는 문자로 보입니다.

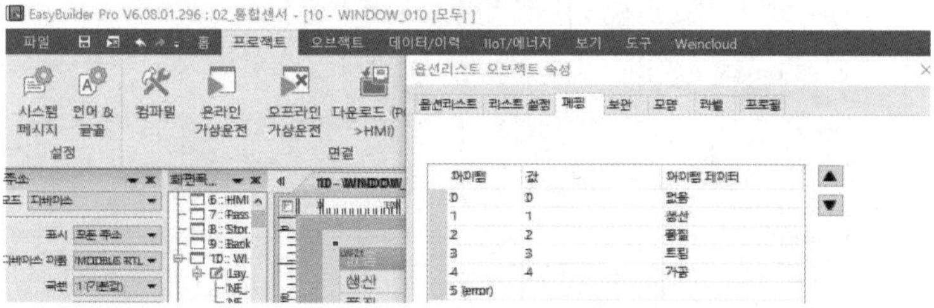

④ **입력 수치 및 ASCII**

주소 창에 보면 30, 32~37까지 빨간색(■)으로 입력되어 있습니다.

특히 HMI의 LW 30은 수치 오브젝트 속성 값은

ⓐ '입력 허가' 체크 'True'로 해야 숫자 값을 입력

ⓑ 데이터 입력 창에서는 형식 및 입력 순서

ⓒ '수치 형식' 탭 창에서는 소수 자리 및 수치의 최소/최대 값을 지정

ⓓ '트리거 액션 설정' 탭에서 액션 매크로를 작성합니다.

입력 ASCII를 클릭해서 주소를 HMI 'LW 32'를 지정합니다

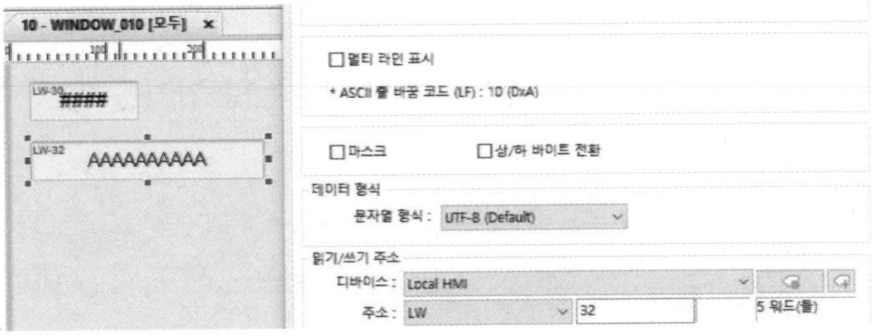

ASCII를 기본 선택하면

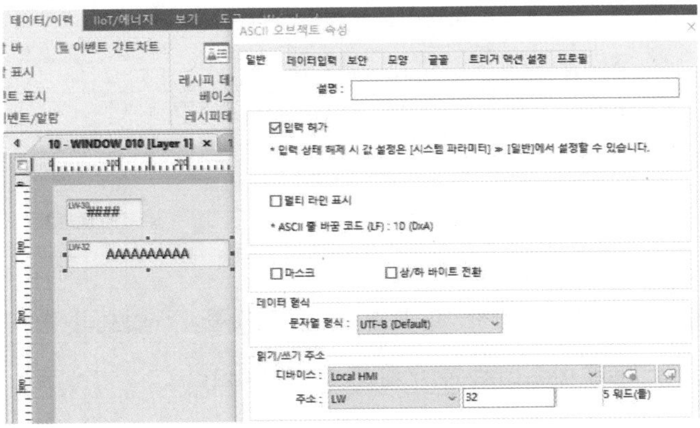

ⓐ 기본 5워드(영문 10자)/주소 값으로 5자리

ⓑ 주소 탭 창에 보면 LW 32~37까지 빨간색(■) 체크

ⓒ 이외 탭 창에는 수치 탭 창과 동일한 기능 등이 있습니다. 작화 디자인 표시 형식으로 'A'가 10개 있다는 것은 영문자를 10단어까지 입력 가능합니다.

팁

데이터베이스 서버에서 참조된 문자 텍스트 필드를 HMI로 읽어 올 때 사용합니다.

⑤ 표 작성

각 오브젝트에는 상하/좌우 맞춤 기능도 있지만, 주로 맞춤보다는 표로 만들어서 사용합니다.

ⓐ 오브젝트–그리기 그룹–'표 작성'을 선택합니다.

ⓑ 수직 및 수평선 구분 및 간격은 평균 혹은 사용자 정의를 선택할 수 있으며, 테두리 및 격자의 선/두께 및 색상 및 간격을 사용자 지정 가능합니다.

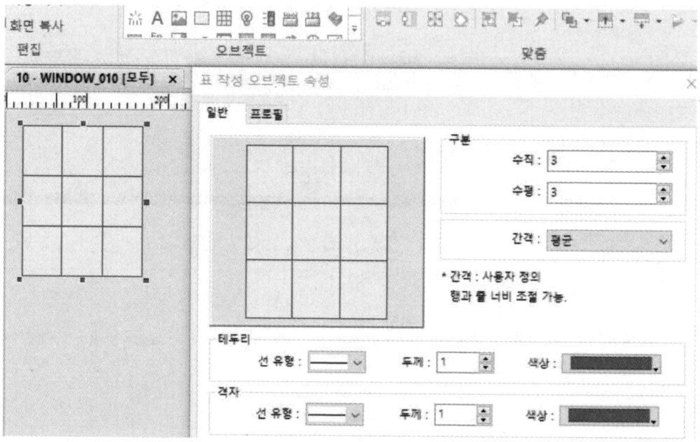

ⓒ '테두리 사용'은 색상 및 모양 등을 지정할 수 있으며, '정렬 사용' 체크는 표 셀에 맞추어서 오브젝트가 정렬됩니다.

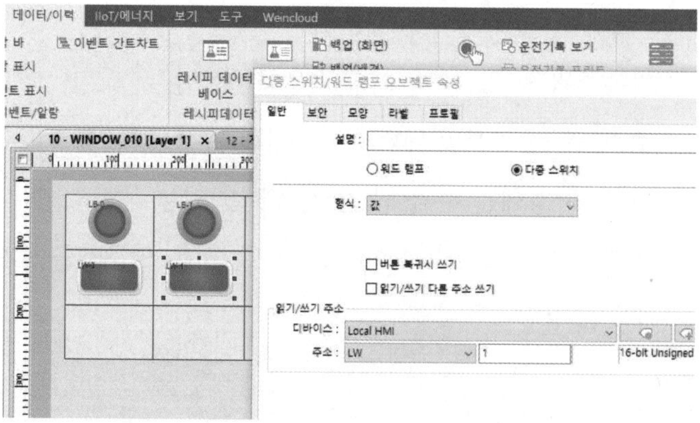

지금까지 HMI 작화를 위한 기본 오브젝트를 학습하였습니다. 즉, 비트 및 워드 숫자 값을 기준으로 다양한 오브젝트 학습을 하였고, 디자인 설정 및 사용 방법을 학습하였습니다. 단타로 많은 오브젝트 기능을 학습하는 것은 어려우며, 매뉴얼 파일에 자세히 나와있습니다.

[중요] 잘 만들어진 작화를 변경해서 사용하는 학습도 중요합니다만, 기본 주요 작화 기능에 집중 학습을 합니다.

5. 작화 기능

PLC에 있는 기능을 HMI는 메모리로 모두 갖고 있고, 더 다양한 기능을 만들 수가 있습니다. 앞으로는 PLC 중심이 아니라 HMI 중심의 SCADA(관제 모니터링) 중심으로 발전하고 있습니다. 본 작화 기능에서는 대표적인 주요 기능을 학습합니다.

① PLC 제어기

ⓐ [오브젝트 기타]–[PLC 제어기]를 클릭해서 버튼 '새로 만들기'를 클릭합니다. 제어할 PLC 대상을 HMI Local 지정하고, 제어 종류는 매크로 프로그램 실행(매크로 이름)하도록 합니다.

트리거 할 주소, 즉 반응 대상은 비트 LB 0 주소가 OFF에서 ON으로 변경될 때 실행됩니다. 예로 설명하면, 릴레이가 바로 'OFF'에서 'ON'으로 될 때, 특정 기능을 수행하도록 지시하는 경우가 많습니다. 비트가 변경될 때, 즉 올라갈 때 '↑', 다운될 때 '↓' 매크로나 다른 기능을 수행하도록 할 때 사용합니다.

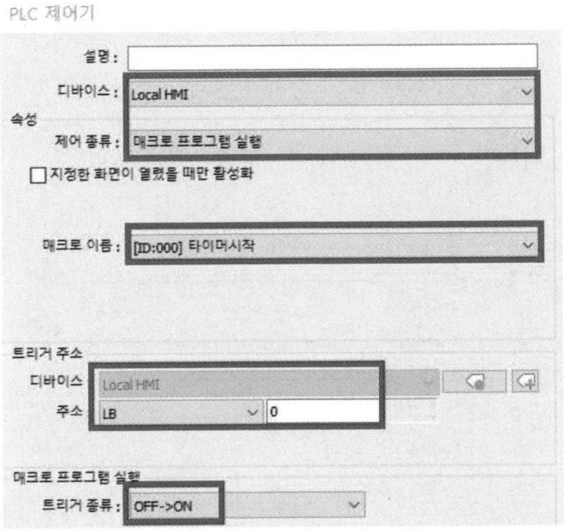

즉 비트 'LB 0'이 OFF → ON 클릭할 때, 매크로를 실행합니다. 즉 다양한 트리거 조건에 맞추어서 매크로를 실행합니다.

팁

[PLC 제어]는 비트 릴레이 조건에 맞추어서 매크로 실행할 때, 주로 사용됩니다.

② **데이터 전송**

2가지 종류가 있습니다.

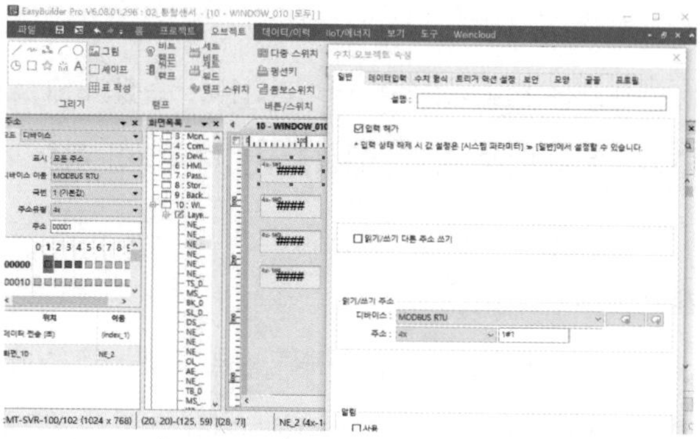

첫째, 특정 버튼 클릭, 데이터가 주소 A 소스를 복사해서 주소 B로 붙여넣기로 이동,

둘째, 특정 타이머 기준, 데이터를 반복적으로 주소 A에 소스가 주소 B로 붙여넣기로 이동합니다. 본 장에서는 많이 사용되는 배경(타이머 방식)만 학습합니다.

ⓐ 버튼(새로 만들기)을 클릭합니다.

ⓑ 주소 모드를 워드로 설정하고, 가져오고자 데이터 워드 개수를 4개로 지정합니다.

앞에 예제로 슬라이드에 참조한, '온·습도/조광' 주소 값은 1(습도), 2(온도), 3(아님), 4(조광)입니다.

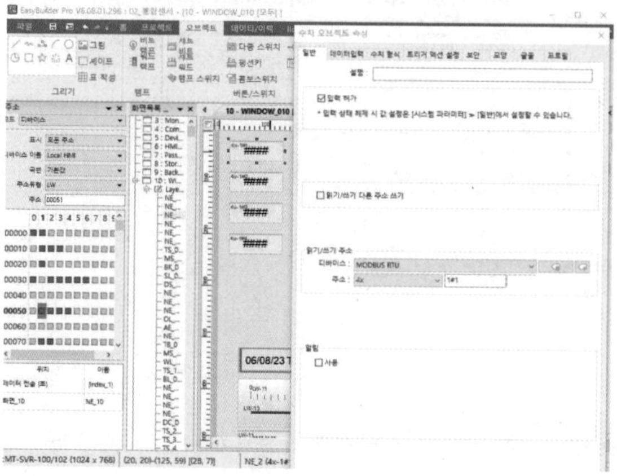

즉, 디바이스 센서 소스에 4x 주소 1 기준으로 4개의 주소 값을 불러 와서, 로컬 HMI 주소 목적 LW 51, 52, 53, 54에 3초간 반복 타이머로 붙여넣기를 합니다.

작화 화면에 로컬 HMI 주소 LW 51~54를 입력하면 주소 창에도 LW 51~54번까지 빨간색으로 체크됩니다. 통신 시리얼 'COM3'에 연결된 디바이스 온·습도/조광 센서 주소가 LW 51~54에 보이는지 확인합니다. 그리고 가상이 아니라, 실제 직접 HMI로 업데이트 펌웨어를 실행합니다.

③ 시간 관리

날짜/시간, 타이머(화면), 타이머(배경), 스케줄러, 캘린더

ⓐ 기능(날짜/시간)은 작화 화면에 현재 시간을 추가합니다.

ⓑ 작화 화면에 날짜를 추가합니다.

ⓒ 타이머(배경)는 여러 개의 조건 환경에 따라서 타이머 작성합니다.

앞에 소개한 '슬라이서'와 연결해서 작성해 보겠습니다.

버튼(새로 만들기) 추가를 클릭합니다.

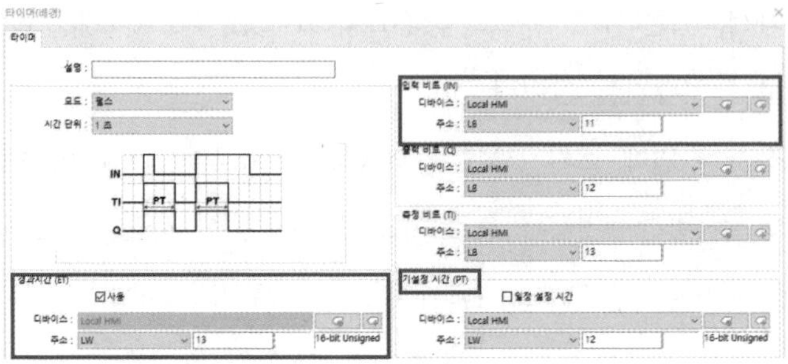

모드는 ON 상태, OFF, 펄스 등 다양하게 있습니다.

ⓓ 타이머(배경)에는 다음과 같이 저장됩니다.

ⓔ 다운로드(PC->HMI)를 클릭, CMT Viewer 화면입니다.

입력(LB 11)을 클릭하면 슬라이서 LW 13 값에 타이머 값을 보여주며, 최대 값 20까지만 카운터 됩니다. 즉 비트 입력 버튼 클릭, 현재 값이 '0~20' 증가합니다.

④ 삽화/차트

기본 차트만 학습합니다. 바 차트/게이지 차트 등을 만들 수가 있으며, 소스는 웨인텍 웹 다운로드를 참조합니다.

바 차트

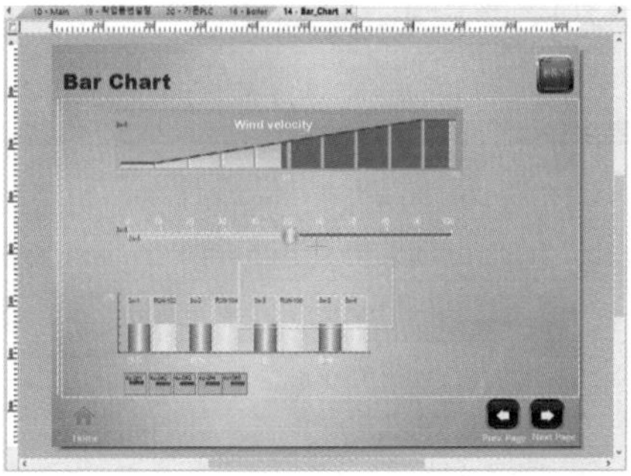

게이지 차트

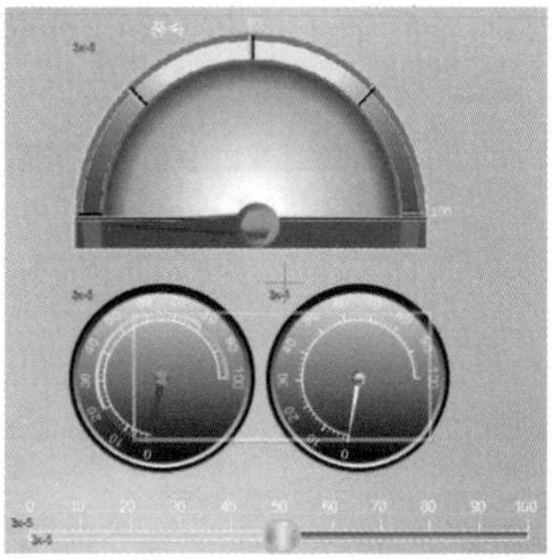

시리얼 타임 차트[4]

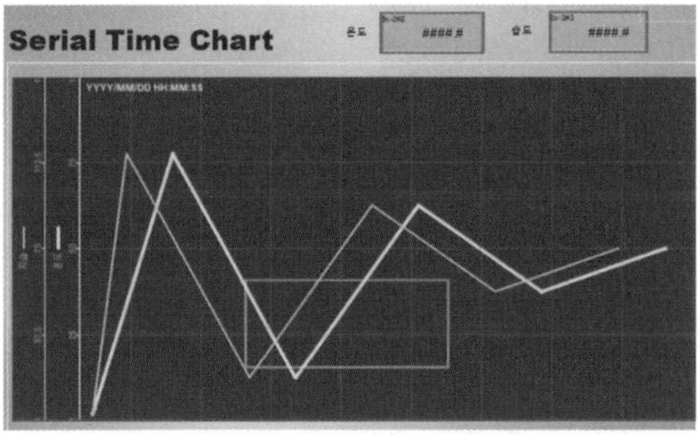

차트에 대해서 간략하게 학습합니다.

ⓐ 원형 차트

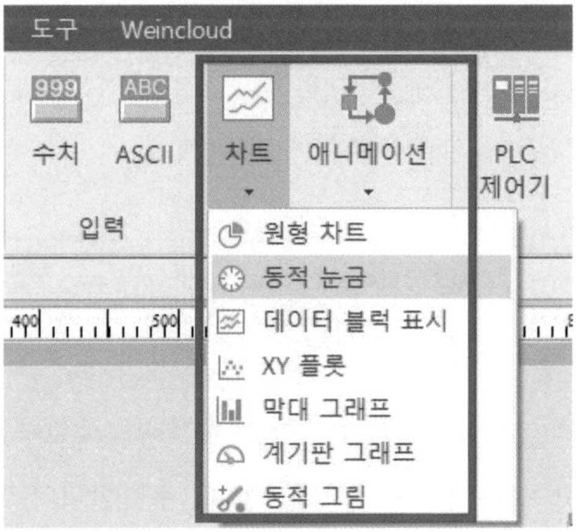

4 5장의 첨부 작화 중 '02 작화 고급'에 소스 파일이 있습니다.

차트 주소 LW 101을 지정하면 기본 주소 4개 LW 101,102,103,104가 추가됩니다. CMT Viewer 결과는 다음과 같습니다.

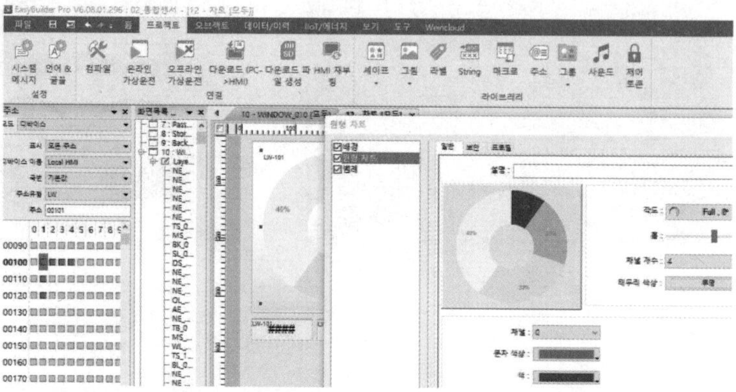

4개 추가된 수치 값에 입력하면 각각의 %로 표시됩니다.

ⓑ 막대 그래프

HMI 로컬 디바이스 주소 LW 111을 입력 저장합니다.

외관 및 값 범위설정, 모양, 프로필 등을 만듭니다.

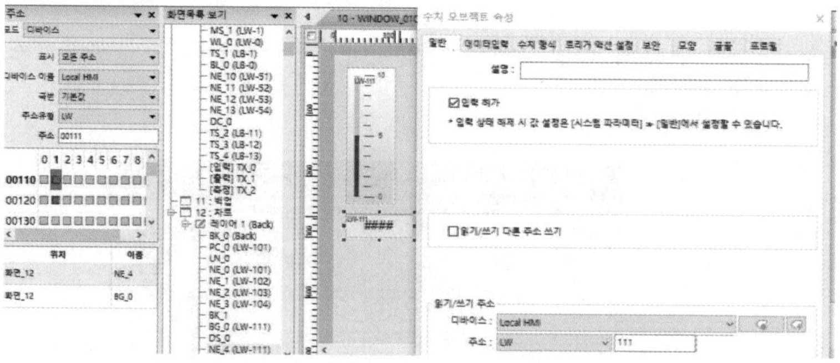

HMI의 'LW 111'에 값 '5'를 입력하면 막대차트가 '5'까지 표시됩니다.

ⓒ 게이지 차트

게이지 차트를 선택하고 읽기를 'LW 121', 포인터 및 범위 등을 정합니다. 그리고 수치 값 주소 'LW 121'도 추가합니다. 다음으로 HMI(오프라인 가상운전)를 클릭합니다.

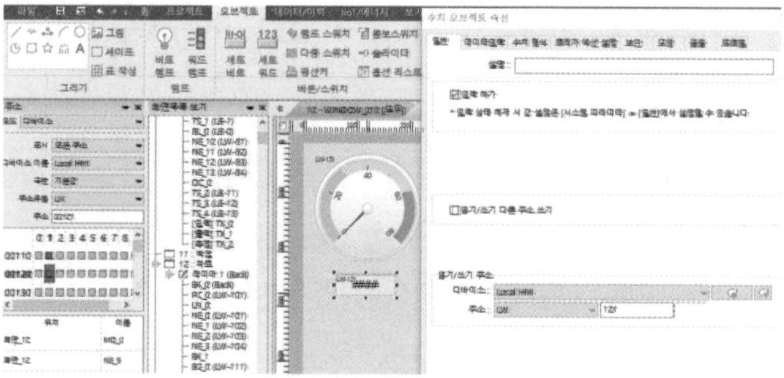

CMT 뷰어에서 게이지 값을 '20'이라고 입력을 하면 게이지 바늘이 '20' 으로 이동합니다.

⑤ 알 람

알람은 온도 30도보다 높다면 '알람 OR 푸시'로 만들 수 있습니다.

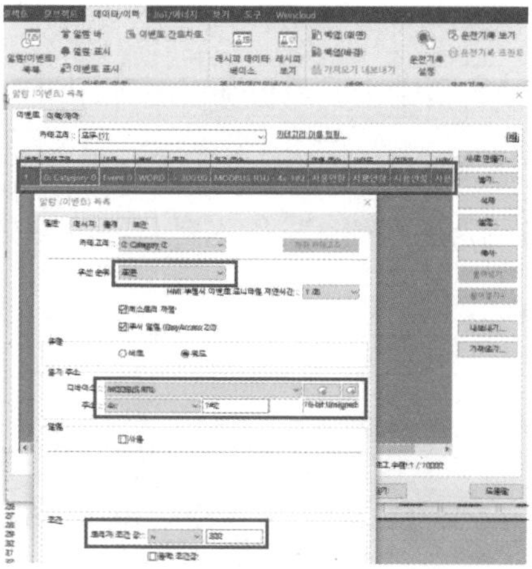

ⓐ 데이터 이력–이벤트/알람–알람 목록을 클릭 및 버튼(새로 만들기)를 클릭합니다.

ⓑ 카테고리 및 우선순위를 지정하고, 히스토리 저장 및 푸시 알람 체크합니다.

ⓒ 읽기 주소는 디바이스 Modbus RTU 4x 1#2 온도 값을 읽어 온도 '300(세 자리, 온도 30.0도)'보다 크면 알람이 오도록 설정합니다.

ⓓ 메시지/통계/보안 탭을 설정하는데, 통계 탭에는 발생횟수 및 경과시간 읽기 관리가 있습니다.

ⓔ 스마트폰 앱 '이지액세스'로 푸시 알람을 받을 수 있습니다.

⑥ 펌웨어

메뉴 프로젝트–연결–3가지 종류

ⓐ 인터넷 가상: 인터넷 연결되어 있을 때, 가상으로 작화를 업데이트

ⓑ 오프라인 가상: 로컬 HMI의 작화를 가상으로 작화 업데이트

ⓒ PC → HMI 업데이트

만약 디바이스가 시리얼 COM에 연결되어 있다면 인터넷이든 오프라인이든 가상으로 확인할 수는 없습니다.

상황에 따라 업데이트를 하지만, 최종 실제 업데이트인 'PC → HMI 업데이트'를 클릭해서 HMI로 작화를 펌웨어 한 후 정상적으로 HMI 동작 상태를 확인합니다.

'PC → HMI 업데이트' 과정에서 에러 컴파일이 없어야 하며, 다운로드 화면에서는 동종 HMI 기종만 리스트로 보여주면서 리스트 중에 HMI 선택한 후에 버튼(다운로드)을 선택, 클릭합니다.

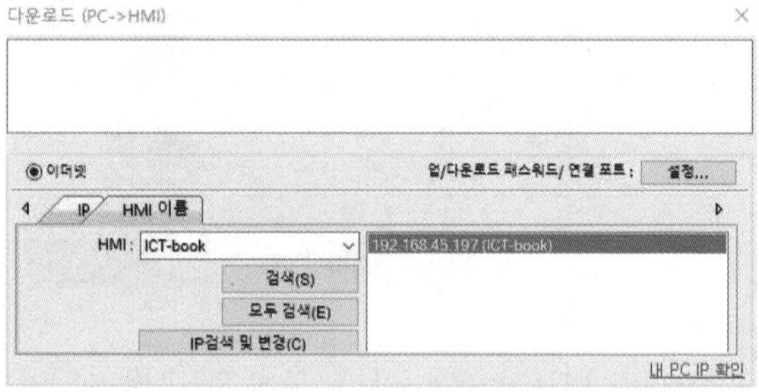

특히, OPC UA 인증 및 다양한 체크 박스는 상황에 따라 선택해서 사용할 수 있고, 레시피 및 이벤트, 운전기록 초기화 등 기능이 있지만, 생략합니다.

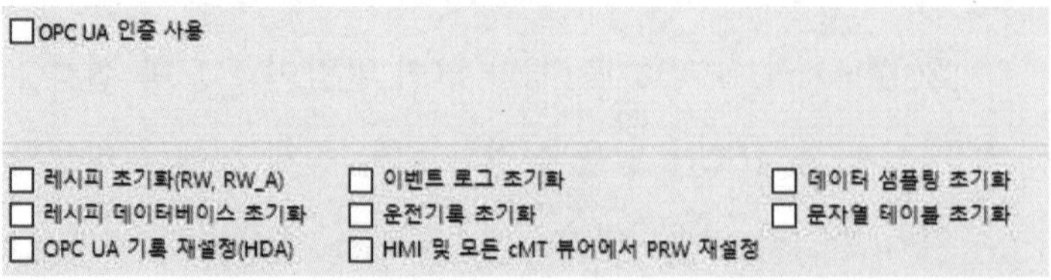

6. HMI 데이터베이스

HMI의 작화 비트 및 워드 데이터를 서버 데이터베이스에 저장 과정을 학습합니다. 본 장에서는 HMI 기준으로 선택, 추가 쿼리만 학습합니다. 이후에 '스마트 팜' 및 '팩토리'에서 다양한 데이터베이스를 학습합니다.

① 서버 테이블 구축

먼저 서버에 입력 저장할 데이터베이스를 만들어 놓아야 합니다.

테이블 이름: ICT

필드: 번호, 날짜, 습도, 온도, 조광 구성합니다.

특히, 필드 '번호'는 일련번호 성격으로 1씩 증가하는 기본 키로 설정합니다. (생략)

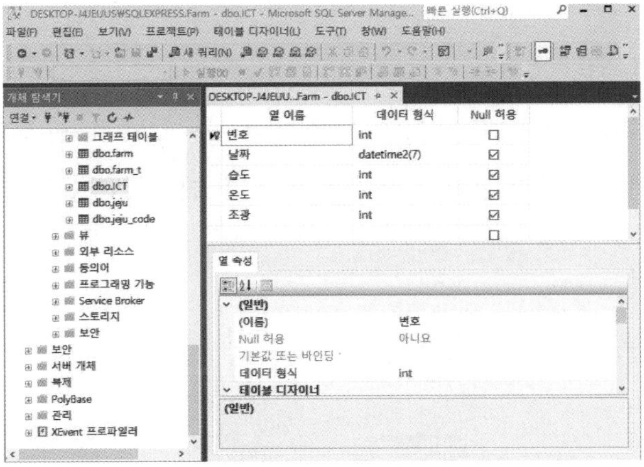

② 데이터 서버 구축

ⓐ 데이터/이력–'데이터베이스 서버'를 클릭합니다.

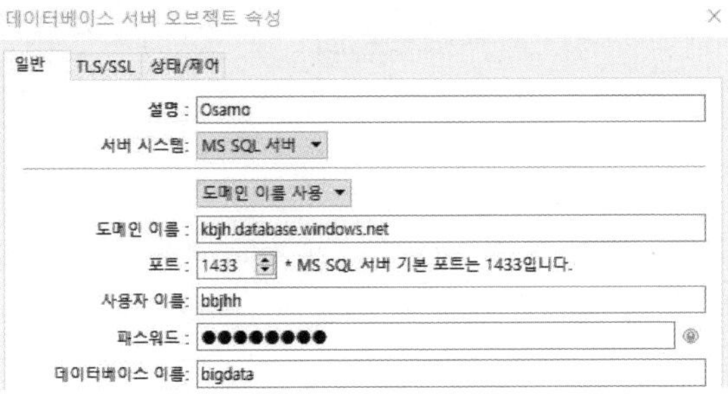

도메인 및 포트, 계정, 패스워드 등을 입력합니다.

– 상태/제어 탭

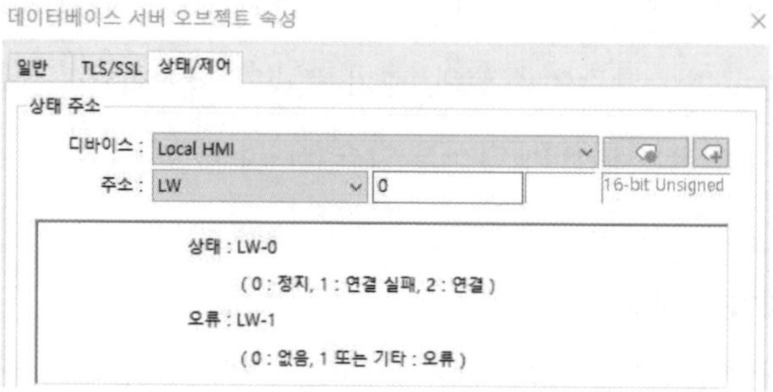

HMI Local LW 0 값은, HMI와 데이터베이스와 연결 정보를 '정지, 연결 실패, 연결'을 보여주며, LW 1 값은 오류로 없음, 기타를 보여줍니다.

[중요] HMI 1대와 다양한 데이터 서버와 연결할 수도 있습니다.

③ SQL 쿼리 연결

ⓐ SQL 쿼리에서 버튼(새로 만들기)를 클릭합니다. SQL 쿼리에 연결된 서버 IP 및 테이블 이름 및 스키마 등 기능이 있습니다.

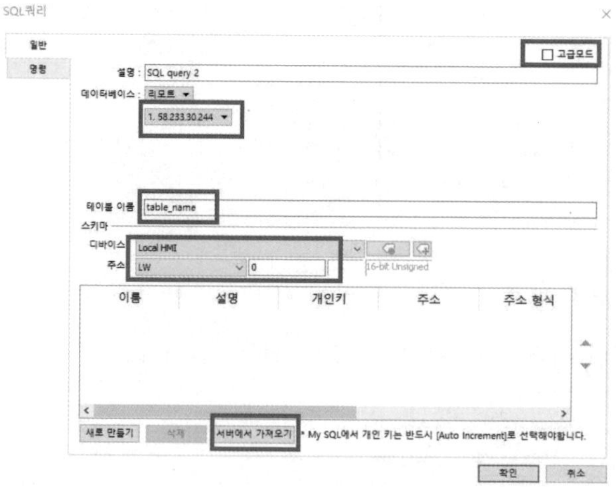

ⓑ SQL 쿼리 창에서 버튼(서버에서 가져오기)을 클릭합니다.

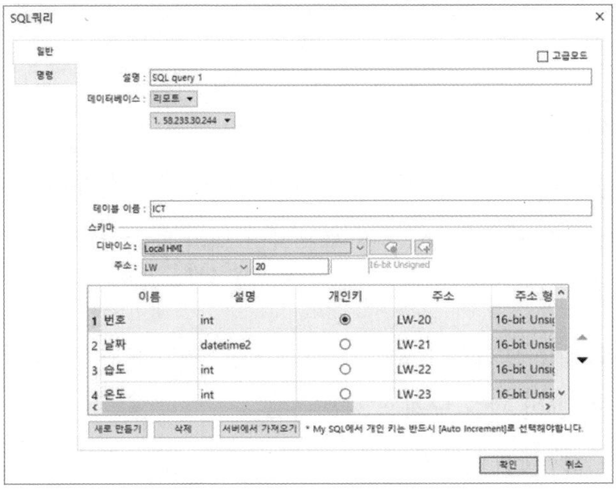

즉 테이블 'ICT'의 필드를 모두 보여줍니다.

ⓒ [중요] 이 상태에서 우측 상단 '고급모드'를 체크합니다. 모든 쿼리문에 SQL 문으로 변경됩니다.

ⓓ 명령 탭 창에서 제어 주소에 LW 20을 지정하고, 명령 ID별로 Create, Read, Update, Delete 4개 쿼리로 변경됩니다.

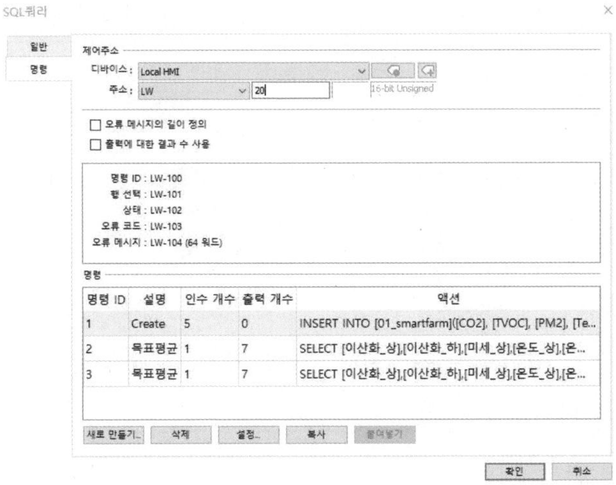

ⓔ 작화 디자인 주소 탭 창을 보면 LW 20~87까지 빨간색(■)으로 표시되는 이유는 명령 ID별 쿼리문의 데이터 문자 값입니다. LW 20에 '1'을 입력하면 명령 ID '1'번이 실행되고, '2'를 입력하면 명령 ID '2'번의 선택 쿼리가

실행됩니다. 본 저서에서는 '1번과 2번'만 테스트합니다. 따라서 명령 ID 3번 및 4번은 삭제합니다(나중에 실력 향상 후에 삭제 및 업데이트도 학습).

④ SQL 추가 쿼리

ⓐ 명령 ID '1'번을 클릭합니다. 직접 서버 SQL 서버에 날짜도 자동 저장되도록 Getdate() 함수를 사용하면 되기 때문에

쿼리 문은

- INSERT INTO [ICT]([날짜], [습도], [온도], [조광]) values(${1}, ${2}, ${3}, ${4});

다음과 같이 필드 날짜를 제외하고,

- INSERT INTO [ICT]([습도], [온도], [조광]) values(${1}, ${2}, ${3});

로 변경합니다.

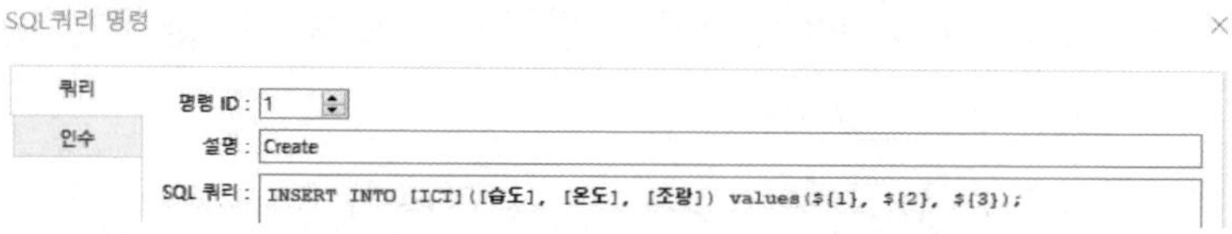

ⓑ 필드 (1), (2), (3) 저장할 인수를 인수 탭 창을 클릭해서, 순서에 맞추어서 지정합니다. 즉, 1(습도), 2(온도), 3(조광)만 지정합니다.

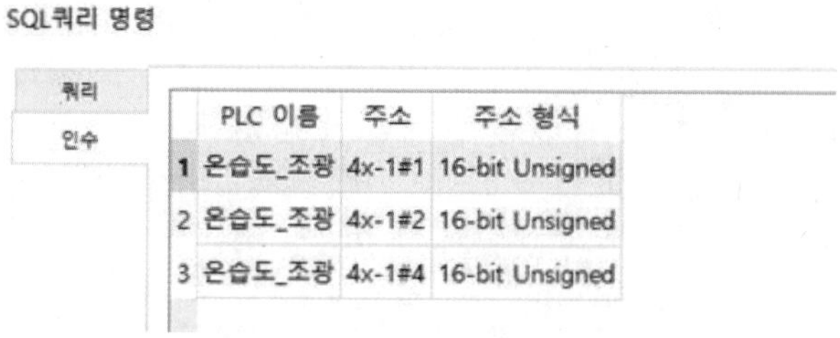

즉, 작화 화면의 주소를 SQL 명령 인수 탭 창에서 순서에 맞추어서 입력합니다.

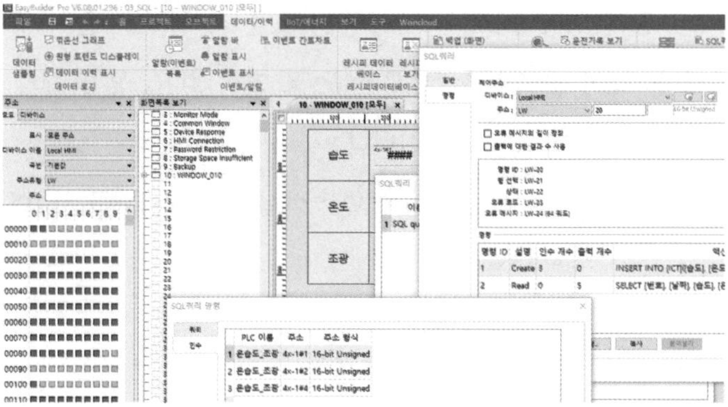

ⓒ '프로젝트-연결-다운로드 PC → HMI'를 클릭해서 펌웨어를 합니다.

ⓓ CMT Viewer에서 제어 주소 LW 20에 '1'을 입력하면 서버에 데이터가 저장됩니다.

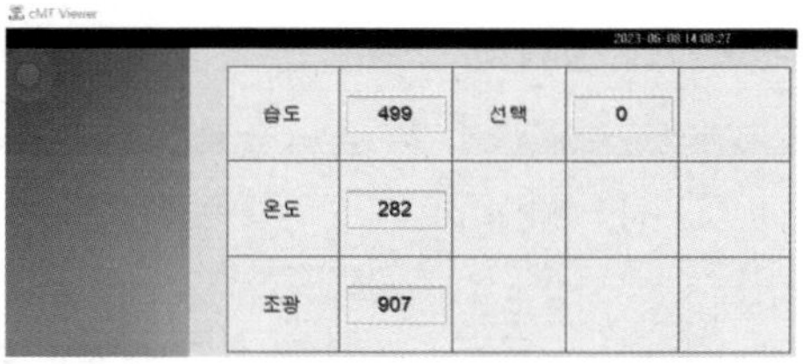

ⓔ 데이터베이스 서버에는 다음과 같이 센서 데이터가 저장됩니다.

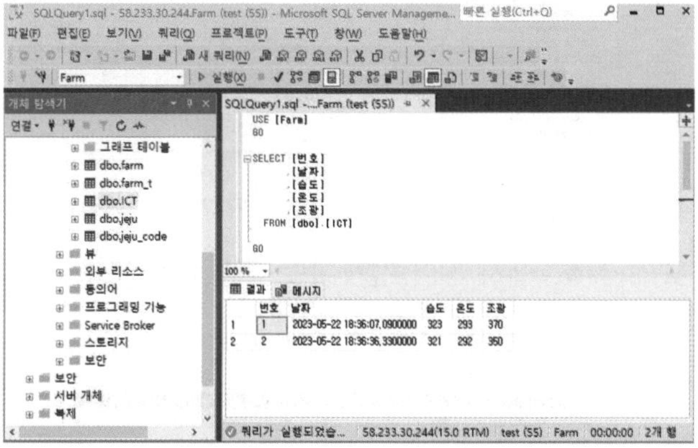

④ SQL 읽기 쿼리

ⓐ 명령 ID 2번을 클릭, 쿼리는 다음과 같이 작성합니다.

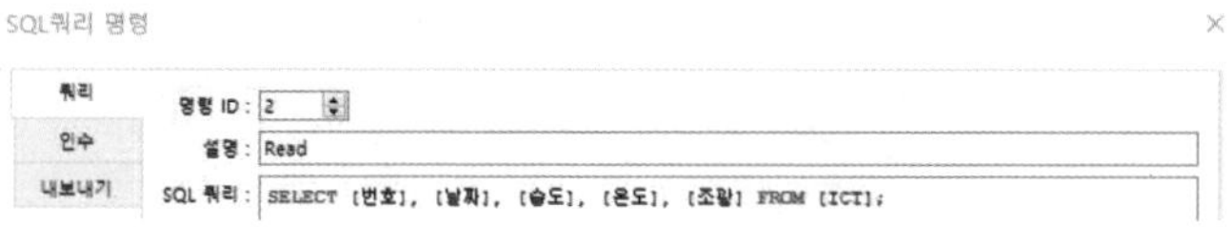

ⓑ 'SQL 쿼리 명령-내보내기' 창의 주소를 각 필드의 순서 맞추어서 지정합니다. 특히 필드 날짜는 문자(10)로 만듭니다. 즉, 서버의 데이터를 작화 HMI로 불러오는 과정입니다.

1~5번은 SQL 쿼리의 형식에 맞추어서 주소 값을 만듭니다.

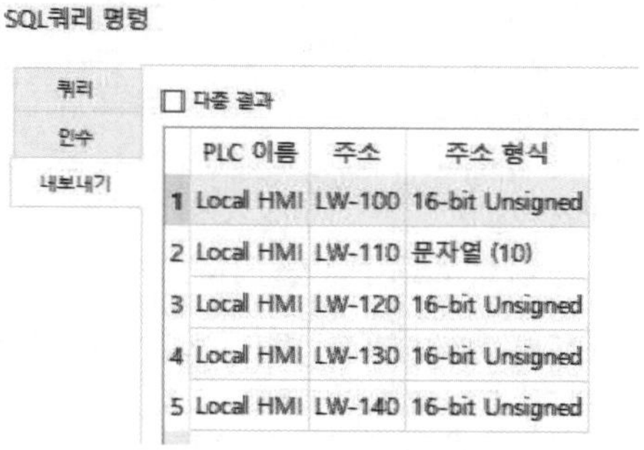

ⓒ SQL 쿼리 보기를 클릭해서 디자인 작화에 추가합니다.

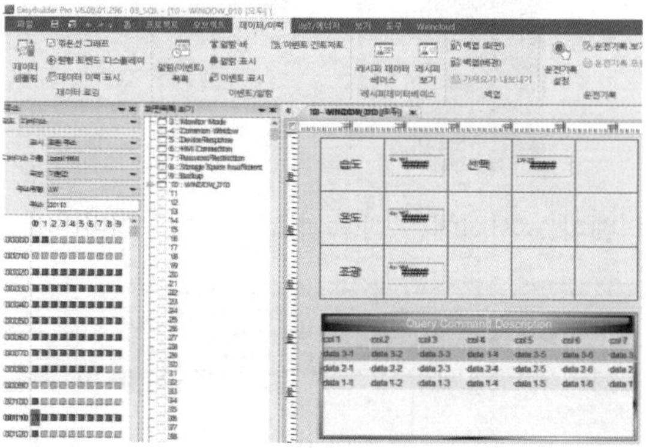

ⓓ '프로젝트-연결-다운로드 PC → HMI'를 클릭해서 펌웨어 합니다. CMT Viewer에서 제어 선택 주소 LW 20에 '2'를 입력하면 하단의 쿼리 뷰어에 데이터가 보입니다.

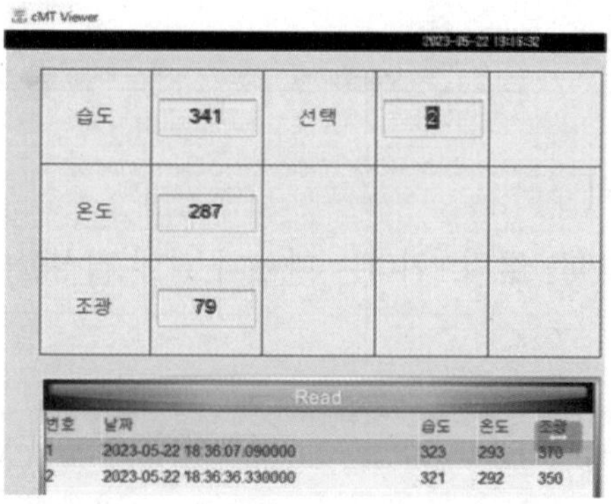

7. 매크로

웨인텍 매크로는 단순화된 개체 오브젝트를 컨트롤합니다. 특별히 복잡한 것은 없지만, 배열 관련 매크로는 배워야 응용이 가능합니다.

ⓐ 프로젝트에서 매크로를 클릭합니다.

ⓑ 매크로 팝업 창에서 '추가'를 클릭합니다.

ⓒ 매크로 작성 후에 '저장 & 컴파일'을 클릭합니다.

ⓓ 기타 주기적 실행 및 기타 설정 완료 후에 닫기를 합니다.

[중요] 특히 주기적 실행은 1초든, 10초든 반복 매크로로 실행됩니다.

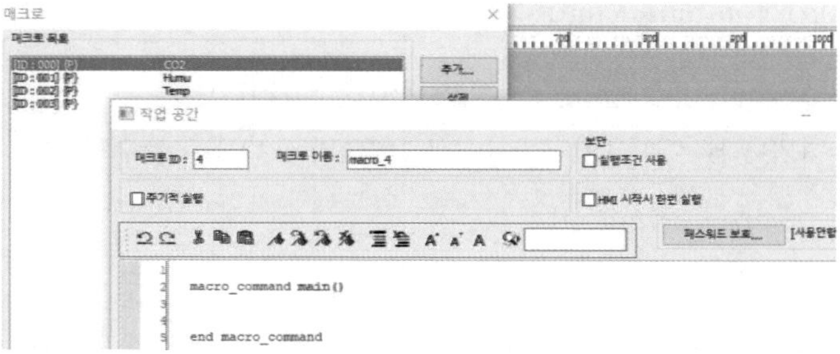

단, 매크로 사용법은 HMI 작화를 하면서 순차적으로 학습합니다.

① 상수와 변수

변수 지정에는 5개 종류가 있습니다.

변수 형식	설 명	범 위
Bool	1bit	0, 1
Char	8bit	±127
Short	16bit	±32767
Int	32bit	±2147418112
Float	32bit	

Bool의 변수 및 상숫값은 'bool on=true, off = false'처럼 지정하며, 0, 1 값으로, 비트 LB로 적용되는 Getdata

GetData(a[0], "Local HMI", LB, 0, 6) 같이 지정합니다.

즉 '비트 LB 주소에서 0값부터 6개(주소는 5)까지 읽어 오는데 첫째 값 a[0]으로 지정합니다.'

라는 명령어를 실행하는 것은 Setdata

SetData(ON, "Local HMI", LB, 0, 6) 같이 지정합니다.

즉 Bit인 경우 "ON or OFF" 로 배열 필요 없이 바로 실행합니다.

```
macro_command main()
short A, B                    // A, B로 변수 선언
A = 1234 B = 0×12             // 1234와 0×12는 상수입니다.
end macro_command
```

예제가 매크로 상수 지정할 때 실체 'short A, B'라고 지정하면 매크로 에러가 아니지만, 에러로 표시될 가능성이 큽니다. 따라서 'short A=0, B=0'과 같이 변수 A, B 값을 사전에 지정하면 에러 표시가 없습니다.

배열 지정은 Short a[0]=0보다는 'short a[6]={0,0,0,0,0,0} ,b[4]={0,0,0,0}'와 같이 지정합니다.

a[6]={0,0,0,0,0,0}이라 함은 6개를 불러 오는데 각각 a[0], a[1]…와 같이 변수로 지정합니다.

실제 GetData(a[0], "Local HMI", LB, 0, 6) 해석

→ LB 0부터 6개 비트를 가져오는데 변수 a[0]부터, 즉 LB 0 값을 지정합니다.

LB Bit라면

주소 0	주소 1	주소 2	주소 3	주소 4	주소 5	6	7	8	9
a[0]	a[1]	a[2]	a[3]	a[4]	a[5]				

번호처럼 각 위치를 배열로 지정한 것이며, 주소 값을 변수로 지정합니다. 다양한 연산자 설명은 매뉴얼로 대체 생략하고, 중요한 것만 학습합니다.

② GetData/SetData

GetData는 도움말에 "GetData (배열_이름[배열_시작번호], PLC 이름, 디바이스 유형, 주소, 데이터 개수) 또는 GetData (변수, PLC 이름, 디바이스 유형, 주소, 1)라고 정의"하며, 시스템 파라미터 정의 이름으로 연결됩니다.

short a=0, b=0, c=0, d=0 → 변수 지정

GetData(a, "Local H"MI", LB, 10, 1) → 주소 LB 10을 a 변수로 지정

GetData(b, "Local HMI", LW, 10, 1) → 주소 LW 10을 b 변수로 지정

SetData는 지정된 변수를 실행하며, 도움말에 "SetData(배열_이름[배열_시작번호], PLC 이름, 디바이스 유형, 주소, 데이터 개수) or SetData(변수, PLC 이름, 디바이스 유형, 주소, 1)"라고 정의합니다.

아래 가정문 참조하는데, 특히 가정 조건문에는 주로 지정된 변수가 사용됩니다.

- 예 제

```
if b[1] ⇐ C[1] then
SetData(ON, "Local HMI", LB, 2, 1)
SetData(OFF, "Local HMI", LB, 5, 1)
else
SetData(OFF, "Local HMI", LB, 2, 1)
end if
```

③ If 가정문

가정문은 Getdata의 지정된 변수 값을 기준으로 조건을 만들어서 주로 실행 Setdata로 적용합니다.

④ For Next 가정문

– 예 제

```
macro_command main()
short a=0, b=0, c=0
for a=1 to 10
DELAY(30000) → 30초 연기
SetData(a, "Local HMI", LW, 10000, 1)
b=1
SetData(b, "Local HMI", LW, 9, 1)
next
end macro_command
```

[중요] 매크로 학습은 이 정도의 매크로만 학습해도 ICT 플랫폼 구축에 부족함이 없습니다. 실제 사용되는 매크로 함수는 약 10개 미만으로 ICT 초보자도 쉽게 학습 가능합니다.

새롭게 매크로를 만들기보다는 기존 작화된 매크로를 참조해서 작화를 작성합니다. 특히 뒤에 스마트 팜 및 팩토리의 매크로는 기본 학습 범주에 벗어나는 관계로 생략하였습니다.

어느 정도 매크로 학습 및 개발이 가능하다면 예제로 첨부된 작화 파일의 매크로를 참조해서 ICT 플랫폼을 구축하십시오.

8. HMI Smart 연결

HMI의 작화 비트 및 워드 데이터를 서버 데이터베이스에 저장하는 과정을 학습합니다.

1) 유동 IP인 HMI를 인터넷 연결 접속이 가능한가?

2) 유저별 HMI 그룹별 그룹으로 접속이 가능한가?

3) VPN 네트워크로 스마트폰 혹은 일반 PC 접속이 가능한가?

최종적인 Easy Access 2.0으로 HMI 접속이 가능합니다.

① **CMT 연결 마커 기어 도구를 클릭**(앞에서 Config Setup 소개를 했기 때문에 생략합니다.)

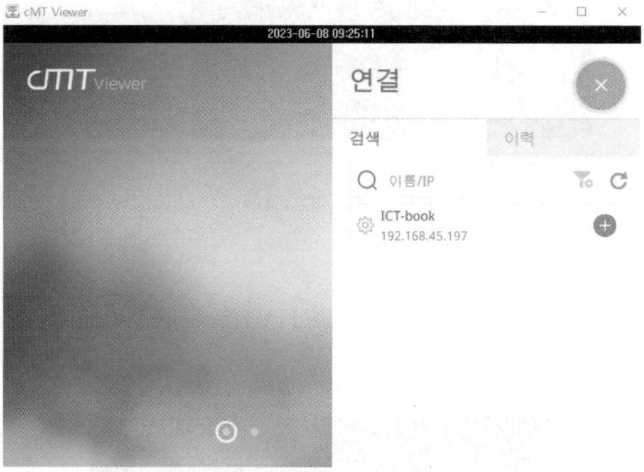

② **HMI에서 작화 76번 화면의 SessionID /PassWord를 웨인 클라우드 사이트에 HMI를 등록**

ⓐ '시스템 파라미터'에서 리모트 탭 창에 EasyAccess 2.0 사용 및 진단기

사용 모두 체크합니다.

ⓑ CMT Viewer에서 열자마자 우측 클릭해서 '진단기'를 실행합니다. 오브젝트 탭 창에서 콤보 리스트 화면에서 76번 화면으로 이동합니다.

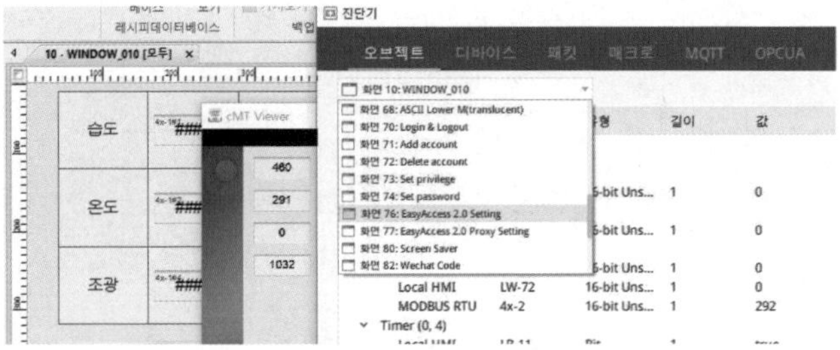

진단기의 탭 창 오브젝트, 디바이스, 패킷 등을 통해서 작화 상태를 분석할 수 있습니다.

ⓒ 76 화면에서 Start 버튼을 클릭하면 'Session ID /Password'가 생성됩니다. 이를 복사해서 웨인텍 클라우드에 등록합니다.

위와 같이 정상 등록되면 Session ID '0' /Password '0'으로 표시됩니다.

③ **웨인텍 도메인 신규 등록하고, 신규 HMI를 등록.** (https://account.ihmi.net/)

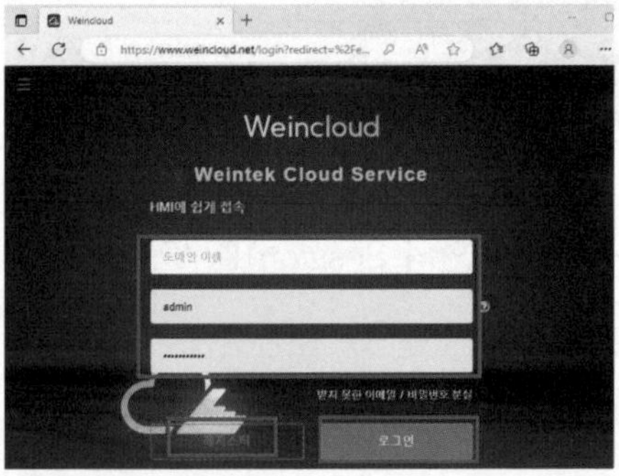

[중요] HMI 그룹 관리자는 신규 도메인 등록하고, 관리자는 필수 'admin', 비번으로 구성되어 있습니다.

ⓐ 게시판 Device를 선택

ⓑ 버튼(+Add HMI)을 클릭

ⓒ EasyAccess 2.0 선택

ⓓ HMI의 76번 작화 화면의 Session ID 'XXXXXX' /Password 'XXXX' 입력

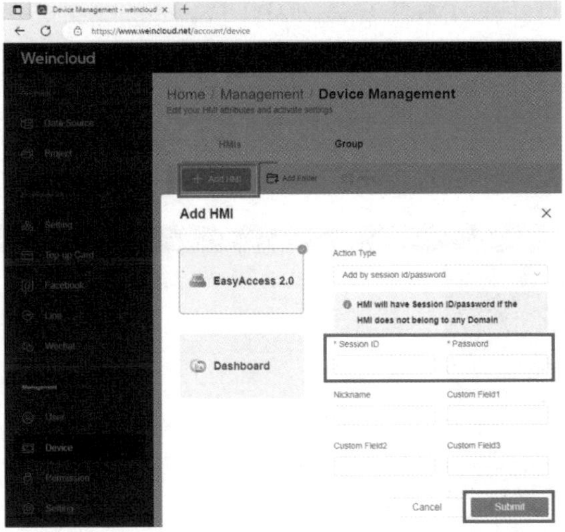

ⓔ HMI가 웨인텍 클라우드에 등록된 것을 확인할 수 있습니다.

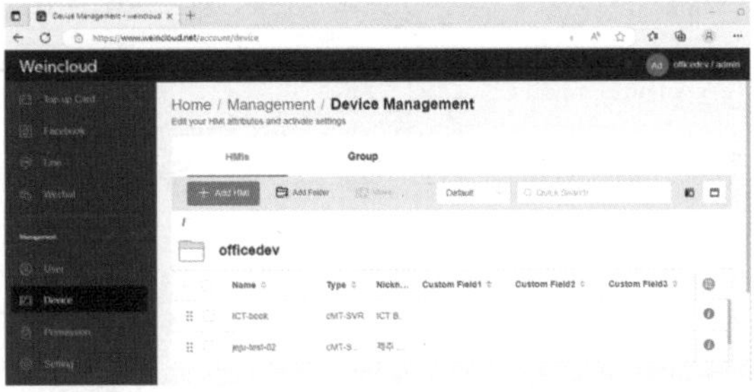

④ **웨인텍 클라우드에 유저 등록**

게시판 User에서 신규(+Create)로 유저를 등록합니다.

[중요] 관리 편의상 유저 등록은 User를 관리자가 직접 등록/ 편집으로 활성화합니다. 유저별로 관리자, 유저, 슈버 유저 등 구분해서 권한을 부여합니다.

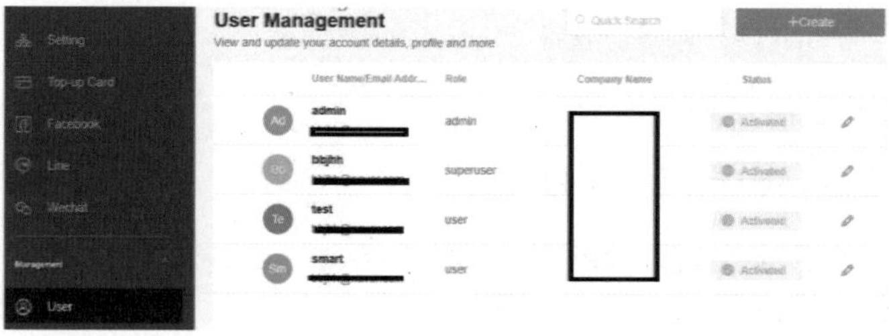

⑤ **유저마다 다양한 HMI를 등록 게시판 Permission으로 이동**

ⓐ 신규 추가하고자 하는 HMI의 유저를 선택

ⓑ 버튼(+add HMI or Group)을 클릭해서 HMI를 추가

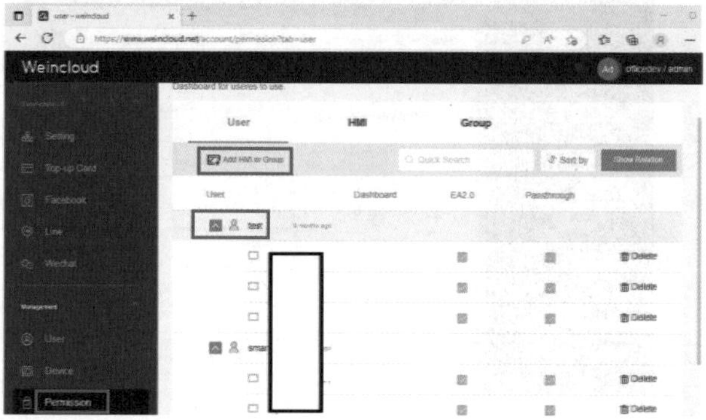

⑥ **Smart 작화 접속 방법**

ⓐ 로컬 PC에서 EasyAccess 2.0을 실행. 계정 및 비번 입력

ⓑ 권한 받은 HMI 리스트 확인

ⓒ 연결하고자 하는 HMI 이름 'ICT Book 화살표 좌우' 클릭

ⓓ 연결 표시 중 우측 하단 CMT 마커를 클릭

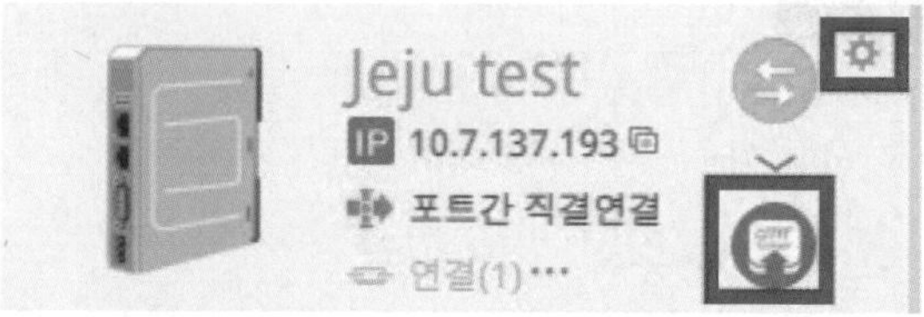

우측 상단 기어 도구는 HMI의 메모리/CPU 정보 등 다양한 정보를 제공합니다.

ⓖ 스마트폰 설치 및 운영

'스마트폰-구글 스토어'에서 'EasyAccess 2.0'와 'CMT Viewer'를 설치하면 인터넷 웹/로컬 버전 구분 없이 동일한 HMI 작화에 접속됩니다. 만약, 동일한 네트워크 상태에서는 HMI가 연결되어 있다면 그때는 CMT 뷰어만 갖고 HMI 작화 접속이 가능합니다.

3
PART

ICT 플랫폼 개발

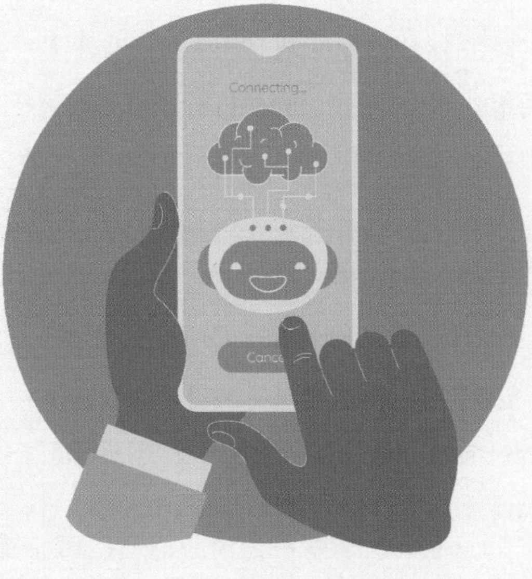

제6장

HMI의 ICT 플랫폼 개발

ICT(Information & Communication Technology, 정보 통신 기술) 플랫폼이란?

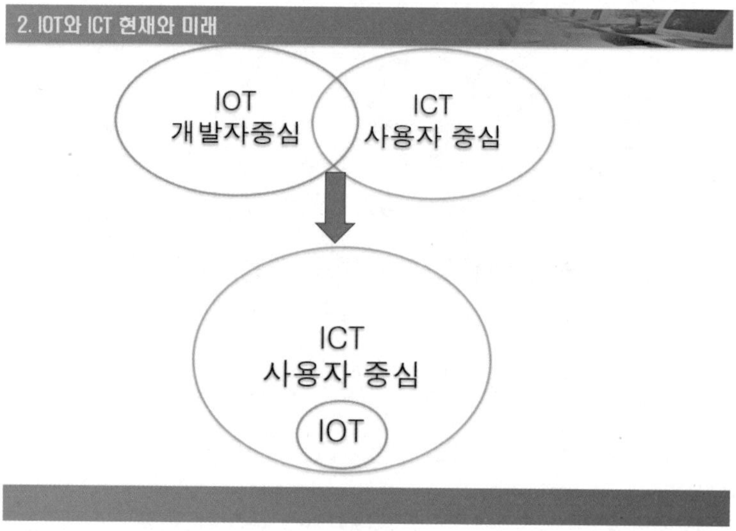

플랫폼은 통신 및 컴퓨터, SW 등이 발전하면서 다양한 플랫폼의 이름이 나타나고 있습니다. 큰 특징의 시발점은 2009년 11월 스마트폰 제품 출시입니다. 일반 로컬의 IT 환경을 앱으로 전환시킨 시기로, 마이크로소프트(MS) SW, 구글, 리눅스 등에 많은 영향을 주었으며, 더 조직화되고 세분화되어 발전되어 가면서 플랫폼의 라이프 사이클의 간격이 매년 줄어들어서 앞날을 더 예측할 수가 없습니다. 즉, ICT 플랫폼이 되기 위해서는 로컬 베이스의 플랫폼만 아니라 인터넷 Smart ICT와 연결되어야 하며, 입력부터 분석까지 모두 처리되어야 합니다.

본 저서에는 이론적인 배경 등은 관련 전문 서적 및 인터넷 참조할 것을 권하며, 실전 위주로 진행합니다.

즉, 데이터 입력 + 분석 = 통합 로컬 + 인터넷 =통합 ICT 관리 운영

앞에서 다룬 내용들은 USB RS 485 Modbus 통신으로 산업용 센서 주소 값을 확인하였습니다. 즉, Modbus RS485 Sensor를 Modbus Poll SW로 연결해서 데이터 관리 운영되는 것을 학습하였고, HMI(Weintak CMT SVR 102)의 기본 학습을 통해서 디바이스 오브젝트 개체의 데이터 저장/운영까지 학습하였습니다. 이것만 갖고는 ICT 플랫폼이라고 할 수가 없습니다.

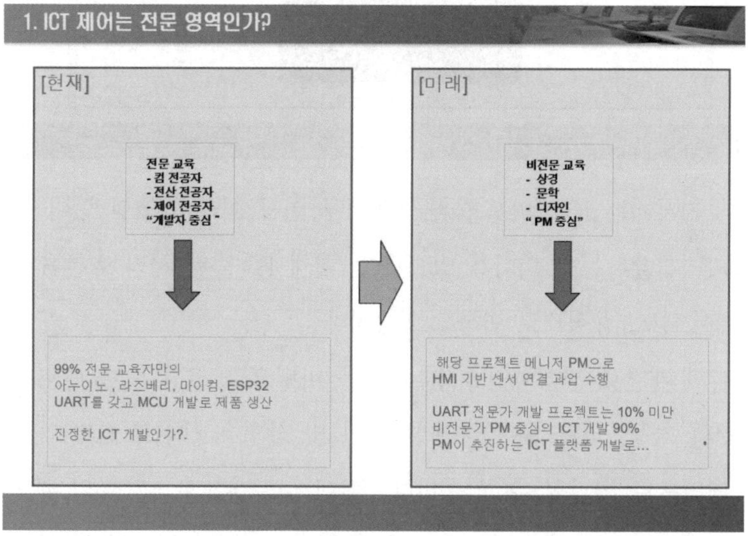

1. ICT 제어는 전문 영역인가?
[현재]
전문 교육
- 컴 전공자
- 전산 전공자
- 제어 전공자
"개발자 중심 "
99% 전문 교육자만의
아누이노 , 라즈베리, 마이컴, ESP32
UART를 갖고 MCU 개발로 제품 생산
진정한 ICT 개발인가?.
[미래]
비전문 교육
- 상경
- 문학
- 디자인
" PM 중심"
해당 프로젝트 메니저 PM으로
HMI 기반 센서 연결 과업 수행
UART 전문가 개발 프로젝트는 10% 미만
비전문가 PM 중심의 ICT 개발 90%
PM이 추진하는 ICT 플랫폼 개발로...

ICT 플랫폼은 센서 데이터가 입력되고, 서버에 저장되고, 저장된 데이터를 분석하는 과정으로 반복 학습해도 부족함이 없습니다.

이와 같은 ICT 플랫폼은 컴퓨터 및 IT 전공 전문가들의 전유물의 학습만으로 개발되어 왔으며, 대부분이 아두이노, 라즈베리, 마이컴과 같은 UART 코딩 중심의 센싱 컨트롤 시스템으로 발전하였습니다.

UART 코딩 중심의 ICT 플랫폼으로 산업현장의 화재 및 과전류 등과 같은 문제를 해결할 수가 없습니다. UART 보드를 산업용 MCU 보드로 재작업 개발을 하면 추가 비용이 발생합니다. 따라서 MCU보다가 아닌 UART 개발 및 납품으로 인한 전기 안전성 문제를 해결할 수 없습니다.

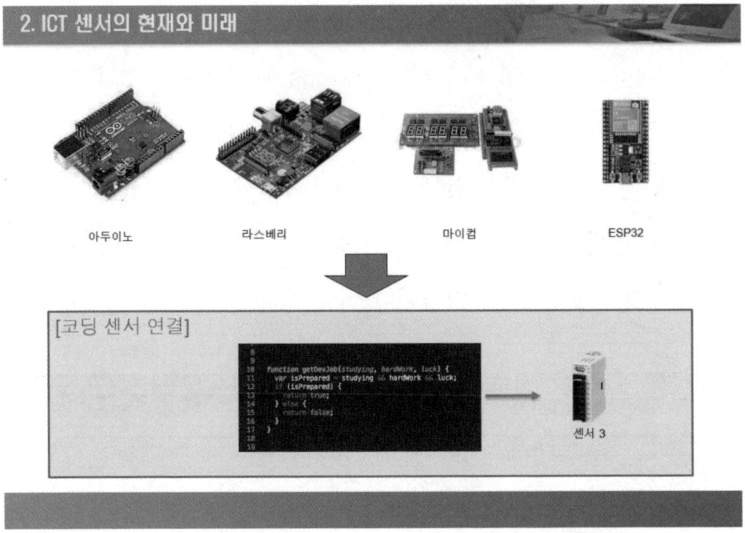

그러나 본 저서에는 ICT 비전공 대상으로 하면서 어려운 코딩 없이(No Coding) ICT 플랫폼을 개발하는데 의미가 있습니다. 현재 IT 출판 서적 흐름을 포함해서 PLC 중심에서 HMI 중심으로 변하고 있습니다.

HMI 중심의 개발로 진행하면 기본 지식을 바탕으로 코딩 UART 코딩의 전문 개발자로 전환 가능, 코딩 없이 다양한 통신 및 산업용 센서로 HMI와 연결해서 전문 ICT 영역으로 확장할 수 있습니다. HMI 노코딩으로 100%의 완벽한 ICT 플랫폼을 개발은 무리수지만, 스마트 팜 혹은 스마트 팩토리 정도는 HMI 갖고 ICT 플랫폼 개발이 가능합니다.

본 저서는 이런 교육 과정을 'A부터~Z까지' 교육이라고 표현합니다. 아무리 UART 전문 ICT 플랫폼 개발자라도 통신부터 모든 모듈 개발까지 이해하는 ICT 플랫폼 전문가는 없습니다. 정말 이런 'A부터 Z까지' 가능할까?

ICT 코딩 개발자 과정에서 한 개발자가 UART 아누이노, 라즈베리, 마이컴, ESP32 코딩 개발의 전체 이해한다는 것은 불가능하며, UART 개발자 간의 협업으로도 단기간 ICT 플랫폼 개발/완성은 어렵습니다. ICT 플랫폼을 배우는 목적이 자율 차량, 드론, 인공지능 등만이 ICT 플랫폼이라고 볼 수가 없습니다. 이런 영역은 ICT 전문가 업무에 맞기고, 본 저서에서는 기본 ICT 플랫폼 교육을 노코딩 교육으로 가능함을 제시합니다.

코딩은 플랫폼 개발의 보조 수단에 불과하며, 누구나 쉽게 산업용 RS485 센서 접근이 쉽고 스마트 팜, 스마트 팩토리 등 각자의 목표에 맞추어서 노코딩(No Coding) 개발이 가능합니다.

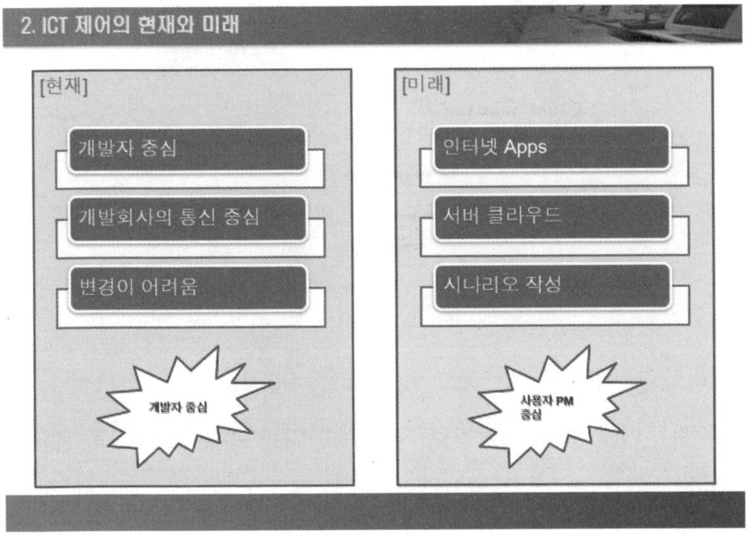

앞장에서는 RS485 센서 및 기본 HMI를 학습을 마스터하였다면 이제부터 ICT 플랫폼 개발 준비된 상태입니다.

앞으로 제품 WeintaK CMT SVR 102를 'HMI'라고 부르겠습니다.

최종적인 ICT 플랫폼이 되기 위해서는

ⓐ ICT 센서로 데이터를 컨트롤 제어

ⓑ 데이터를 클라우드 및 서버에 저장

ⓒ 저장된 데이터를 분석

위와 같이 3대 요소가 선행 개발되어야 하는데, 웨인텍의 제품 'HMI'만이 이런 3대 요소를 모두 갖고 있습니다. 그러나 UART(아두이노, 라즈베리, ESP32) 개발자가 코딩 구축은 어렵습니다.

그러면 HMI를 스마트폰 앱으로 컨트롤 제어하기 위해서는 해당 소프트웨어가 필요하며, HMI 회사에서 제시하는 웨인텍 HMI 매뉴얼로 충분히 자체 학습이 가능합니다.

HMI를 스마트폰 앱에서 어떻게 접속해서 관리해야 하는가? 앞에서도 다루었지만, 실무적인 차원에서 다시 한 번 학습하고자 합니다.

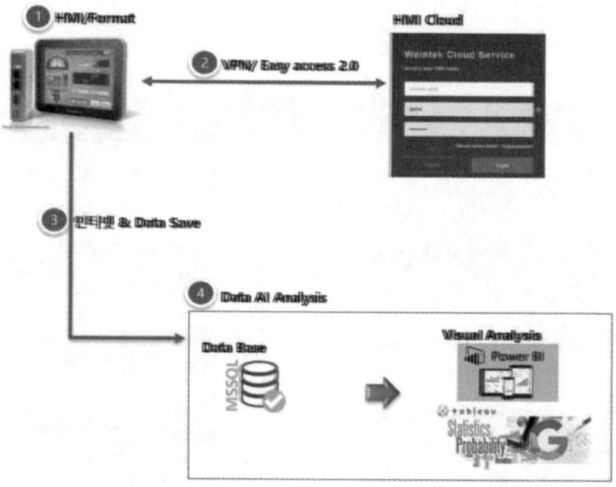

HMI로 다양한 센서 연결만 해도 웹/앱/로컬 PC로 센서를 컨트롤 제어할 수 있습니다. 만약 아두이노 및 라즈베리로 개발을 한다면 저전력으로 센서들이 환경에 민감해서 전기 고장률이 높고, 엄청난 코딩 학습이 요구되어 개발이 쉽지 않습니다. 즉, UART 개발은 산업용 HMI 기반의 개발보다 많은 인원과 코딩이 요구됩니다.

그러나 HMI(Weintak CMT SVR 102)는 코딩 없이 센서 연결된 데이터는 쉽게 만듭니다. RS485 센서는 DC 5V~24V로 전기가 안정적이며, 산업용 보드 기반의 센서라, 라즈베리나 아두이노 센서와 비교할 수 없습니다. 그리고 코딩 없이 HMI 시리얼 통신, TCP/IP 인터넷과 센서를 쉽게 연결합니다.

앞으로 학습한 RS485 모드버스(Modbus) 통신 기반의 개별 센서를 HMI에 연결 학습합니다.

먼저 제일 많이 사용되는 온·습도/조광 센서부터 시작합니다.

팁

간략하게 온·습도 센서 구매 방법 노하우를 학습합니다. 한국에서는 센서 구매가 어렵고, 주로 알리 익스프레스(https://ko.aliexpress.com/) 사이트에서 'COMWINTOP'이라고 검색합니다. COMWINTOP(http://www.comwintop.com/)의 '온·습도'를 찾아서 알리에서 구매합니다. 이 회사 다양한 센서는 안정적이며, 관련 센서 관리 도구 프로그램도 제공합니다.

1. 온·습도/조광 센서

1) 준비물

COTWINTOP 회사의 제품번호 'CWT-SLTH-6W-S'를 갖고 연결합니다.

COTWINTOP 사이트의 다운로드 게시판에는 센서별로 관리 솔루션을 제공합니다. Modbus Poll과 같은 통신 프로그램으로 데이터 값을 테스트할 필요가 없습니다. 그리고 변경된 Slave/속도 등 정보를 몰라도 수정되며, 되도록 관리 도구를 제공하는 'Comwintop'과 같은 센서를 구매합니다.

팁

알리 익스프레스에서 모든 구매 센서가 매뉴얼을 제공하는 것은 아니며,
센서 생산 판매자가 제공하는 별도 센서 매뉴얼을 습득한 후에 구매합니다.
제조자와 판매자가 다른 경우가 많으며, 센서 유용성이 검증 확인 후에 구매를 검토합니다.

2) 연 결

① 직접 만들어서 설치한 전기 단자대를 보면

ⓐ RS485 통신 노란색(A), 청색(B)

ⓑ DC 전원선 갈색 '+', 검은색 '–'로 연결하였습니다.

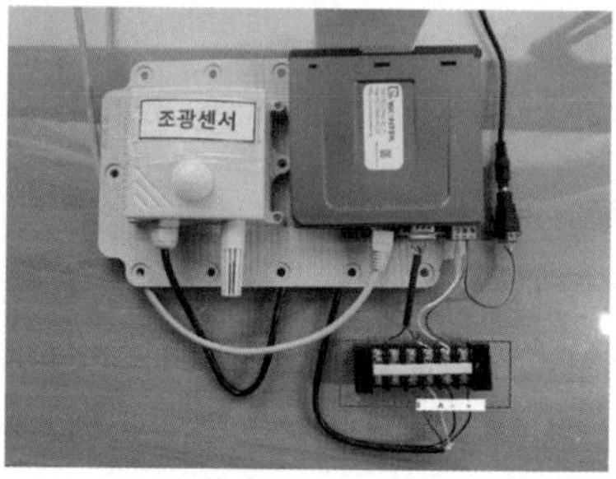

② 웨인텍 HMI의 RS485 시리얼 통신에서 Com3 연결 포트는 1번(A), 4번(B)을 연결합니다.

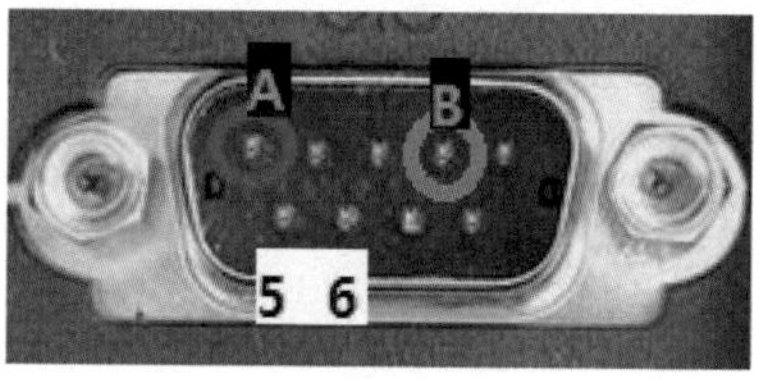

해당 제품 HMI는 RS485 통신 2개(COM3, COM2)를 지원하며, COM2 포트는 5번이 A, 6번이 B를 연결합니다. 모든 HMI가 통신 연결 번호가 같지 않기 때문에 항상 매뉴얼에 학습합니다. 그리고 HMI DC 선, 'DC +'는 빨간색, 'DC –'는 하얀색으로 연결합니다.

3) HMI 설정

HMI 메뉴에서 '홈–시스템파라미터'는 다음과 같이 설정합니다. 로컬 HMI를 'CMT SVR 100/102'로 설정한 후에 버튼 '디바이스/서버 추가'를 클릭합니다.

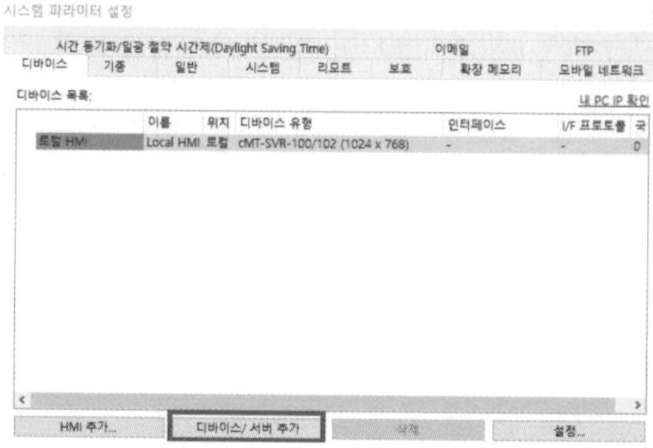

디바이스 속성 화면에서는

① 디바이스 이름을 자신이 원하는 이름으로 '03_Sever'라고 지정하였습니다.

② 디바이스 유형은 'MODBUS RTU Over TCP'를 선택합니다. 다양한 모드는 웹 사이트 참조하면 됩니다.

③ 인터페이스를 'RS-485 2W'로 선택합니다. 앞장에서 자세히 설명한 관계로 생략합니다.

팁

즉, 센서 통신 속도를 9600으로 하고 HMI 통신을 통신 속도를 4800으로 설정한다면 통신 연결이 안 됩니다. 즉, 디바이스 및 센서의 모든 통신 속도가 같아야 합니다.

④ 연결 시리얼 단자에 COM3, 그래서 센서의 처리속도 9600 등으로 시리얼 통신을 설정한 후에, 각 센서를 처리 속도 9600으로 정보 수정한 후에 연결합니다.

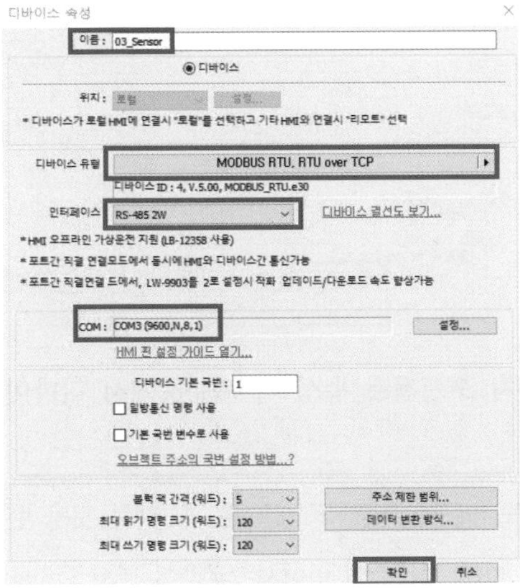

⑤ **나머지 셋업 설정은 매우 다양합니다.**

그리고 온·습도 연결된 '시스템파라미터'의 셋업을 완료합니다. 만약 '온·습도/조광' 센서를 시리얼 통신 COM2에다 설정하였다면 시리얼 번호 5(A), 6(B)번 접점을 연결합니다.

센서 제조 회사에서 제공되는 기본 설명은 다음과 같습니다.

Fuctions	Address	센 서	비 고
3 (4x)	1	습 도	
3 (4x)	2	온 도	
3 (4x)	3	조 광	
3 (4x)	2001	Slave	
3 (4x)	2002	BPS	

첫 번째 Address 중에 센서 '습도' 오브젝트를 추가하도록 합시다.

① **메뉴 '오브젝트-입력그룹'의 '수치'를 메인 화면에 클릭 드래그 추가합니다.**

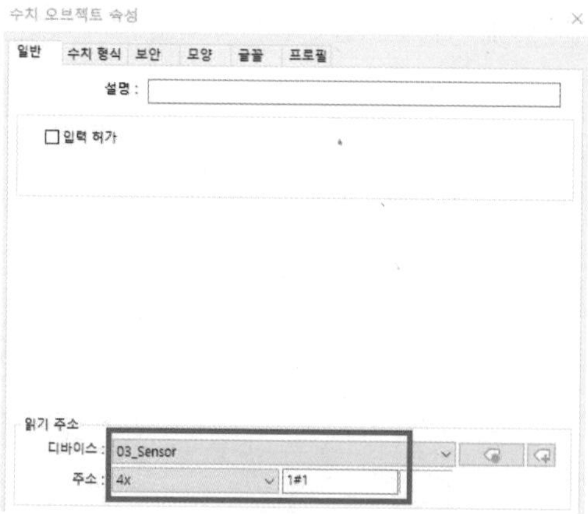

② **추가한 수치 오브젝트 속성 디자인 창에서 디바이스를 '03_Sever'라고 입력합니다.**

그리고 모드버스(Modbus) 'Faction3, 4x'라는 것을 선택합니다. Slave Address를 보면 '1' 기본 설정되어 있어서 '1#'같이 센서 Slave 값을 지정합니다.

③ **'수치 형식' 탭 창으로 이동합니다.**

수치 값은 기본적으로 정수로 표현되기 때문에(제조사마다 다름), 온·습도 만드는 'Comwintop' 센서 회사 매뉴얼을 보면 정수를 세 자릿수까지만 보이도록 설정되어 있으며, 둘째 자리까지는 정수, 셋째 자리부터는 소수점 자리(예, 25.3)로 지정합니다.

센서 개발회사의 주소 매뉴얼에 맞추어서 필드 수치 '오브젝트'를 수정합니다.

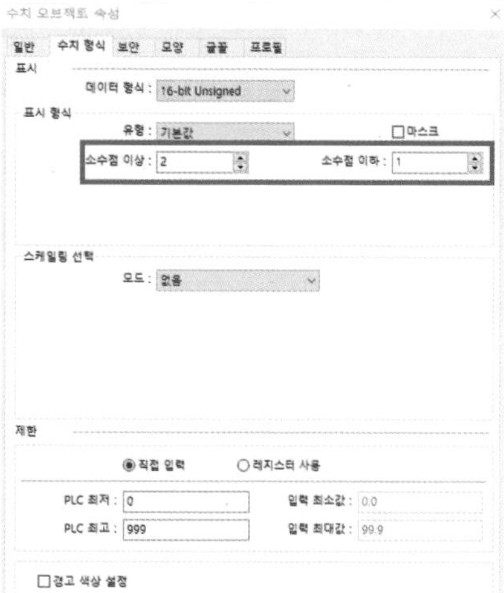

4) 실 행

개별 센서별 수치 '오브젝트'로 만든 최종 화면은 다음과 같습니다.

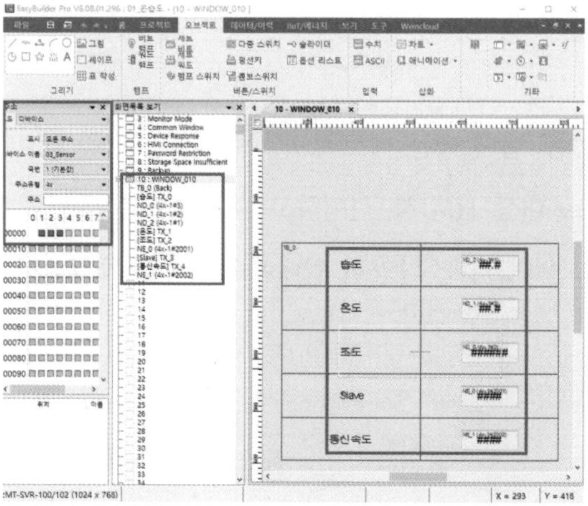

① **'주소' 탭에는 디바이스, 국번, 주소 등을 선택하면 주소별 오브젝트가 사각형(■) 마크로 표시됩니다.**

다시 각 사각형(■) 마크를 선택 클릭하면 메인 창 오브젝트별 화면 선택 디자인 창으로 이동합니다.

② 중간 '화면목록 보기' 탭에는 '메인 화면'별 디바이스 형식 이름 및 슬라브, 주소까지 보여주며, 각 이름 '오브젝트'를 클릭하면 '메인 화면'에서 해당되는 오브젝트 이름으로 이동합니다.

③ 오른쪽 '메인 화면-Windows-010' 탭에서는 각 오브젝트의 내용을 보여줍니다.

팁

먼저 센서 제조사의 작화 매뉴얼을 학습한 후에 EasyBuilder 프로그램 작화를 합니다. 마찬가지로 센서 매뉴얼을 학습한 후에 센서 구매/학습할 것을 권합니다.

지금까지 온·습도 및 조광 센서 관련 작화를 만들어 보았습니다. 다음은 '프로젝트-다운로드 PC → HMI'을 클릭, PC에 작화된 정보가 HMI로 업데이트 과정입니다.

① 'HMI 이름' 탭 창에는 네트워크상에 연결된 동종 HMI 리스트만 보여줍니다. 업데이트 대상 HMI를 선택하고 다운로드를 클릭합니다. 해당 업데이트할 HMI를 선택합니다. 다양한 업데이트 기능을 체크해서 업데이트합니다.

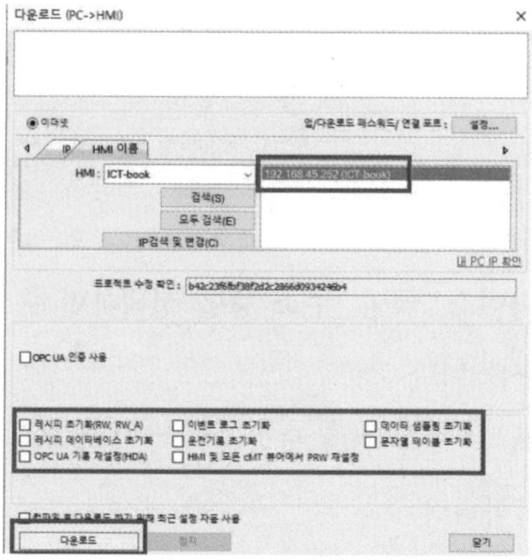

② **다운로드 버튼을 클릭할 때 업데이트 중에 '에러'가 발생하면 처음부터 '시스템파라미터' 설정이 잘못 되었을 수 있습니다.**

HMI를 다시 포맷하고, 웹 접속 Config를 다시 설정합니다. 에러가 발생한다면 HMI로 업데이트 펌웨어를 할 수 없습니다. 그리고 CMT Viewer로 웹 접속이 안 된다면 100% 펌웨어 에러로, 앞에서 소개한 절차에 다시 맞추어서 업데이트합니다.

③ **앞에서 HMI config 과정을 소개하였으며, CMT Viewer에서 '+'를 클릭합니다.**

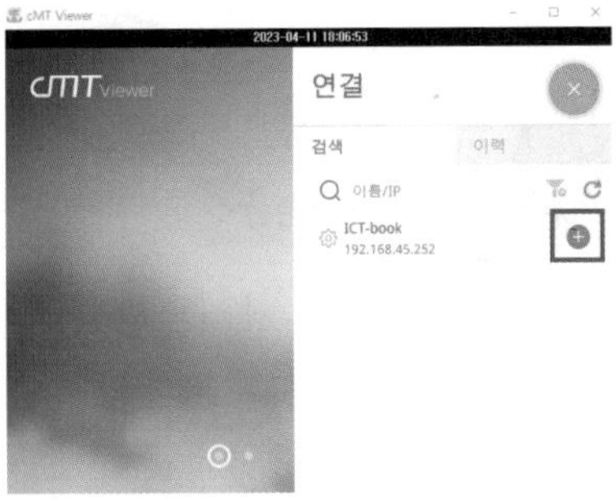

④ **HMI의 사전 설정한 비밀번호**(초기 비밀번호: 111111)**를 입력합니다.**

⑤ **'새로고침 화면 열기'를 클릭합니다.**

⑥ **오브젝트별로 센서 데이터 값을 보여줍니다.**

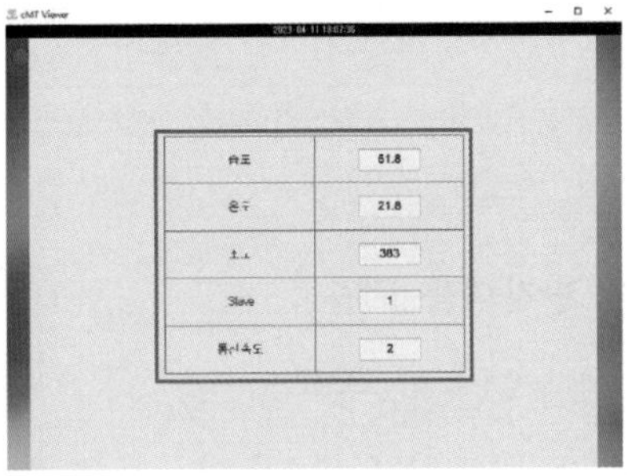

⑦ **로컬 PC/인터넷으로 확인하기 위해서는 'EasyAccess 2.0 열기'를 하면 동일합니다.**

2. 토양 센서

1) 준비물

COTWINTOP 회사의 제품번호 'NPKPHCTH-S'를 갖고 연결합니다.

COTWINTOP 사이트의 다운로드 게시판에는 기본적으로 센서별로 관리

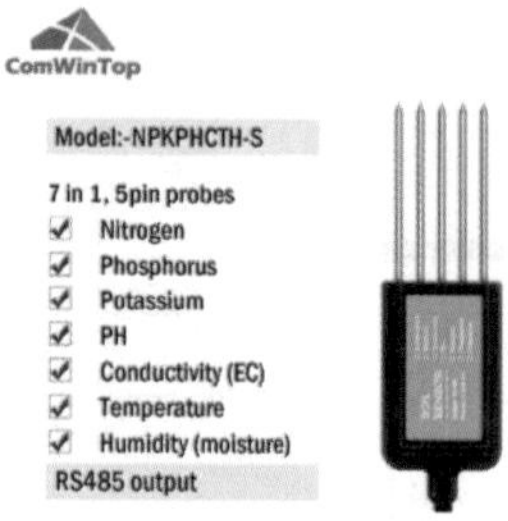

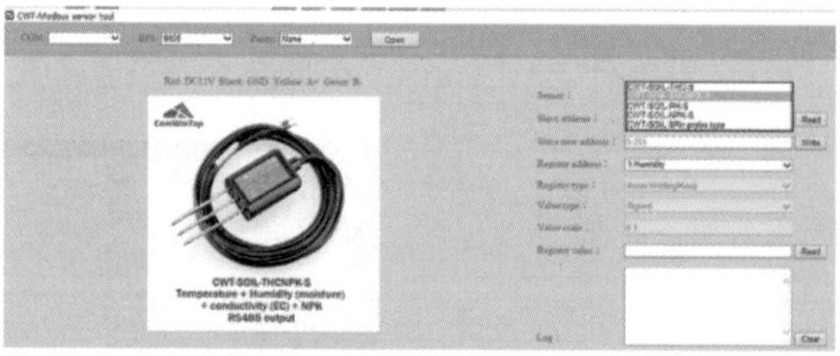

솔루션을 제공합니다. 장점은 앞 센서에서 자세히 설명하였고, 관리 도구 소프트웨어를 제공하는 센서 테스트를 권합니다.

사용 매뉴얼 및 관리도구 솔루션은 'Comwintop' 홈페이지에서 다운로드, 혹은 첨부 파일로 제공합니다. 우측에는 다양한 토양 센서를 선택할 수도 있고, 슬라브 번호 변경 및 센서 Address별 데이터 값을 보여줍니다.

토양 센서는 수분율 및 토양 온도는 기본이며, PH 및 NPK(칼슘, 인, 칼륨), TDS(탁도), EC(전도도), 염분 등을 측정할 수 있는 센서입니다. 단, 구매 시에는 유사 제품들이 많아 주의해야 하며, 'Comwintop' 마커를 참조해서 구매합니다.

2) 연 결

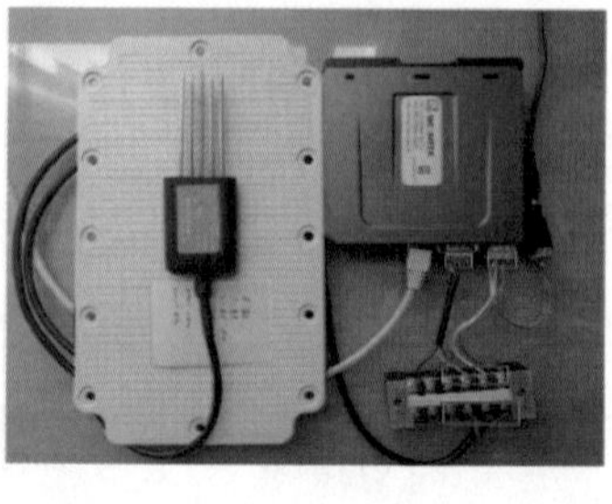

① 아래 그림 전기 단자대를 보면

ⓐ RS485 통신 노란색(A), 청색(B)

ⓑ DC 전원선 갈색 '+', 검은색 '–'

를 연결하였습니다. 즉, 앞에서 온·습도와 연결한 것과 같습니다.

3) HMI 설정

센서 제조 회사에서 제공되는 기본 Address는 다음과 같습니다.

RS485 communication
Default parameters: 4800,n,8,1
Default device address is 1
Modbus RTU protocol

Read status registers, read function code: 0x30					
Register address (Hex)	PLC Address (decimal)	meaning	Number of bytes	content	remark
0000	40001	Humidity	2	0.1%RH	read
0001	40002	Temperature	2	0.1℃	read
0002	40003	Conductivity	2	1	read
0003	40004	Nitrogen content	2	real value	read
0004	40005	Phosphorus content	2	real value	read
0005	40006	Potassium content	2	real value	read
0006	40007	Salinity	2	1	read
0007	40008	TDS	2	1	read
0022	40035	Conductivity factor	2	0-100 correspond	read / write

각 토양 센서 1~8번까지 다양한 데이터를 측정할 수가 있습니다. 더 자세한 것은 Address를 확인하면 토양 분석 매뉴얼을 참조합니다.
Address 중에 센서 '수분율'을 연결하기 위해서 작화 오브젝트를 추가하도록 합시다.

① 메뉴 '오브젝트-입력그룹'의 '수치'를 작화 메인 화면에 선택 드래그 추가합니다.

② 디바이스를 '03_Sever' 선택합니다. 그리고 모드버스(Modbus) **'Faction3, 40001'이라는 것을 선택하고 Slave Address를 보면 '1' 기본 설정되어 있어서 '1#'같이 센서 Slave 값을 지정합니다.**

③ **'수치 형식' 탭 창으로 이동합니다. 수치 값은 기본적으로 정수로 표현되기 때문에**(제조사마다 다름), **'Comwintop' 센서 회사에서는 둘째 자리까지는 정수, 셋째 자리부터는 소수점 자리로 지정합니다. 단 데이터가 서버에 저장된다고 해서 소수점으로 저장되는 것이 아니라 정수 값으로 저장되며, 나중에 값을 표현할 때는 별도 소수 자리를 처리해야 합니다.**

4) 실 행

개별 토양 센서별 수치 '오브젝트'로 만든 최종 화면은 다음과 같습니다.

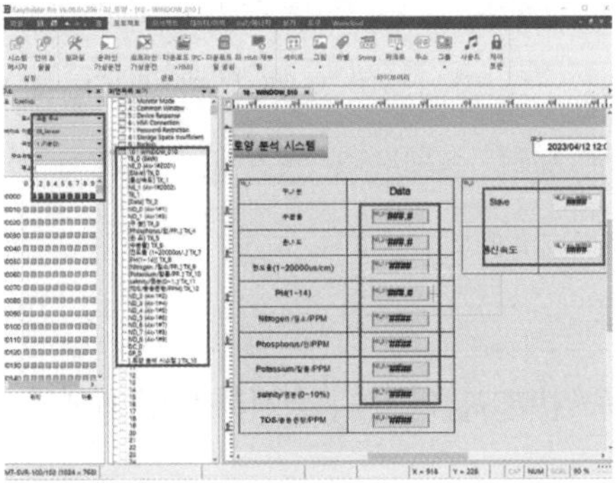

각 센서 값을 보여줍니다.

토양 수분율부터 TDS(탁도)까지 8개의 데이터 값을 보여줍니다. 그리고 통신 속도 및 Slave 번호를 읽기/쓰기로 속성 값을 설정한다면 통신 Slave (1# → 2#)와 같이 슬라브 번호를 '1'에서 '2'로 변경할 수가 있습니다. 그리고 토양 매뉴얼의 기본 속도는 '4800'이므로 시스템 파라미터의 '9600'에 맞추어서 변경하기 위해서는 Address 2002 BPS 값을 '1'에서 '2'로 변경해 줘야 통신 속도 9600이 적용됩니다. 되도록 지원하는 소프트웨어를 이용하는 것이 더 정확합니다.

센서마다 어떤 센서는 초기 값 속도가 4800 혹은 속도를 9600으로 변경해야 할 때가 많습니다. 대부분이 통신 속도가 센서와 HMI 설정 값이 달라서 접속이 안 되는 경우가 많으니 세심한 주의를 요구합니다.

3. 미세먼지 센서

1) 준비물

미세먼지 제품은 아래 그림과 같은 센서로 연결합니다.

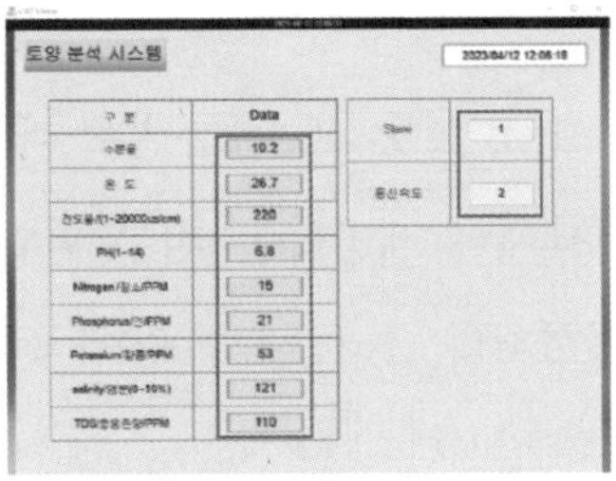

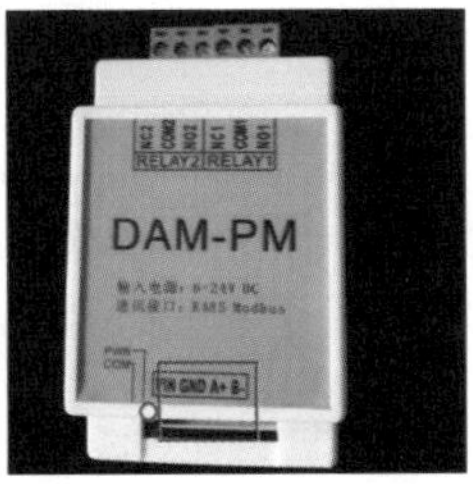

위 그림 동그라미를 자세히 보면 ReSet 버튼이 보입니다. 슬라브 번호를 기억하지 못할 때 Reset 버튼을 클릭하면 슬라브 Address가 '1'로 초기화 변경됩니다. 전원 '+/–' 및 RS 485 A/B가 있습니다. 그리고 세부 정보는 센서 회사에서 제공하는 첨부된 PDF 파일을 참조합니다.

2) 연 결

앞에서 설명한 토양/온·습도와 연결 방식은 동일합니다.

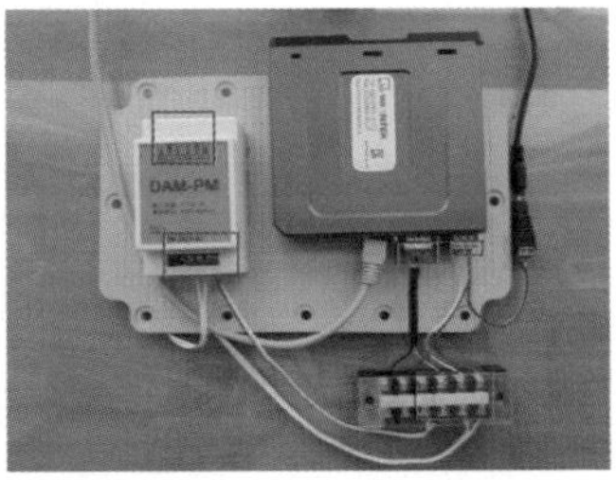

3) HMI 설정

HMI 메뉴에서 '홈–시스템파라미터'는 다음과 같이 설정합니다. 로컬 HMI를 'CMT SVR 100/102'로 설정한 후에 '디바이스/서버 추가' 버튼을 클릭합니다. 센서 제조 회사에서 제공되는 기본 Address는 다음과 같습니다.

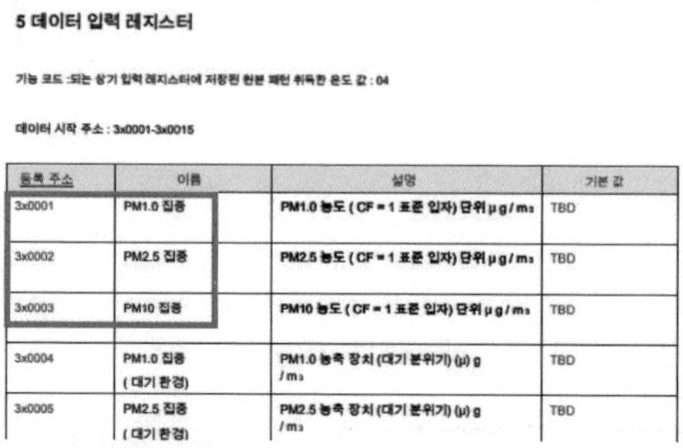

5 데이터 입력 레지스터

기능 코드 :되는 상기 입력 레지스터에 저장된 한번 패턴 취득한 온도 값 : 04

데이터 시작 주소 : 3x0001-3x0015

등록 주소	이름	설명	기본 값
3x0001	PM1.0 집중	PM1.0 농도 (CF = 1 표준 입자) 단위 μ g / m3	TBD
3x0002	PM2.5 집중	PM2.5 농도 (CF = 1 표준 입자) 단위 μ g / m3	TBD
3x0003	PM10 집중	PM10 농도 (CF = 1 표준 입자) 단위 μ g / m3	TBD
3x0004	PM1.0 집중 (대기 환경)	PM1.0 농축 장치 (대기 분위기) (μ) g / m3	TBD
3x0005	PM2.5 집중 (대기 환경)	PM2.5 농축 장치 (대기 분위기) (μ) g / m3	TBD

각 센서 1~3번까지 미세먼지(PM) 1.0, 2.5, 10 종류별로 데이터를 측정할 수가 있습니다. 즉, 센서 개발 회사에서 제공하는 첨부 파일 Address 맞추어서 각 수치 오브젝트를 설정합니다. Address 중에 센서 PM 1.0인 address '1' 오브젝트를 추가하도록 합시다. PM Slave Address 137, 통신 속도 Address 138에서 지정합니다.

4) 실 행

개별 센서별 수치 '오브젝트'로 만든 최종 화면은 다음과 같습니다.

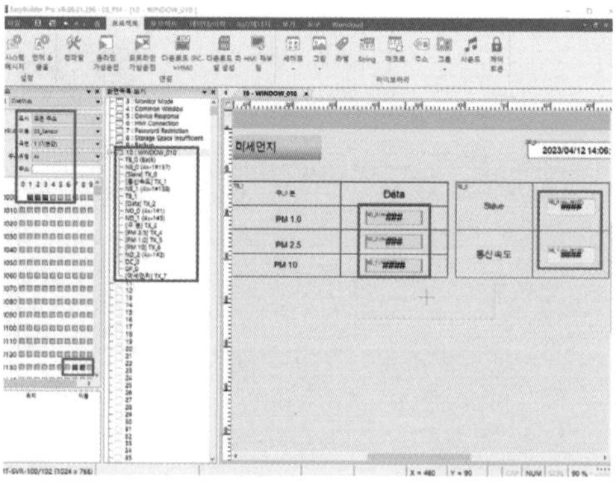

미세먼지 3가지 유형별로 데이터 값 그리고 Slave/통신 속도 주소를 보여줍니다.

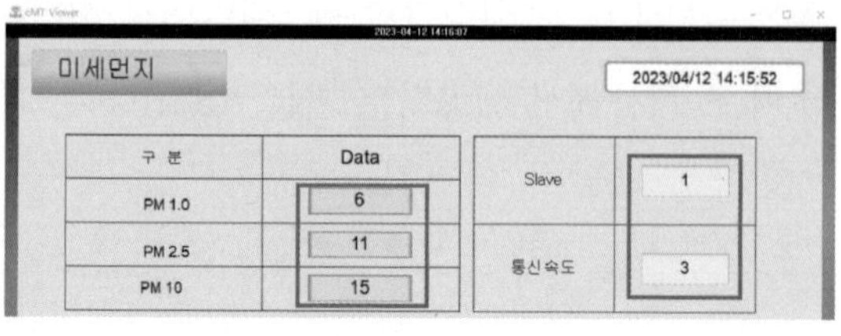

4. 이산화탄소 센서

1) 준비물

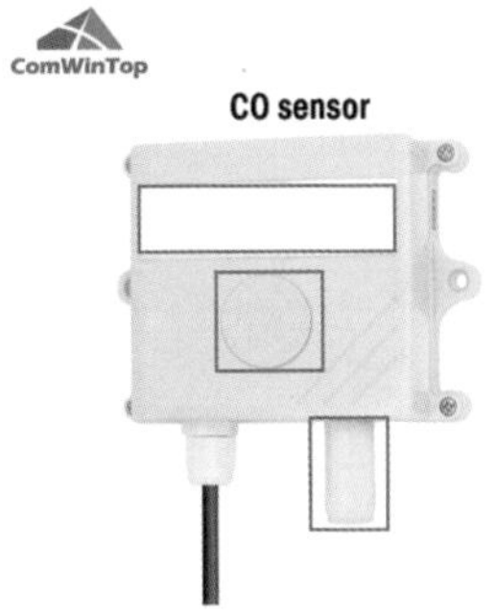

'Comwintop' 제조사의 이산화탄소 센서를 연결합니다. 중간에 있는 동그라미 망사가 이산화탄소 측정 센서, 빨간색 하단의 사각형 하얀 막대는 온·습도 센서입니다.
'Comwintop' 회사에서 제공하는 제품 관련 PDF 파일을 참조합니다.

2) 연 결

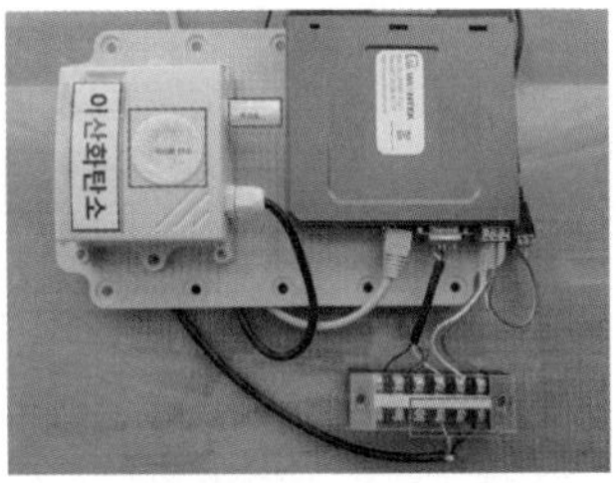

토양/온·습도 연결한 것과 별반 차이가 없습니다.

3) HMI 설정

나머지 설정 셋업은 앞 설명으로 대체합니다. 센서 제조 회사에서 제공되는 기본 Address는 다음과 같습니다.
40001 ⇒ 이산화탄소
42001 ⇒ Slave
42002 ⇒ 속도
센서 개발 회사에서 제공하는 Address 맞추어서 각 수치 오브젝트를 설정합니다.

① 메뉴 '오브젝트-입력그룹'의 '수치'를 메인 화면에 클릭 드래그 추가합니다.

② 디바이스를 '03_Sever'로 선택합니다. 그리고 모드버스(Modbus) 'Faction3, 4x, 0001'이라는 것을 선택하고 Slave Address를 보면 '1'이 기본 설정되어 있어서 '1#'같이 센서 Slave 값을 지정합니다.

4) 실 행

수치 '오브젝트'로 만든 최종 화면은 다음과 같습니다.

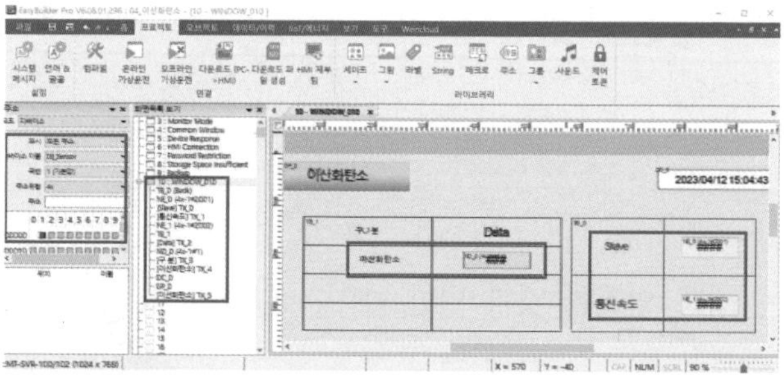

이산화탄소 센서 데이터 값 및 통신 속도 및 Slave 번호를 보여줍니다. 노코딩으로 미세먼지 센서를 HMI와 연결해서 데이터가 보이도록 만들어 보았습니다.

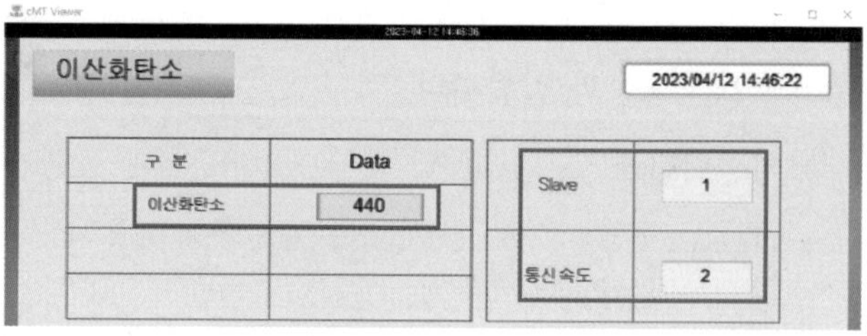

5. DI/DO/AI 센서

1) 준비물

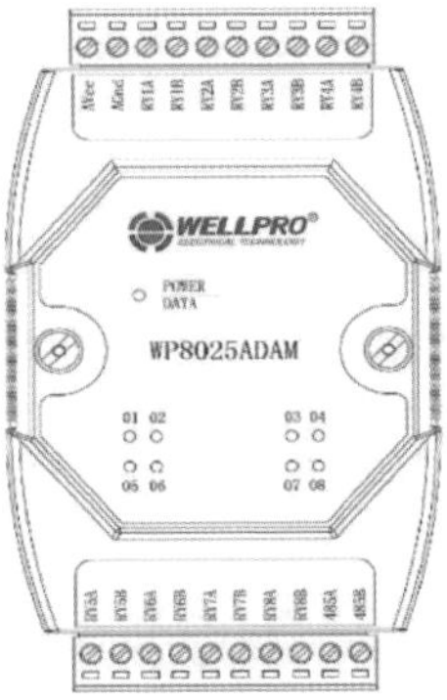

Wellpro 회사의 제품번호 'WP9038'를 갖고 연결합니다. Wellpro에서도 센서별로 관리 솔루션을 제공합니다. 소개 센서는 아날로그 Input 6개, 디지털 아웃(릴레이) 4개, 디지털 Input(접점) 4개가 있습니다.

2) 연 결

① **디지털 Input은 데이터 명령을 받았을 때, 예로 문이 닫혔을 때 전선이 접속된다면 '1', 떨어지면 '0' 값으로 표시됩니다. 위에 보면 NPN 방식으로 DC '–'와 'DI_03' 간에 빨간 전기선으로 연결되니 DI 03에 전원이 시그널 'ON'으로 표시됩니다.**

② **디지털 OUTPUT은 명령을 직접 눌렀을 때 전원이 연결시키면 '1', 전원이 떨어지게 하면 '0' 값으로 표시가 됩니다.**

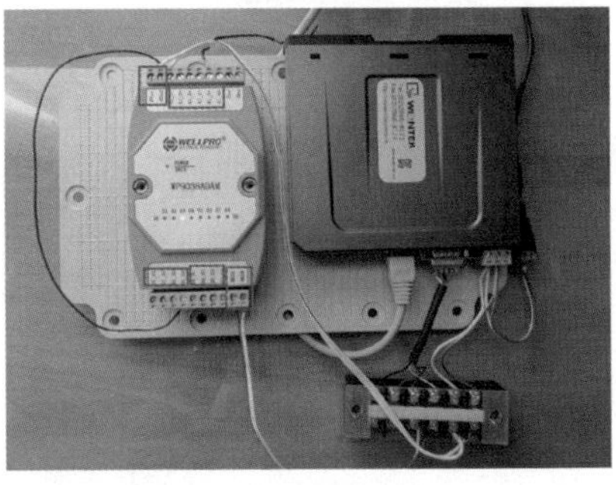

③ **아날로그 INPUT은 전류 회전수로 계산하는 방식으로 예제는 생략합니다.**

3) HMI 설정

센서 제조 회사에서 제공되는 기본 설명은 다음과 같습니다. 센서 회사에서 제공하는 Address에 맞추어서 '오브젝트-램프 그룹-비트램프'을 선택합니다. Address 중에 센서 'Distal Input 01' 오브젝트를 추가하도록 합시다.

① 메뉴 '오브젝트-램프 그룹-비트램프' 메인 화면에 클릭 드래그 추가합니다

② 디바이스를 '03_Sever'로 선택합니다. 그리고 모드버스(Modbus) 'Faction3, 1x '라는 것을 선택하고 Slave Address를 보면 '1' 기본 설정되어 있어서 '1#'같이 센서 Slave 값을 지정합니다.

③ 디지털 OUTPUT은 다음과 같이 설정합니다. 주소 값은 0xsingle_Bit, 1#1부터 1#4까지 작성합니다. 시스템 파라미터 설정할 때, 기본 Slave를 1로 지정한다면 1#1과 '1'은 같은 값입니다.

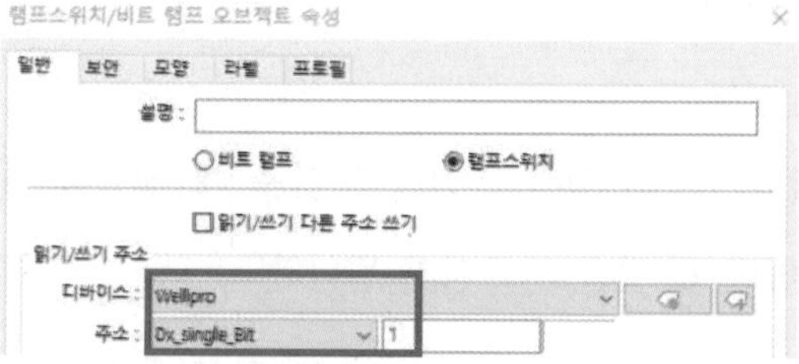

4) 실 행

개별 센서별 수치 '오브젝트'로 만든 최종 화면은 다음과 같습니다.

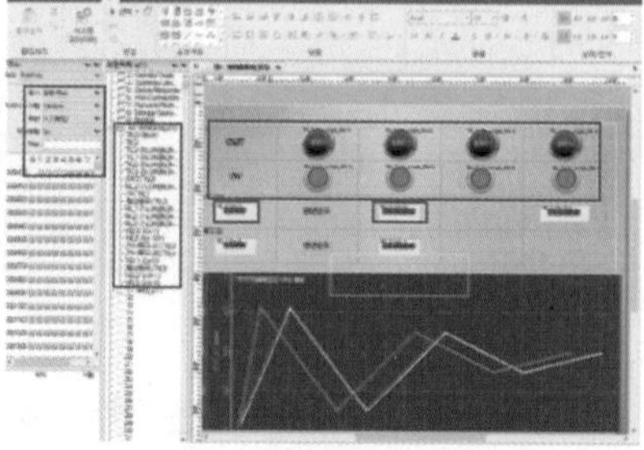

아날로그 Input 오브젝트는 '3x, 1, 2, 3, 4, 5, 6'으로 설정합니다(첨부 작화 파일 참조). 아날로그 비접촉 센서 사양은 4mA~20mA이며, 공식으로 별도 환산해야 합니다. (생략)

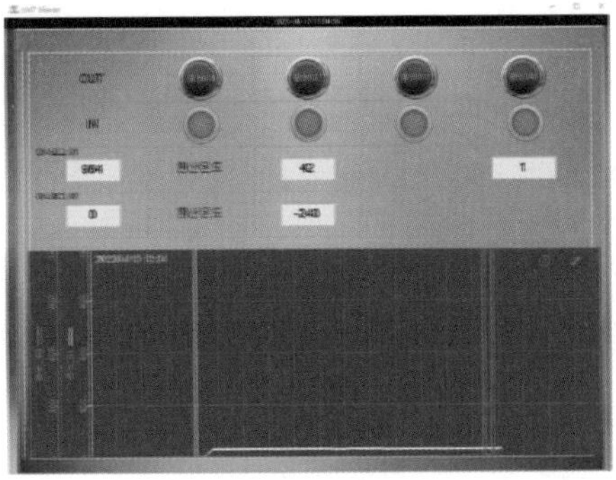

지금까지 디지털/아날로그 관련 작화를 만들어 보았습니다. 센서별 데이터 값을 보여줍니다. 나중에 자세하게 아날로그 데이터를 계산해서 '타임 시리즈' 차트로 표시할 수도 있습니다. 아날로그 학습은 패스합니다.
한국 오토닉스 릴레이 제품을 소개합니다.

예제와 같이 오토닉스 DO 8P(최대 64개) 제품을 삼원 IO Link와 연결해서

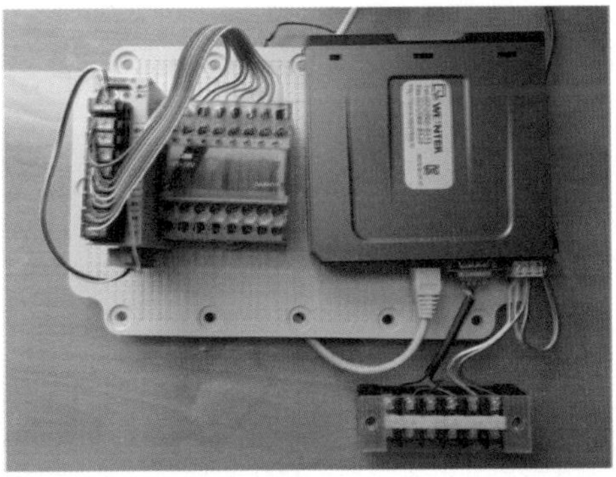

릴레이 접점으로 이용합니다. 오토닉스 제품은 기본적으로 시스템 및 작화 매뉴얼, 즉 접점 매뉴얼을 제공합니다. 작화에 대한 기본정보가 없다면 HMI를 컨트롤 제어가 어렵습니다. 따라서 처음부터 충분히 센서 매뉴얼을 마스터한 후에 센서를 구매/연결합니다.

6. GPS 센서

1) 준비물

Husin 제조사의 Beidou 기준 'GPS HS56601' 모델로 연결합니다. 이 회사에서는 센서 매뉴얼을 제공합니다. 즉, 중국 베이두(Beidou) 인공위성으로 위/경도 측정 RS485 센서입니다.

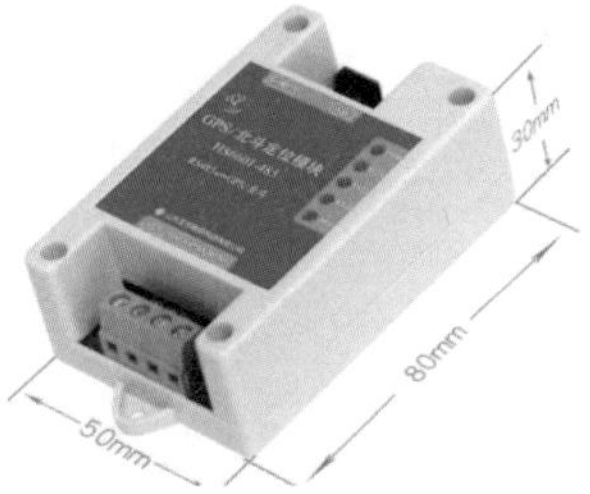

2) 연 결

왼쪽 상단은 안테나와 연결되어서 베이두 동아시아 인공위성 36개로부터 GPS 위/경도를 받아서 보여줌으로써 정확도가 매우 높습니다.

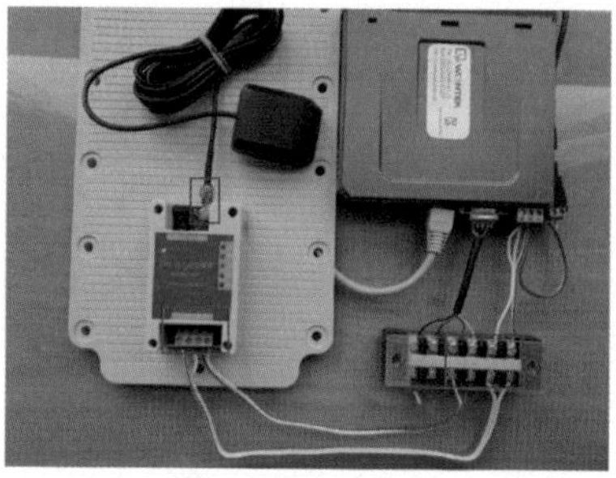

3) HMI 설정

① '설정' 버튼을 클릭해서 저장합니다.

디바이스 속성에서 '데이터 변환 방식'을 클릭, 위 사진처럼 3x_Double/4x_Double을 체크합니다. 제조사의 GPS 위/경도 값을 처리하는 데이터 순서가 다르며, 더블 값을 체크합니다. 즉, 회사마다 데이터 변환 처리 방식이 다양하며, 되도록 제조사 매뉴얼을 참조합니다.

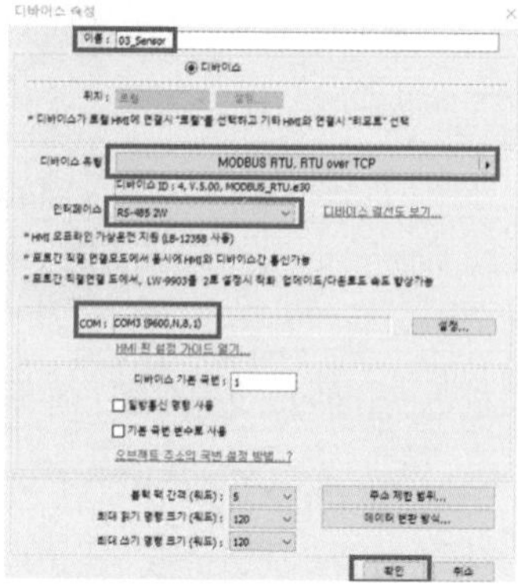

② **경도는 다음과 같이 4x_Double, address를 '209'로 지정합니다.**

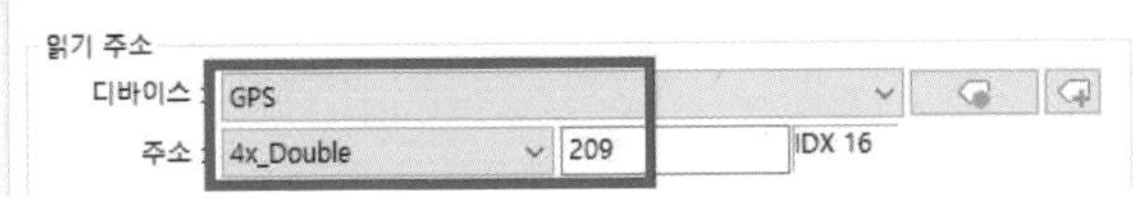

③ **위도는 다음과 같이 4x_Double, address를 '212'로 지정합니다.**

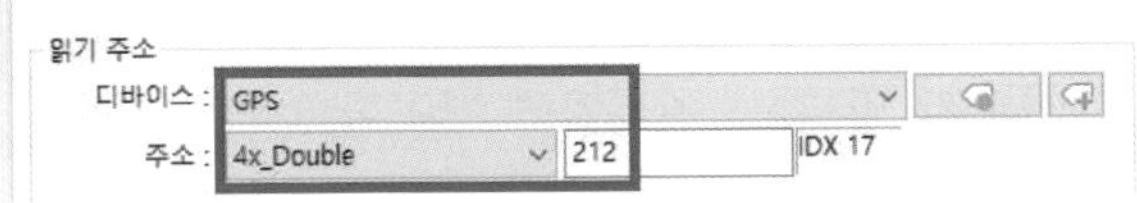

4) 실 행

개별 센서별 수치 '오브젝트'로 만든 최종 화면은 다음과 같습니다.

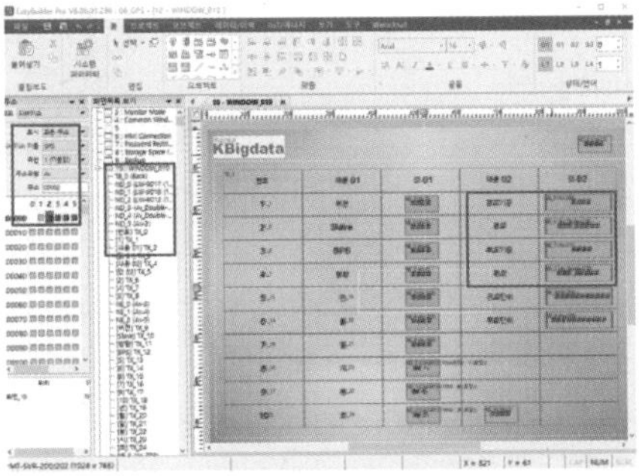

현재 위치의 위/경도 데이터 값을 보여줍니다.

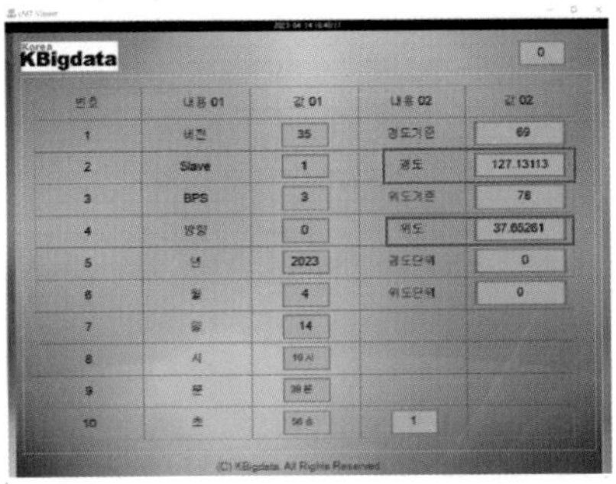

위/경도 데이터를 지속적으로 데이터가 저장할 수 있기 때문에 물류관리에 많이 사용될 것입니다.

7. 카운터 센서

1) 준비물

오토닉스 제조사의 카운터 모델 'CT6S-1P'로 연결합니다. 한국 센서 제조사인 '한영, 오토닉스'는 기본적으로 사용자 및 기능 매뉴얼을 제공합니다.

2) 연 결

왼쪽 센서는 포토 센서, 및 카운터 센서가 있는데, 포토 앞에 물건이 지나가면 '1'씩 증가하는 방식입니다.

3) HMI 설정

설정은 다음과 같습니다(매뉴얼 PDF 파일 참조).

4) 실 행

개별 센서별 수치 '오브젝트'로 만든 최종 화면은 다음과 같습니다. 수치 오브젝트뿐 아니라, HMI는 그림 오브젝트를 다양하게 제공하고 있습니다.

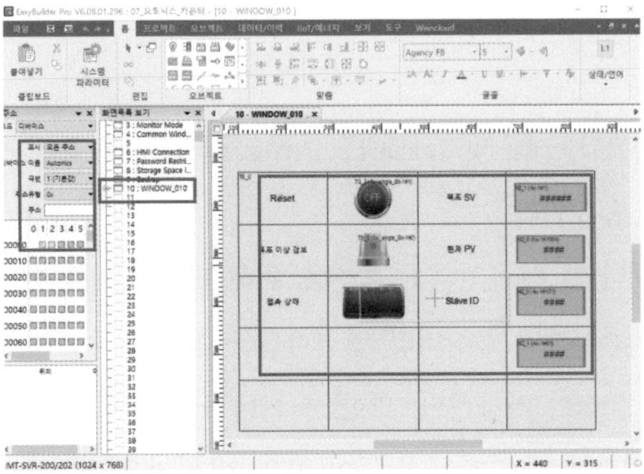

카운터를 0으로 변환하는 Reset, 목표 값 이상일 때 알람 신호(릴레이 접점), 카운터 연결 여부, 목표 값, 현재 값 등 오브젝트를 만들었습니다.

현재 CMT Viewer 값은 다음과 같습니다. Reset을 클릭하면 현재 값이 '0'으로 변경됩니다.

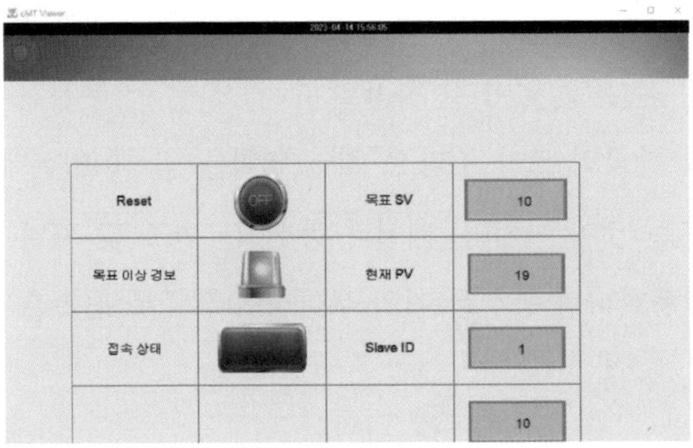

목표 값보다 현재 값이 크면 목표 이상 경보를 알려주며, 혹은 센서가 접속 유지 상태 정보까지 확인할 수 있습니다. 그리고 좌측 포토 센서 앞을 지나가면 1씩 증가합니다.

타이머 등 다양한 기능이 있지만, 생략합니다(매뉴얼 참조).

8. 로라 센서

Ebyte '95-DTU Lora' 및 'Lora611-Pro' 2개의 제품을 통해서 로라를 학습합니다. 먼저 로라란 무엇인가?

구글을 검색하면 "사물인터넷 통신을 위해 만들어진 통신규격으로, 다른 통신 규격과의 차이점이라면 초장거리 연결과 저전력으로 좋은 환경에서 최대 10마일(16km) 정도의 통신이 가능하다. 또한, 노드마다 노드번호를 할당해서 통신하기 때문에 경쟁 규격과는 다르게 유심 등이 필요 없다."라고 정의합니다.

다양한 문서를 보고 로라 통신을 학습할 것을 권합니다. 본 저서에서는 통신 요금 없이 거리 3km, 10km든 간에 원거리에 센서를 연결해서 데이터 통신이 가능하다는 것을 보여주는 데 의미가 있습니다. 특히, 한국의 로라 통신(사설 통신망)의 주파수 대역이 917~923MHz로 영역대가 매우 좁지만, 데이터를 변조해서 사용하면 데이터 통신 간 혼선 없이 잘 사용할 수 있으며, 이 부문은 각 유저에게 학습할 것을 권합니다. 한국의 로라 주파수 채널 영역은 몇 개 없는데, 주변 간섭으로 데이터 혼선이 오는 것이 아니며, 데이터 통신 간 변조 및 채널 내의 ID(정수 값 이상)를 변경해서 사용한다면 통신은 거의 무한대이나 중복 접속은 안 됩니다.

1) Ebyte Lora 센서

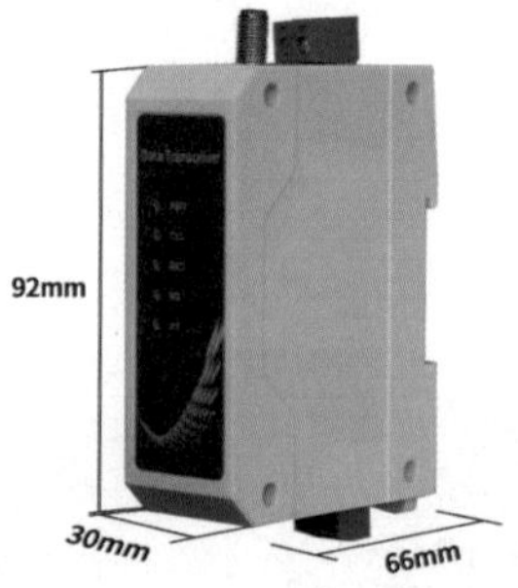

① Ebyte E95-DTU를 갖고 셋업 과정을 학습합니다.

② **제품 전원부 앞쪽에 'node'라는 버튼을 연속 2번 클릭하면 상단에 시그널 M0(x), M1(o)이 되도록 셋업합니다. 즉, M1 시그널에만 'ON'이 되도록 설정해야 셋업이 가능합니다.**

PC에 연결된 USB RS485와 로라 센서 RS485 A/B를 연결하고, 전원은 DC 10 ~24까지 지원합니다.

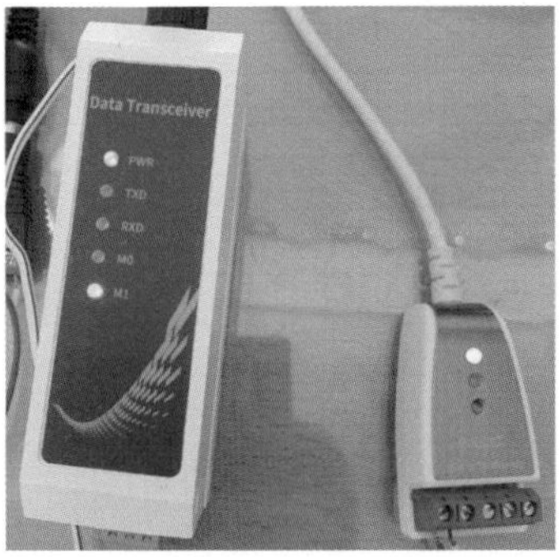

③ **USP RS485와 연결된 PC 장치 관리자에 연결된 Com Port를 확인합니다. 그리고 이바이트에서 제공하는 연결 솔루션을 클릭**(폴더에 포함)**하면 처리 속도 및 채널 등을 설정할 수 있습니다. 통신 처리속도 및 Channel 등을 설정할 수 있으며, 자세한 것은 매뉴얼로 대체합니다.**

여기 중요한 것은 Channel 그룹으로 Net ID 그룹별로 각 Address를 할당해서 사용합니다(매뉴얼 사용방법 제공). 교육장에서 충분히 실전 학습으로 진행됩니다.

④ **즉, 동일한 채널 및 설정으로 센서를 데이터 무선으로 공유&저장 및 컨트롤합니다.**

⑤ **다양한 시리얼 디바이스를 로라로 멀티 연결이 가능합니다.**

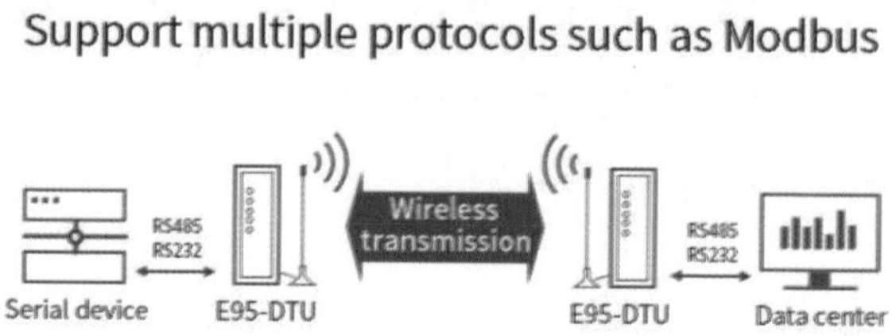

HMI의 Com3 포트에 E95-DTU를 연결해서 멀티 먼 거리(1km, 5km) 등에 로라 연결하고, RS485 포트에 다양한 센서를 연결해서 데이터를 읽기/쓰기를 할 수 있습니다. 연결된 로라 모델별 거리가 다르며, 온도는 영하 40부터 적용이 가능합니다. 그리고 PLC 장비와 다양한 센서, SCADA(관제모니터링) 등 연결을 합니다.

⑦ 실제 연결 구성 화면은 다음과 같습니다.

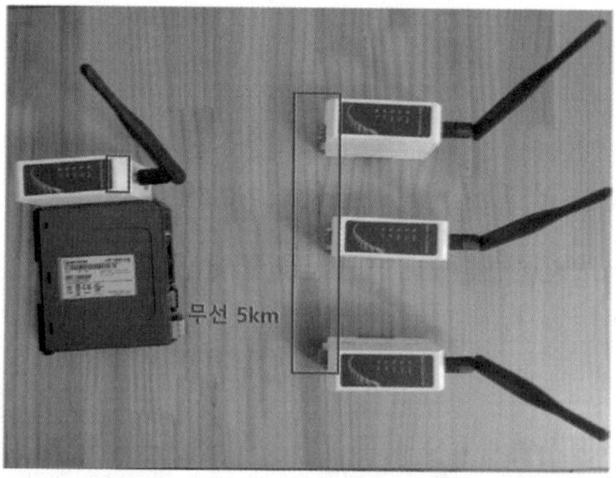

좌측에는 HMI와 로라 통신 1개와 연결되어 있고, 나머지 3대는 무선으로 각각 로라 통신 센서와 통신을 하면서, 각 로라 통신 연결된 센서 데이터를 관리합니다. 즉, 통신 주파수 및 채널 그리고 그룹 설정만 학습하면 사용할 수 있습니다.

만약 로라 통신 중간에 Node를 조정해서 중계기를 설정하면 더 멀리까지 로라 통신을 확장할 수 있습니다.

2) Lora611 Pro 센서

한국에서 2022년 5월 KC 인증받은 로라 제품입니다.

① Lora611 Pro를 갖고 셋업 과정을 학습합니다.

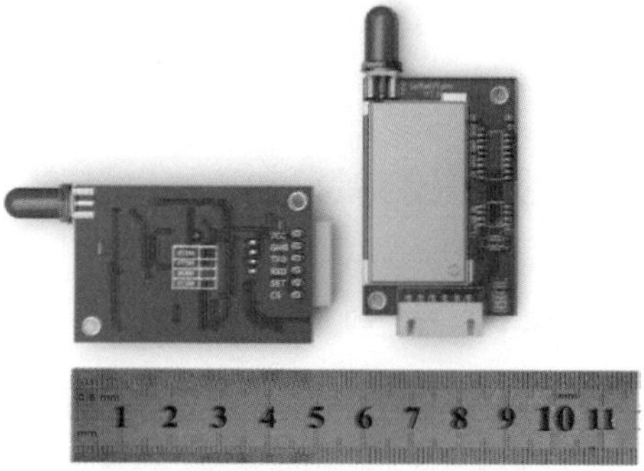

② 관리 프로그램으로 접속합니다. PC 연결 USB 테스트기와 로라 센서를 전선으로 연결합니다.

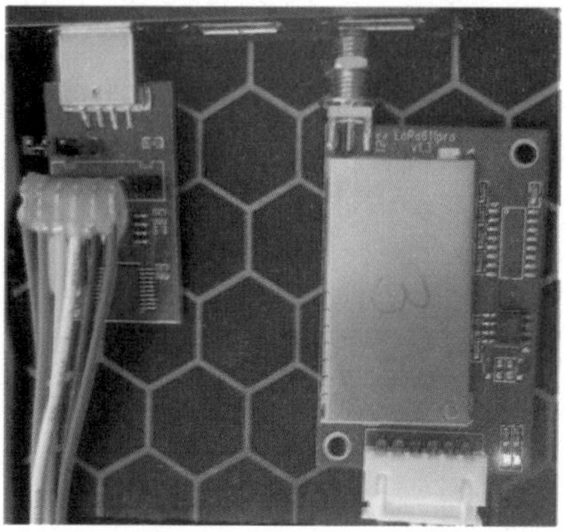

③ PC 장치 관리자에서 연결된 USB Com Port 번호를 연결합니다.

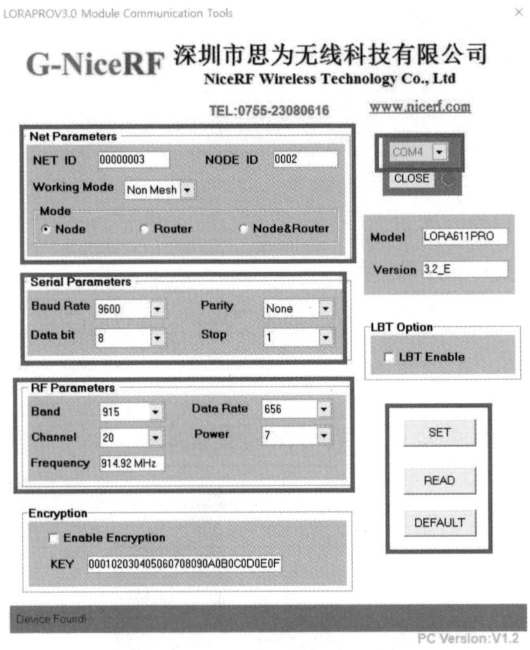

센서 개발회사에서는 프로그램 사용법은 첨부 파일로 제공합니다. 처리 속도 및 채널, Net ID는 모두 앞에 내용과 같습니다. Mode에 보면 Node와 Router 기능이 있는데, Node를 체크하면 같은 채널 및 Net ID 그룹으로 설정할 수 있습니다. Router를 체크하면 로라 센서를 라우터, 즉 중계기로 활용하여 더 먼 거리까지 통신이 가능합니다. 로라 매뉴얼을 보면 자세히 소개하고 있습니다.

지금까지 2개의 로라 통신 모델을 학습하였습니다. 로라 통신은 유선 통신이 어려운 지역에서 데이터를 컨트롤하기에 유용합니다. 로라 통신을 자세히 다루기는 한계가 있어 사용법 정도만 소개하였습니다.

9. 통합 센서

통합환경 센서, 즉 온·습도, 이산화탄소, 미세먼지(PM), 조광 센서 등 Air Quality 센서입니다. RS485 제품과 Smart IOT 기능을 동시에 갖고 있는 제품은 Tuya 환경 센서며, 본 저자가 해당 제품 PT02 한국에서 2022년 KC를 받았습니다.

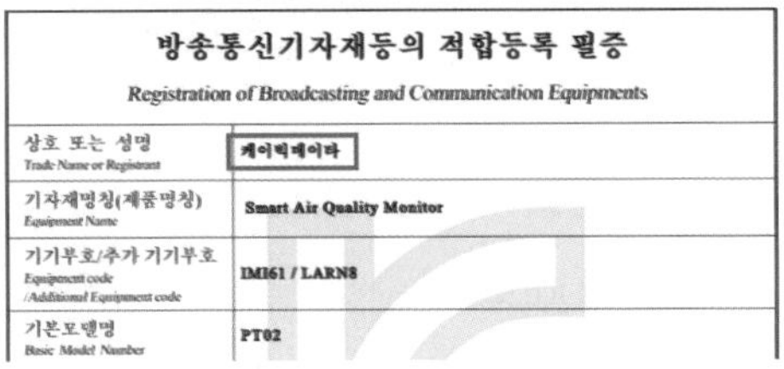

방송통신기자재등의 적합등록 필증

Registration of Broadcasting and Communication Equipments

상호 또는 성명 Trade Name or Registrant	케이빅데이타
기자재명칭(제품명칭) Equipment Name	Smart Air Quality Monitor
기기부호/추가 기기부호 Equipment code /Additional Equipment code	IMI61 / LARN8
기본모델명 Basic Model Number	PT02

1) 준비물

Shenzhen Prode 회사의 제품번호 'PT 02'를 갖고 연결합니다.

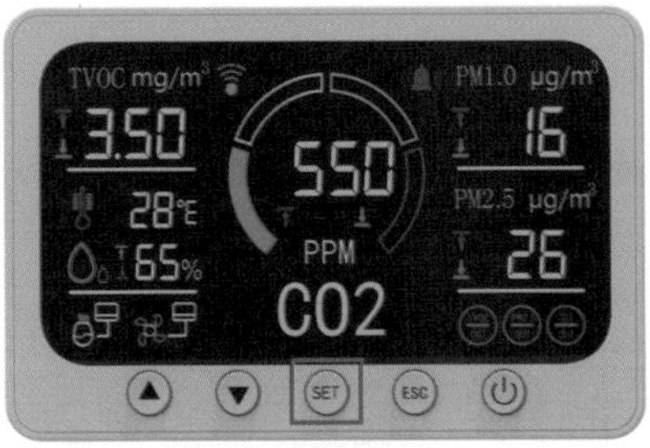

기본적으로 제공되는 센서를 보면 온·습도, 이산화탄소, TVOC, PM을 제공하고 있습니다. 장점은 스마트 IOT 스마트 라이프/투야 앱에서도 데이터를 확인뿐 아니라, RS485 Modbus로 HMI에 동시 연결이 가능합니다. 그리고 각 센서 값과 임계치를 정해서 전기 릴레이 기능을 제공합니다.

앞에서 소개한 센서들을 개별적으로 설치 운영하는 것보다 통합 센서 운영 관리하는 것이 더 효율적입니다. 데이터가 표준화된 통합환경 센서 이외의 센서만 별도 설치한다면 가격 면에서 많이 절감됩니다. 그리고 HMI를 통해서 통합환경 센서를 다양한 모듈로 컨트롤할 수가 있습니다.

2) 연 결

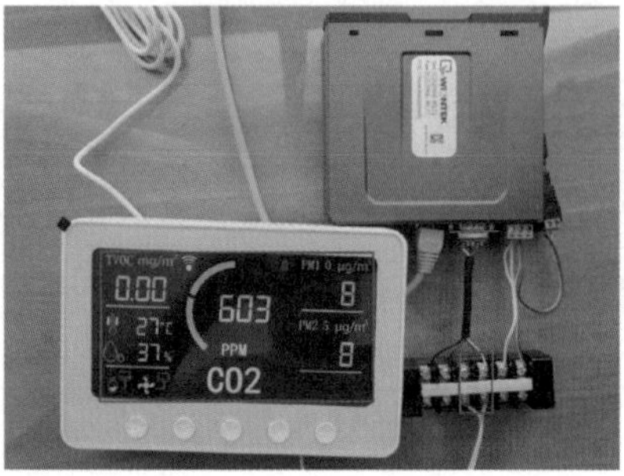

3) HMI 설정

모드버스(Modbus) 'Faction3, 3x(Input)'를 선택하고 Slave Address를 보면 '1'로 기본 설정되어 있어서 '1#'같이 센서 Slave 값을 지정합니다.

기본적으로 앞면 Setup 설정하는 기능과 투야 앱을 통해서 센서를 셋업합니다. 특히, 뒤쪽에는 센서 임계치에 따라 릴레이 기능까지 포함되어 있습니다.

4) 실 행

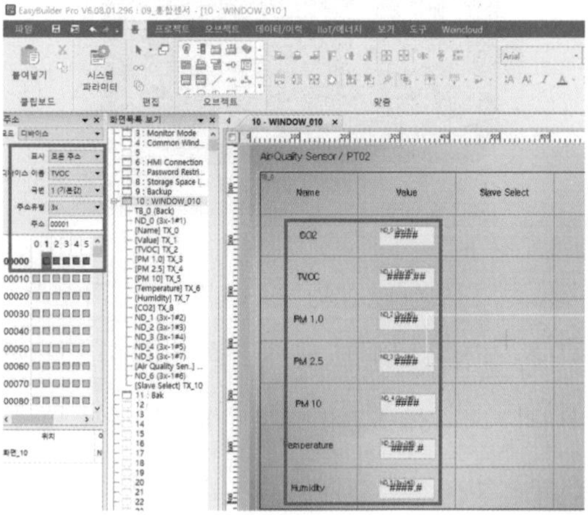

개별 센서별 '오브젝트'로 만든 최종 화면은 다음과 같습니다.

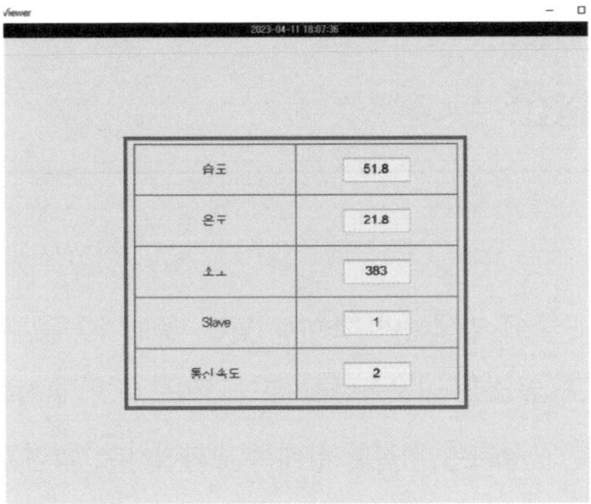

특히, Smart IOT 연결 앱 Tuya로 연결해서 데이터를 컨트롤 제어하면 HMI에서도 데이터 컨트롤되는 값 변경을 확인할 수가 있습니다.

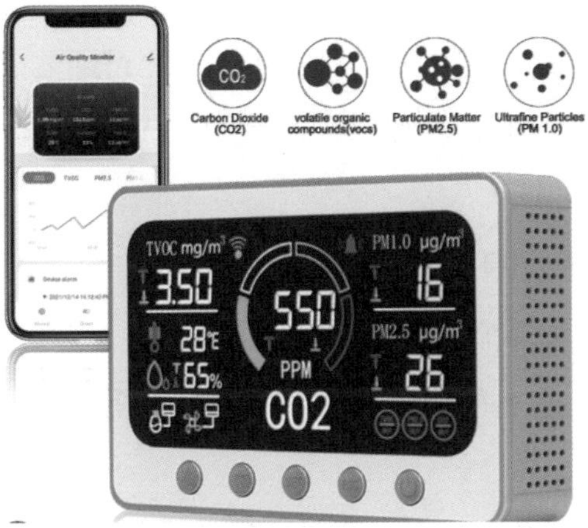

통합환경 센서 PT02는

ⓐ 투야 IOT Smart로 연결

ⓑ RS485 통신으로 연결됩니다.

ICT 초보자도 이런 경우에 HMI 없이 Smart IOT로 연결해서 작화를 할 수 있으며, HMI 연결한다면 RS485 통신으로 데이터를 서버에 저장해서 센서 데이터를 분석할 수 있습니다.

제7장
스마트팜 실전

스마트 팜을 구글에 검색하면 "스마트 팜은 정보기술을 이용하여 농작물 재배 시설의 온도·습도·일조량·이산화탄소·토양 등을 측정 분석하고, 분석 결과에 따라서 제어 장치를 구동하여 적절한 상태로 변화시킨다. 그리고 스마트폰과 같은 모바일 기기를 통해 원격 관리도 가능하다. 스마트 팜으로 농업의 생산·유통·소비 과정에 걸쳐 생산성과 효율성 및 품질 향상 등과 같은 고부가가치를 창출시킬 수 있다. ICT 기술을 사용하는 농업 방식을 말하므로 노지, 온실, 식물공장 등에 모두 적용할 수 있는 개념이다."라고 정의를 내려져 있습니다.

본 저서에서는 스마트 팜 개념, 이론 등 설명이 아니라, 스마트 팜 작화를 만들어 봅니다. 지금까지 스마트 팜 개발은 3개 영역으로 나눠서 설명합니다.

첫째, 센서 데이터를 어떻게 저장할 것인가?
둘째, 센서를 어떻게 컨트롤할 것인가?
셋째, 스마트 팜의 통신문제 해결 방법은 무엇인가?

스마트 팜이든 팩토리든 간 전체 구성은 동일합니다. 기존 스마트 팜은 ICT 라즈베리, 아두이노, 마이컴, ESP32 기반의 코딩으로 개발이 진행되어 왔지만, 미래는 표준화된 ICT 기반의 사물인터넷(IOT)을 통해서 데이터를 컨트롤 및 서버 클라우드에 저장되는 방식으로 진화됩니다. 그리고 클라우드에 저장된 데이터를 다양한 시각에서 분석과 스마트폰으로 사물인터넷(IOT) 관리/사용합니다.

먼저 아래 절차 따라서 스마트 팜을 소개합니다.

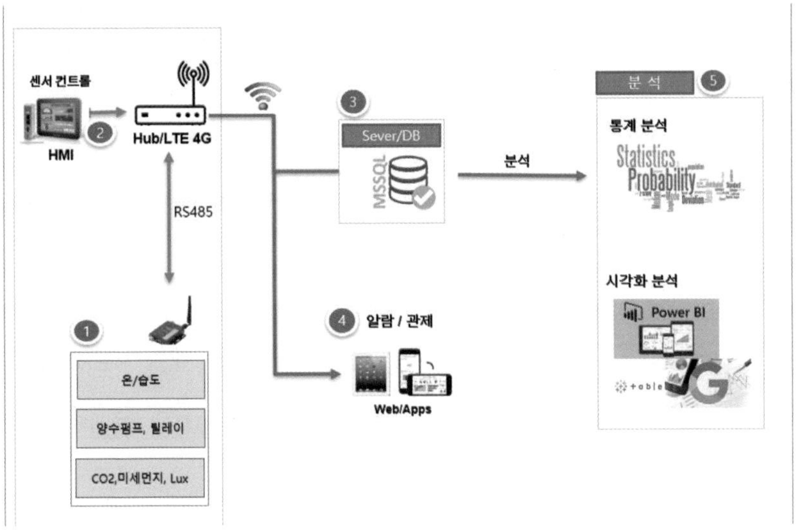

1) 온·습도/릴레이, 이산화탄소를

2) HMI에 연결

3) 데이터에 저장

4) 필요에 따라 센서를 컨트롤 제어하고

5) 저장된 데이터를 분석

먼저 농작물 센서 정보를 스마트폰 연결 과정까지 학습합니다.

1. HMI 센서 연결 및 저장

HMI는 모델 'CMT SVR 102', 환경 센서 PT02, WellPro 8025 릴레이를 준비합니다.

HMI에 대해서는 앞에서 충분히 설명하였고, 환경 센서 PT02는 RS485 통신 지원과 Smart IOT Tuya를 동시에 지원합니다. 즉, 투야 앱으로 접속해서 통합환경 센서 데이터를 확인 혹은 컨트롤 제어할 수 있습니다. 해당 폴더에 보면 투야 제품 셋업 과정 및 참조 자료를 첨부하였습니다. 릴레이는 'Wellpro' 센서를 준비하였습니다. 'HMI-환경 센서 PT02' 간 데이터베이스 저장하는 과정은 5장에서 학습하였습니다.

본 장에서는 통합환경 센서 PT02, Wellpro 릴레이를 HMI에 연결해서 데이터 저장/분석까지 만들어봅니다.

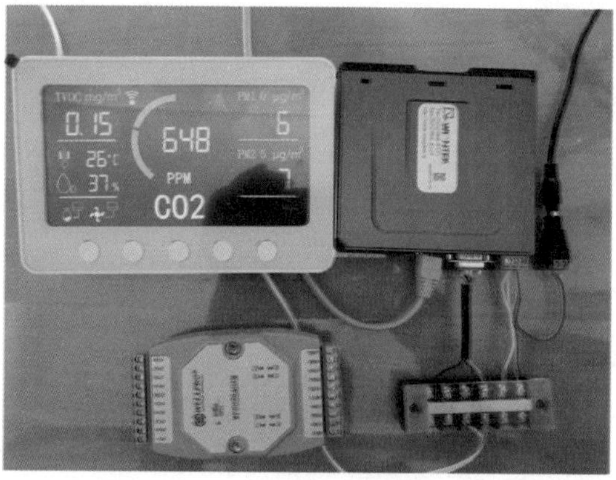

먼저 다음 그림처럼 작화 프로그램 이지빌더에서 메뉴 '시스템파라미터'를 설정합니다.

① **디바이스 이름을 'TVOC', 그리고 Modbus RTU/TCP/IP, Com3, RS485 2W를 연결합니다.**

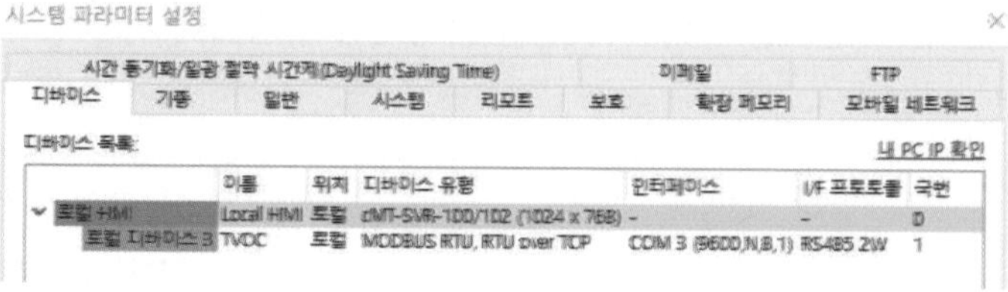

② 메인 화면에서 환경 센서 PT02 센서별 Address에 맞추어서 수치 오브젝트를 작화 화면에서 추가합니다. 먼저 각 센서가 일반적으로 Modbus 4x에 연결되지만, 통합환경 센서는 Modbus 3x(Register Holding Input)로 연결합니다. 즉, 제조사 Address에 맞추어서 셋업해야 정상적으로 데이터가 작화 화면에 표시됩니다.

팁

PT02는 공장 초기화 셋업은 투야 앱 지원 기본 Slave는 '100'으로 지정되어 있습니다. 만약 슬라브 주소를 100에서 1로 변경하려면 Modbus Poll의 '텍스트 변경'을 학습합니다. 되도록 PT02 Slave 없이 사용하도록 합니다.

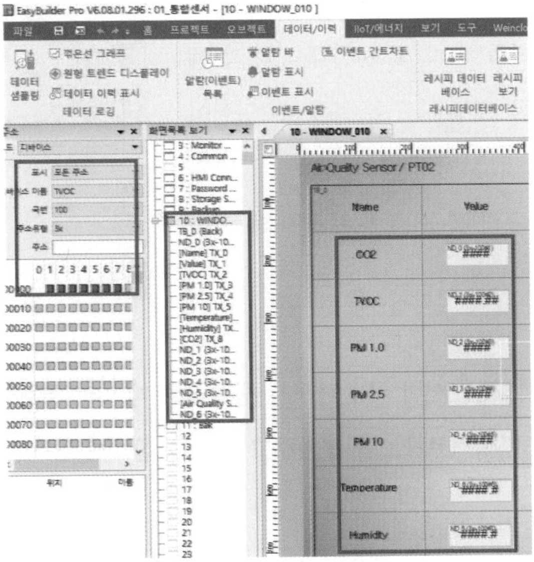

통합환경 PT02는 기본 슬라브는 '100'으로 지정되어 있습니다.

③ **수치 PT 02 오브젝트 이산화탄소**(CO2)**의 주소는 다음과 같습니다.**

디바이스 'TVOC'의 주소 3x에서 슬라브#이산화탄소 어드레스는 '100#1'이라고 표시합니다.

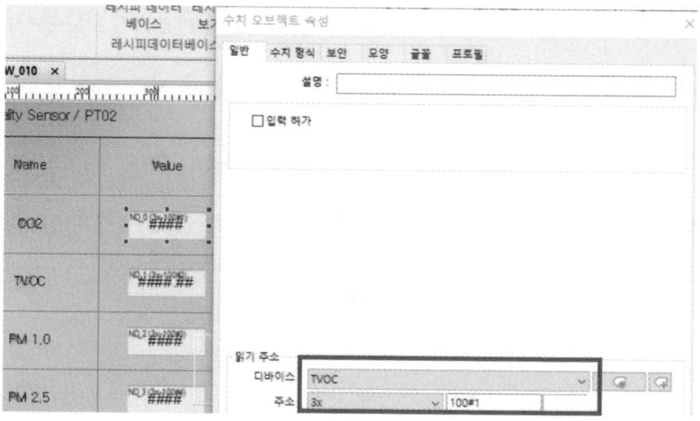

통합환경 센서 PT02의 센서별 오브젝트를 만든 후에 HMI 펌웨어 업데이트하면 다음과 같은 결과를 보여줍니다. 작화 화면에 이산화탄소부터 온·습도까지 7N1 개의 센싱 데이터를 보여줍니다. 센서 데이터를 날짜 및 시간대별로 각 센서 데이터를 저장해서 분석할 수 있어야 합니다. 그리고 저장된 데이터를 시각화해야 하는데, PT 02는 통합 데이터 저장할 때 가성비 좋은 제품입니다.

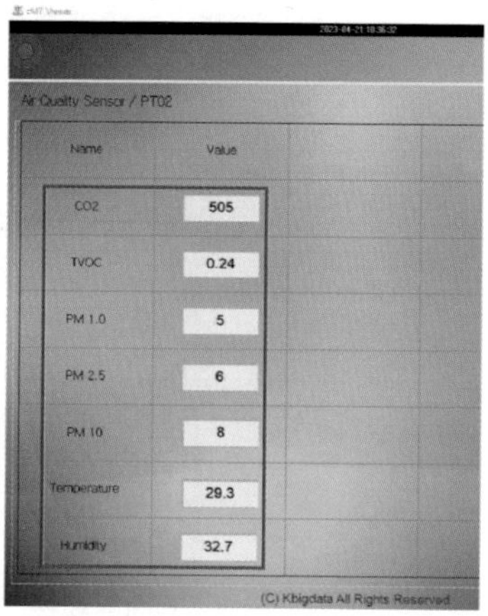

① **본 저서에서 SQL 서버 구축과정은 생략하고 데이터 접속하는 것만 확인합니다. MS SQL 익스프레스를 설치하고 접속을 합니다**(MS SQL은 별도 학습 과정).

② **센서 데이터가 저장될 테이블을 작성합니다**(서버 구축 및 SQL 설명은 생략). **해당 테이블 이름 'TVOC'로 저장 및 HMI와 연결합니다. 혹은 클라우드 및 웹 호스팅 데이터베이스를 이용합니다.**

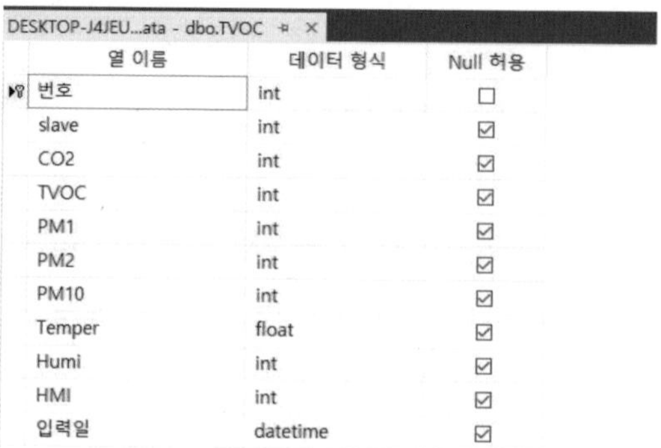
DESKTOP-J4JEU...ata - dbo.TVOC

열 이름	데이터 형식	Null 허용
번호	int	☐
slave	int	☑
CO2	int	☑
TVOC	int	☑
PM1	int	☑
PM2	int	☑
PM10	int	☑
Temper	float	☑
Humi	int	☑
HMI	int	☑
입력일	datetime	☑

① 메뉴에서 '데이터/이력그룹-데이터베이스-데이터베이스 서버'를 선택합니다.

② 데이터베이스 서버 연결 화면은 다음과 같습니다.

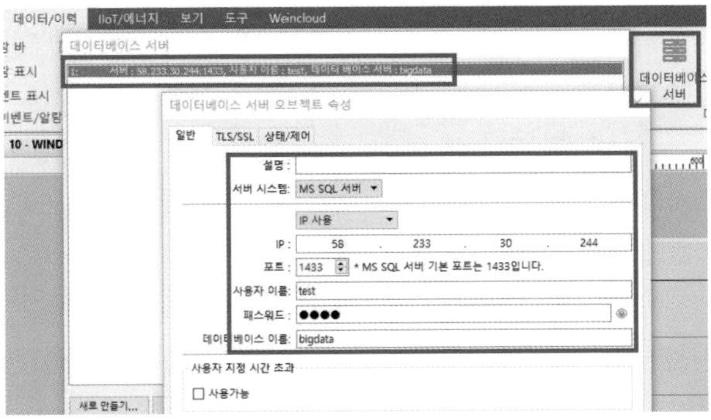

'새로 만들기'를 통해서, 서버 및 IP 및 패스워드 등을 설정합니다.

③ 'SQL 쿼리-SQL Query1'을 클릭합니다.

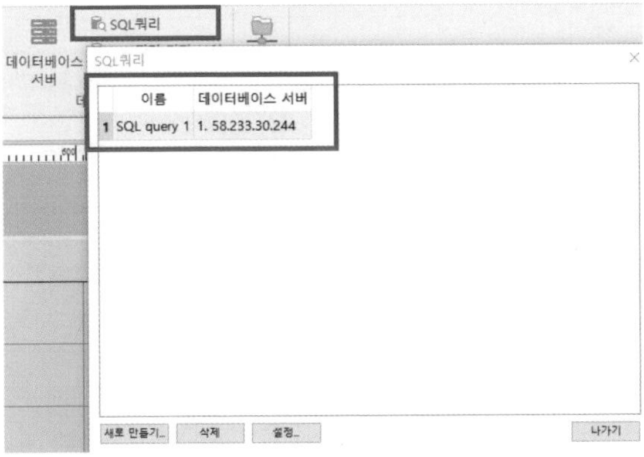

④ 새로 만들기를 클릭해서 HMI 추가 쿼리를 작성합니다.

디바이스: Local HMI의 임의 빈 주소 LW 31 값에 명령 ID 값으로 '1'을 지정하면 필드 '명령 ID'가 1인 센서 SQL 문의 데이터가 서버로 저장됩니다. 워드 LW는 임의로 빈 주소 값을 '31'로 지정합니다.

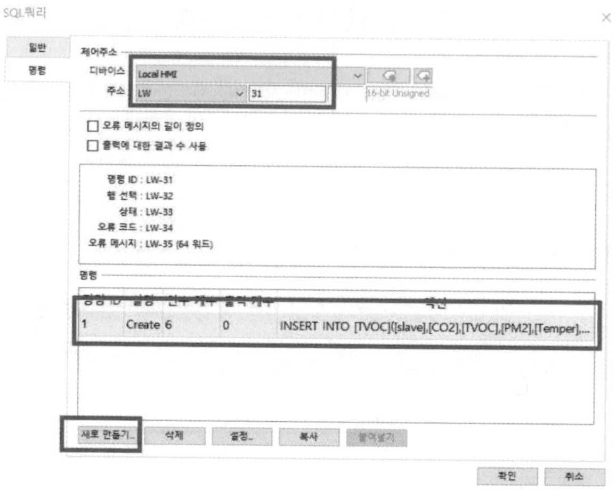

자세한 것은 앞 장에서 SQL 추가 쿼리에서 설명하였습니다.
'INSERT INTO [TVOC]([slave],[CO2],[TVOC],[PM2],[Temper],[Humi]) values(${1}, ${2}, ${3}, ${4}, ${5}, ${6})'와 같이 구문을 작성합니다.

데이터 테이블 필드의 순서에 맞추어서 추가 쿼리 인수 값을 지정합니다. 인수 값(${1}, ${2}, ${3} …)은 아래 순서대로 인수 숫자 값에 맞추어서 설정합니다.

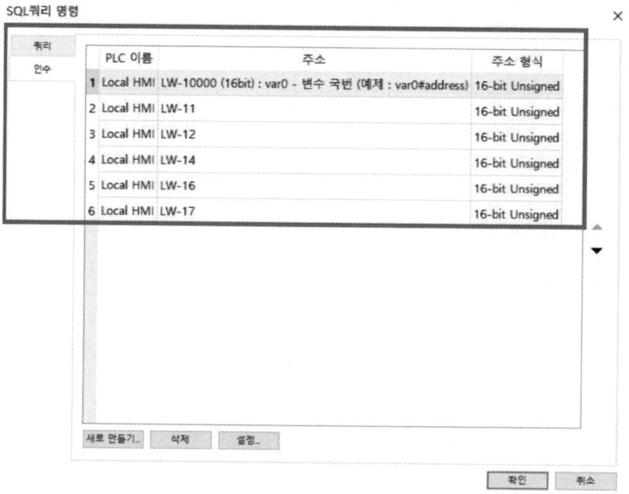

이제부터 센싱 데이터가 서버에 저장되도록 매크로를 작성합니다.

⑤ **메뉴 '프로젝트-라이브러리-매크로'를 클릭합니다.**

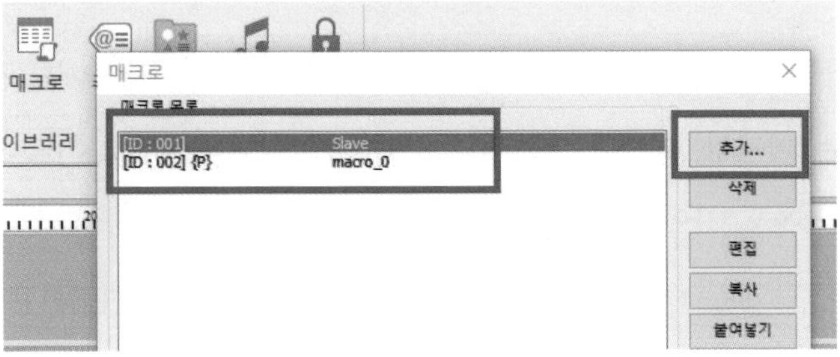

⑥ **변수 지정 및 매크로를 작성합니다**(웨인텍 매크로 매뉴얼 참조).

주기적 실행 체크하고 시간 간격 '50'으로 지정하면 5초마다 매크로가 실행됩니다.

작화 파일을 다운로드 받아서 학습할 것을 권합니다. Getdata, Setdata는 간단한 매크로라 생략합니다.

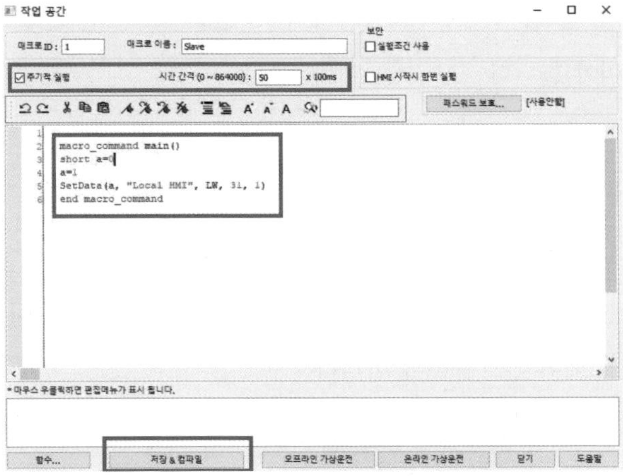

macro_command main()
short a=0
a=1
SetData(a, "Local HMI", LW, 31, 1)
end macro_command

⑦ **센서 데이터가 서버 저장되도록 펌웨어 위해서는 '프로젝트-다운로드**(PC→HMI)**'를 클릭합니다. 이제부터 실행하면 센서 데이터가 서버에 저장됩니다. 단, '저장 및 컴파일' 실행 에러가 없어야 HMI로 펌웨어 업데이트가 가능합니다.**

2. 기본 타이머 제어

스마트 팜에서 환경 센서를 컨트롤 제어한다는 것은, 농작물마다 센서 제어 컨트롤 높낮이뿐 아니라 시간대 다르게 컨트롤 제어합니다. 예로 온도 표준 25도라고 해서 밤낮의 온도 차이가 있다면 밤의 25도 맞추어서 가동하는 것이 아니라, 작물의 바이오 시간에 맞추어서 온도 표준화를 만들어서 제어해야 합니다.

본 저서에서 소개하는 스마트 팜은 다음과 같습니다. 온실별로 환경 센서 및 토양 센서 데이터를 컨트롤 제어해서 데이터 저장 및 분석합니다.

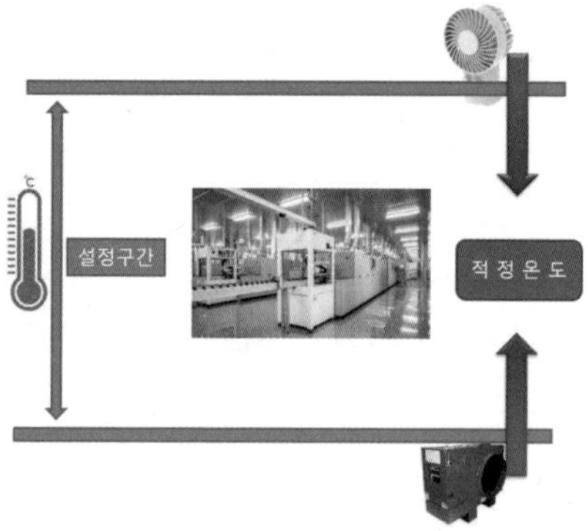

아래 그림처럼 작물 특성에 맞추어서 데이터 값 높낮이를 컨트롤 제어합니다.

기본적으로 센싱 범위 높낮이, 미적분 비례제어(PIR) 제어 필요, 즉 목표 값에 따라 센서가 제어되어야 합니다.

적절한 미적분 배합으로 컨트롤 제어를 해야 하나, 현재 스마트 팜 센싱 제품을 보면 미적분(PIR) 제어 수준을 벗어나지 못합니다.

실제 농작물을 제어하기 위해선 미적분 제어와 가동/비가동의 타임(Lead Time) 간격까지 고려해서 제어 컨트롤해야 합니다.

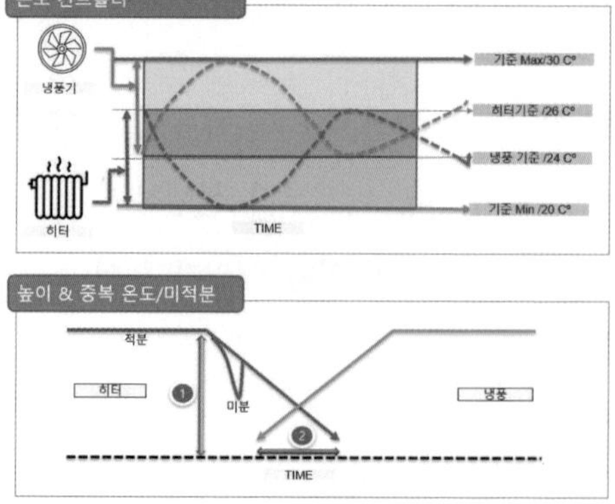

현재 값은 온도라고 가정합니다.

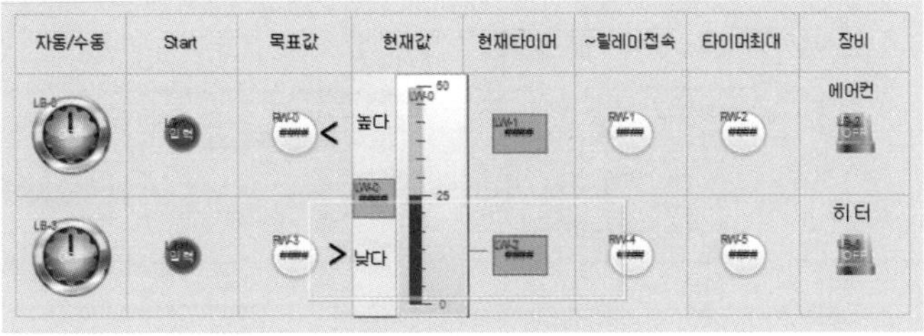

① 목표 값은 상위 25도 하위 20도라고 지정합니다. 현재 온도가 33도라고 가정합니다.

② 현재 값(33도)이 목표 값(25도)보다 높기 때문에 상단의 자동을 선택하면 오브젝트 Start 입력이 자동 체크 가동됩니다.

③ 릴레이는 현재 타이머 기준 0 값 기준부터 릴레이 접속 시간까지만 접점되며, 릴레이 접속 이후에 타이머 최대 설정까지는 릴레이가 무접점됩니다.

④ 접점 시간은 에어컨이 가동되며, 무접점 시간은 에어컨 가동이 중지됩니다.

⑤ 온도가 내려가지 않는다면 타이머 가동시간을 높여서 에어컨 가동으로 온도를 낮춥니다.

⑥ 기타 반대의 경우에는 하위 릴레이가 작동되어 히터로 온도를 높입니다.

[중요] 스마트 팜의 주소 값에 대한 설명은 생략하고 예제 다운로드로 대체합니다. 즉, 상단/하단 값에 대한 타이머는 다음과 같이 2개 상단/하단 설정합니다.

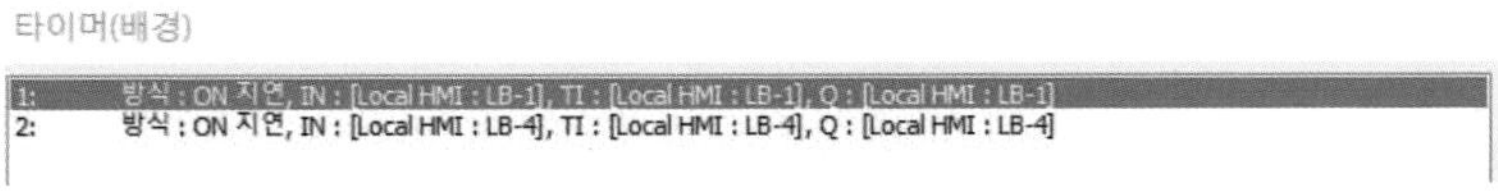

상단 타이머는 다음과 같습니다.

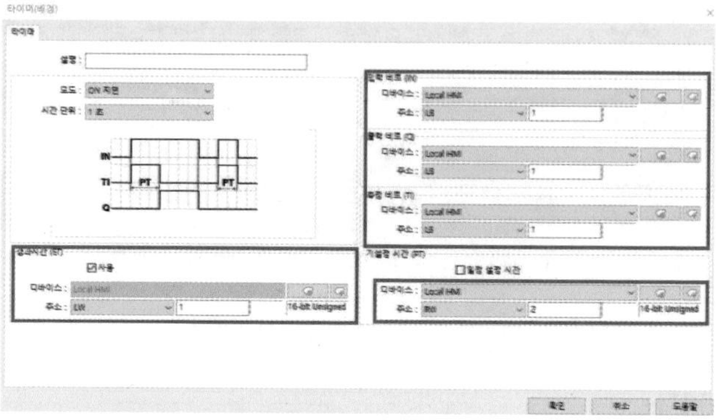

경과시간은 LW1, 입력/출력/측정 비트 LB1, 기설정시간은 RW2로 지정합니다. 하단 타이머는 다음과 같습니다

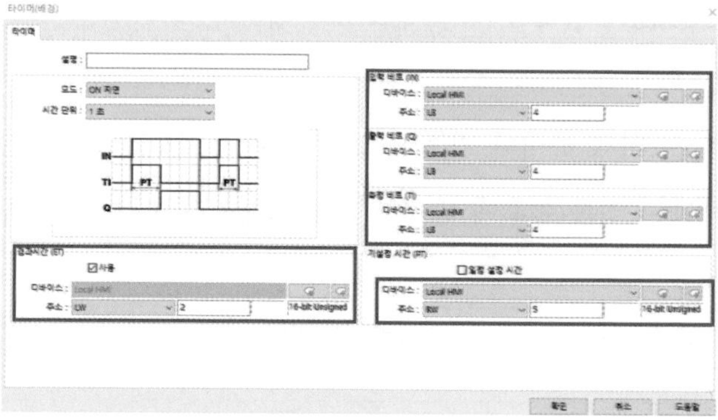

경과시간은 LW2, 입력/출력/측정 비트 LB4, 기설정시간은 RW5로 지정합니다.

매크로 분석은 기본 학습만 갖고 충분히 설명되기 때문에 생략합니다(스마트 팜 예제 다운로드). 이렇게 간단한 타이머로도 충분히 스마트 팜을 제어할 수 있습니다.

3. HMI 센서 제어

본 저서의 스마트 팜은 '각 센서가 자동 수동 설정되며, 센서 목표 값의 높낮이 따라 움직이면서 총 가동시간 중에 가동/대기를 조절하면서 변화 주기를 계산하는 반복 회수에 따라 다시 가동/대기 시간 간격을 조절'합니다.

센서	Value	자동/수동	총분	가동/대기	반복
CO2	600 이상		10	2 / 8	10
PM	600 이상		5	1 / 4	10
습도	80% 이상		10	5 / 5	10
	20% 이하		15	5 / 10	10
온도	30도 이상		20	4 / 16	무한
	20도 이하		10	8 / 2	1
토양수분율	80% 이상		10	2 / 8	10
	20% 이하		20	3 / 17	10
토양온도	30도 이상		10	2 / 8	10
	20도 이하		10	5 / 5	무한

① 즉 센서별 기준 높낮이 설정은 기본이고, 자동 수동 선택, 타임 간격까지 총가동 시간/대기 시간 및 반복 회수를 통해서 가동/대기 범위가 재조정되어야 합니다.

② Wellpro WP8025ADAM 릴레이를 RS485로 HMI와 연결합니다.

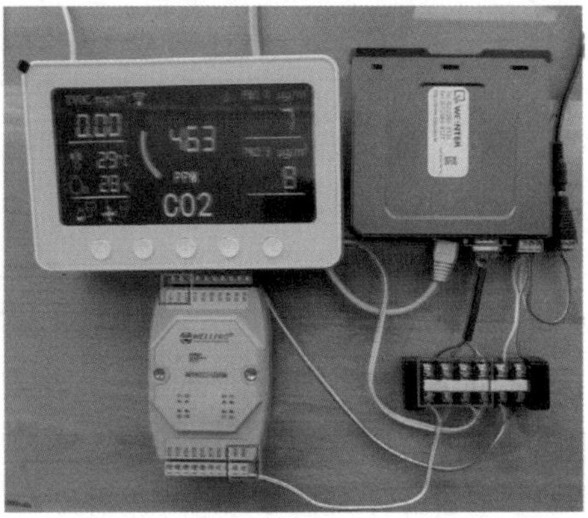

③ Com2는 빨간색/A, 검은색/B와 Wellpro A/B를 연결합니다.

④ 메뉴 '시스템파라미터'는 릴레이를 다음과 같이 Com2에 연결합니다(설명 생략). 앞에 설명한 시리얼 COM3, 2에 대한 학습이 요구됩니다.

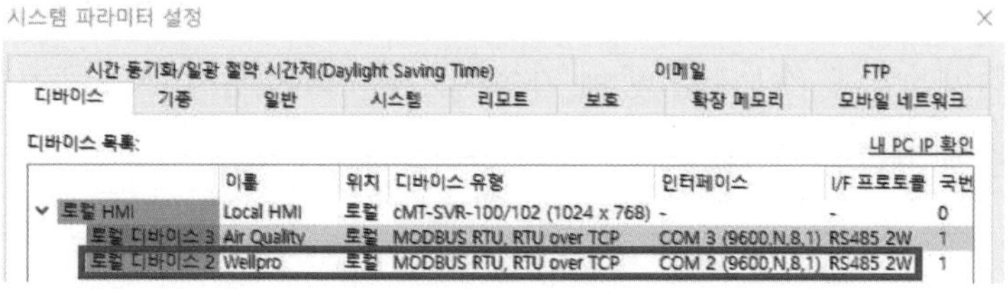

⑤ 메인 작화 화면에서 오브젝트 디바이스/Wellpro, 주소/0xSingle_Bit 1#1 추가합니다. 나머지 동일한 방법으로 7개 버튼을 추가합니다.

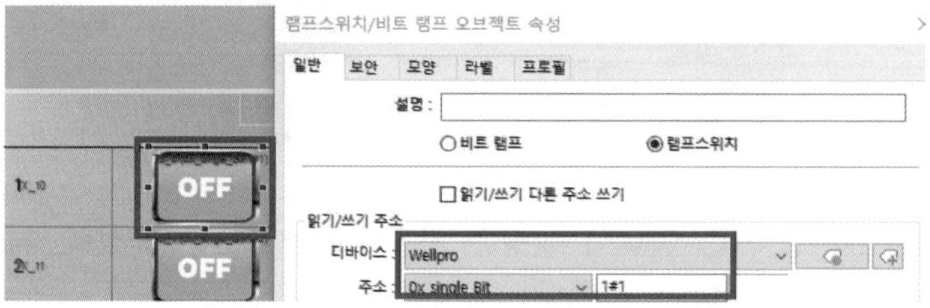

'이지빌더프로'의 작화 메인 화면(WINODWS10)은 다음과 같습니다.

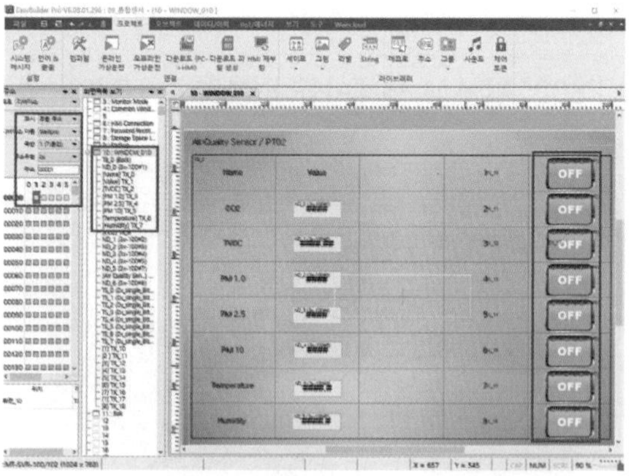

⑥ 다음 HMI에 펌웨어 업데이트를 합니다. 그리고 CMT Viewer에서 OFF 버튼인 '1, 3, 5, 7'을 클릭하면 체크박스로 변경됩니다.

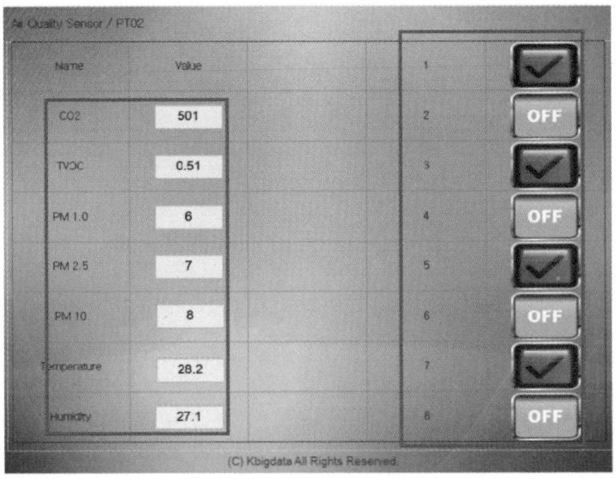

그리고 실제 'Wellpro Relay' 화면은 다음과 같습니다. 릴레이 '1, 3, 5, 7' 전원 시그널 'ON'된 것을 확인합니다.

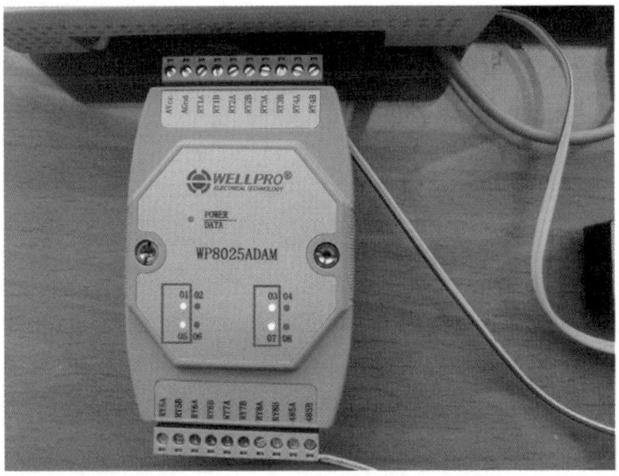

⑦ **통합환경 센서 PT02 데이터가 저장되고, Wellpro 릴레이를 클릭, 각 접점을 확인합니다.**

위와 같이 구성한 후에 펌웨어를 한 후에 CMT Viewer에서 확인하면 쉽게 이해가 갈 것이며, 바로 현장에 사용할 수 있습니다. 하나씩 수정 변경하면서 자신에 맞는 스마트 팜으로 변경하여 사용하는 데 목적이 있습니다. 학습은 HMI 5~6장 정도의 학습으로 충분합니다.

4. 스마트 팜 완성 소개

1) K Smart Farm I

① 스마트 팜 목표는

ⓐ 맞춤 제어(수동/자동, 날짜/시간 비례 제어(PID), 타이머 제어)

ⓑ 빅데이터 플랫폼 구축(센서 데이터 저장 및 분석)

센서 구성은

ⓐ HMI: Weintak CMT SVR 102, 202

ⓑ Sensor

- Air Quality Sensor(CO_2, TVOC, PM, 온·습도)
- WellPro Relay 8P

즉, 최적의 ICT 기반의 스마트 팜 플랫폼을 개발하는 데 목적이 있습니다.

② 스마트 팜 구성은 다음과 같이 각 연구동/온실별 작물에 따른 릴레이로 별도 제어합니다. 센서의 데이터는 서버에 저장되고, 데이터를 분석합니다. 통신 거리가 있다면 환경 센서를 로라 통신으로 확장 적용 가능합니다.

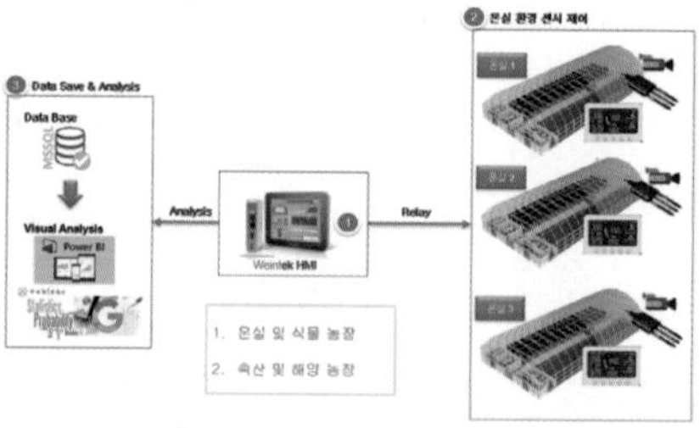

각 센서 목표 값을 직접 입력 혹은 비례(PID) 제어 및 시간대 목표 임계 값 관리를 합니다. 즉, 온실별로 환경 정보를 수집 및 릴레이 제어하는데, 릴레이 대상은 냉/히터, 측/천창, 도어, 관수 관리에 적용할 수 있습니다.

③ **센서 제어에는 3가지 방법이 있습니다.**

ⓐ 수동제어

직접 ON/OFF Relay 제어, 현재 스마트 팜 제어는 수동 혹은 센서 고정 임계치 설정 제어

ⓑ 날짜/시간별 Timer 비례 제어(PID)

현재 날짜 기준으로 과거 특정 날짜까지 시간대별 센서 평균 데이터로 상/하 임계치 컨트롤 제어

ⓒ 목표 값 Timer 제어

시간대별 센서 가동/비가동 임계 값 설정, 임계 값과 실제 값 간의 가동/비가동 비율 간격 조정 그러면 기존 스마트 팜은 어떤 문제점을 갖고 있는가?

현재는 ON/OFF Relay 제어 수준

– 현재 스마트 팜 제어는 수동 제어 혹은 고정 임계치 설정 제어, 유선 배선 위주의 제어 방식

– 전기 공사 중심의 스마트 팜 개발, 스마트 팜 제어 수준이 낮음

– 농민의 스마트 팜에 대한 인식 및 관리 부재, 단순 비례 제어의 수준

– 센서별 고정 임계 값 설정 관리 수준

④ **기존 일반 제어는 단순 PID(미적분) 방식이며, 타이머 비례 제어는 다음과 같습니다.**

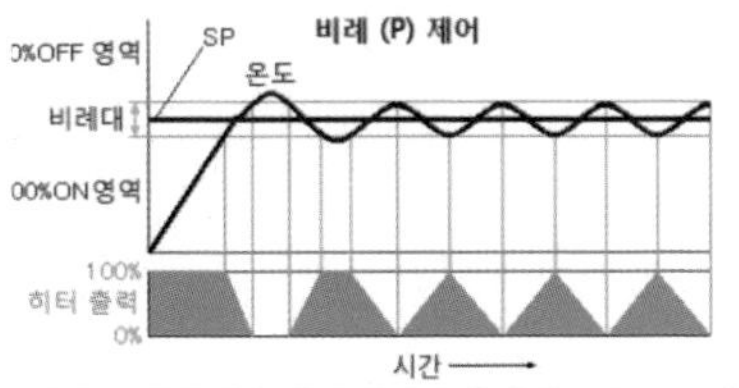

본 저서에서는 날짜/시간 비례 타이머 제어는

ⓐ 구간 날짜까지의 시간별 센서 평균 임계 값 상하 제어

ⓑ 데이터 기반의 타이머 가동/비가동 % 간격 설정을 학습합니다.

즉, 다음과 같이 비례 타이머 제어처럼

– 임계 상하 관리

– 시간 기준, 타이머 가동/비가동 %를 합니다.

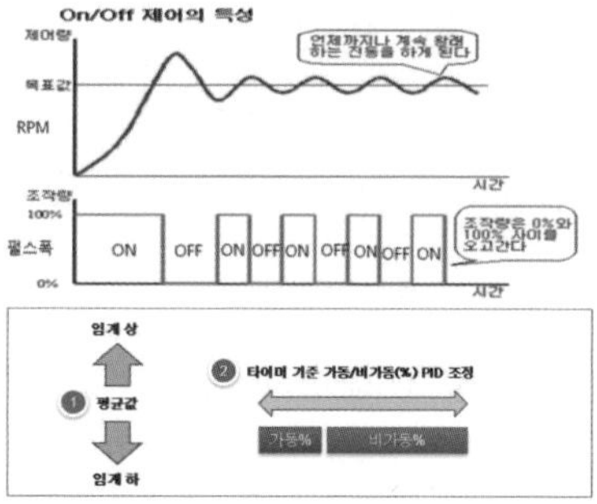

⑤ **HMI로 작화를 펌웨어 업데이트합니다.**

서버에서 센서별 Target 목표 값, 시간대별 입력 임계 값 혹은 비례 AI 임계 값 가져오기 선택 제어 가능합니다.

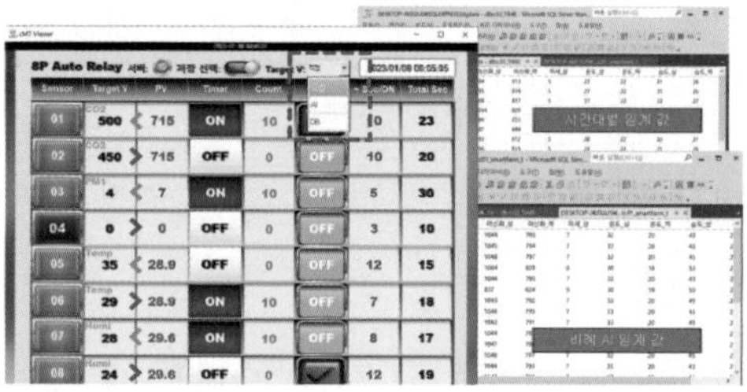

버튼 '01'을 보면 PV '715'가 Target '500'보다 크면– 타이머 'ON', 총 순환 반복 Total Sec 23초, 'sec ON' 10초까지 릴레이가 'ON'이 되도록 매크로를 작성합니다. 즉, 8개 릴레이를 순환 반복으로 검색되도록 Loop 릴레이를 '1~8'까지 센서 '목표 값/실제 값'의 높낮이 컨트롤합니다.[5]

2) K Smart FarmII

두 번째로 연구용 스마트 팜을 소개합니다. 특정 작물을 연구하기 위해서 실험실별 각자 공조 시설까지 만들었습니다. 그리고 실험실별 작물의 온실 내 온·습도, 토양 수분율/온도를 측정합니다.

전체 구성은 다음과 같습니다. 실험실별로 온·습도 및 토양 센서가 RS485

5 매크로 학습은 예제 파일 참조 바랍니다.

Modbus 통신으로 연결되어 있으며, 데이터가 서버에 저장되고, 저장된 데이터를 MS Power BI로 분석을 합니다(첨부파일 참조). 실험실마다 온/냉방 공조 시설이 되어 있어서, 데이터 저장 및 분석 과정을 소개합니다.

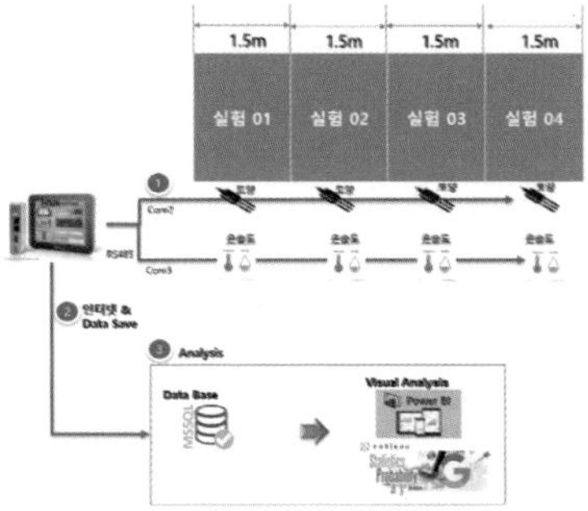

실험실별 Sector의 공조시설은 별도로 각 온냉방 제어기를 설치합니다. 지금부터는 HMI 작화 화면에서 '시스템파라미터'를 다음과 같이 설정합니다. Com3(통합 센서), Com2(토양 센서)를 각각 센서를 연결합니다. 메인 화면에는 COM3에 연결된 통합환경의 습도/온도/조도 등 센서와 연결합니다.

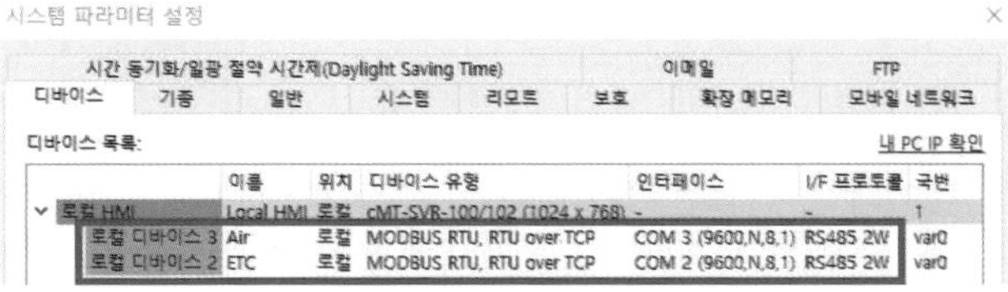

수치 오브젝트로 습도 및 온도의 소수점 자리를 지정합니다.

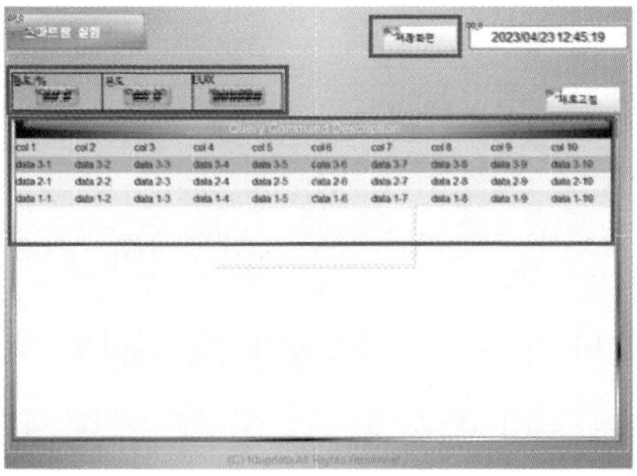

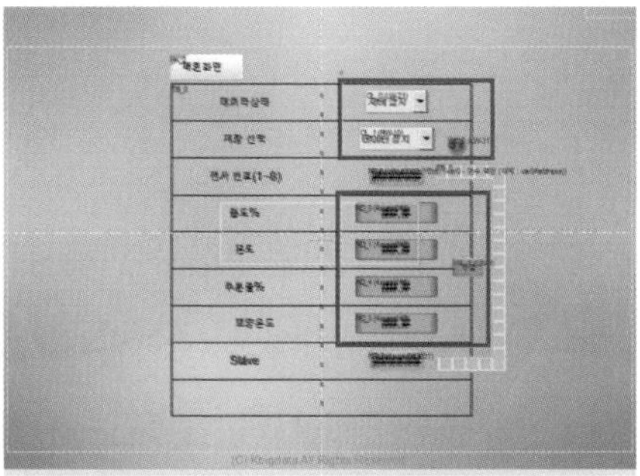

오브젝트 화면에서 '저장 화면' 버튼을 이용해서 다른 화면으로 이동하도록 버튼을 추가합니다.

그리고 데이터베이스 그룹의 'SQL 쿼리 결과 뷰어'를 클릭해서 중간 아래에 저장된 센서의 데이터를 확인합니다.

'12번 작화 화면'은 다음과 같이 구성되어 있습니다.
데이터 상태 및 저장 선택은 데이터를 컨트롤해서 저장하는 기능입니다.
그리고 실험실별 일반 온도/습도 그리고 토양 수분율/토양 온도가 반복 실행 저장합니다.

SLQ 실행 주소는 LW 31에 저장되어 있으며, 각 실행의 명령 ID SQL 구분은 다음과 같습니다.
명령 ID 1번은 토양 수분율/토양온도 데이터가 저장되는 것이며,
명령 ID 2번은 일반 온도/습도 데이터가 저장되는 것이며,
명령 ID 3번은 '10번 작화 화면'에서 SQL 데이터를 선택한 것입니다.

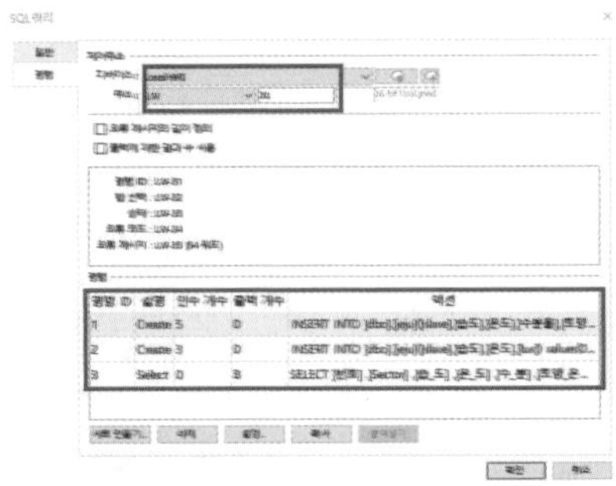

매크로 부문은 생략하며, 9장에서 스마트 팜 데이터 시각화 부문을 학습합니다.

3) 스마트 팜 통신 문제 해결 방법

스마트 팜을 운영하기 위해서는 기본적으로 인터넷이 설치되어 있어야 스마트폰으로 HMI를 제어할 수 있습니다. 만약 인터넷이 안 된다면 인터넷이 가능한 장소부터 안 되는 지역까지 로라 통신망으로 연결하면 문제가 해결됩니다. 데이터 처리 속도에 별문제가 없다면 로라 통신을 이용해서 센서 데이터 컨트롤 합니다. '로라 통신도 인터넷 개통이 필수라면 어떻게 HMI 인터넷 연결 문제를 해결하는가?'라는 질문을 해봅니다. 로라 통신 연결 방법

은 다른 방법으로 소개하도록 합니다.

기본 통신 문제를 해결하는 3가지 방법을 소개합니다.

먼저 HMI을 USB로 인터넷 접속이 가능하도록 다음과 같이 셋업합니다.

HMI의 '시스템파라미터-모바일네트워크'의 '데이터 테더링'을 설정합니다. 그리고 작화 화면에 LW 11377을 활성화하도록 '1'을 입력합니다. HMI에 USB에 인터넷이 연결된다면 LW 11378은 '0', LW 11379는 '3'으로 표시됩니다.

① USB LTE 4G 통신을 지원하는 제품에는 '화웨이 E8372'가 있습니다. 각 핸드폰 통신사 지점을 방문해서 별도 핸드폰 약정으로 데이터 통신 요금제로 등록합니다. 이후 화웨이 USB Router를 PC 넣고 셋업을 클릭 설치합니다.

셋업 인터넷 하며은 아래와 같습니다

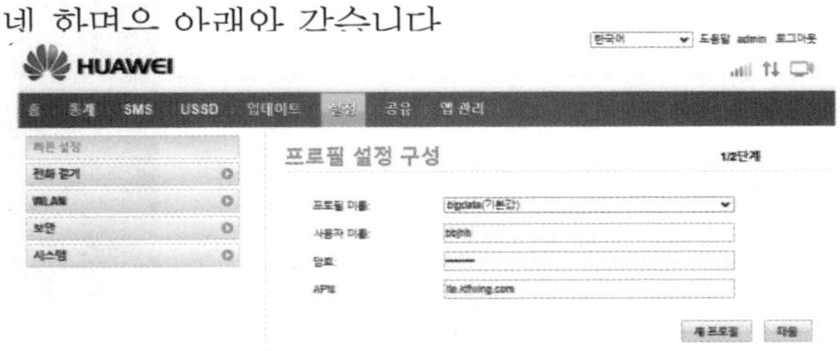

자세한 것은 인터넷에 '화웨이 E8372'를 검색하시면 설치 방법이 자세히 나와있습니다. 설정 완료 후, HMI USB에 연결하면 HMI가 인터넷 연결되어 서버에 데이터를 저장합니다.

② **데이터 나눠쓰기를 허브 분배기 연결**

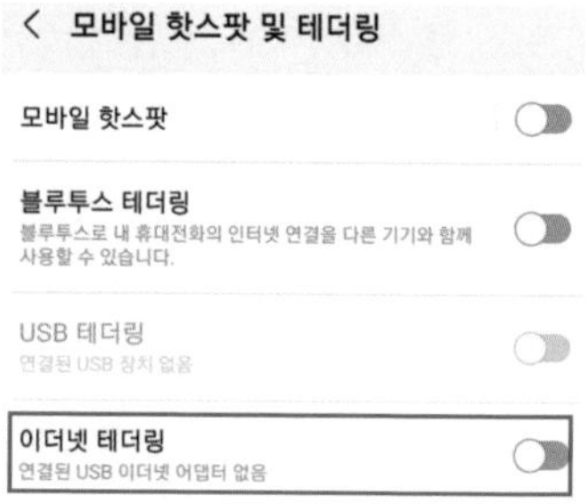

최근에는 스마트폰에서 데이터 나눠 쓰기가 가능합니다. 통신사 지점에 공기계 스마트폰을 갖고 방문해서 기존 핸드폰 데이터 나눠 쓰기를 신청합니다. 공기계 스마트폰 메뉴에서 '이더넷 테더링'으로 설정합니다.

데이터 나눠 쓰기를 하기 위해서 공기계 스마트폰 C 타입과 허브 분배기 메인 C 타입을 연결합니다. 그리고 허브 분배기 RJ45를 HMI RJ45에 연결하면 인터넷이 연결됩니다.

시중에 다양한 허브 분배기가 있습니다. 다양한 슬립트가 있는 것도 있고, 단순히 C 타입과 RS45만 있는 간단한 허브 분배기도 있습니다. 이중 나에게 맞는 걸 사용하면 됩니다.

③ **데이터 나눠쓰기를 공유기 연결**

공기계 스마트폰을 갖고 통신사 지점을 방문 및 설정은 앞과 동일합니다. 공기계 스마트폰은 매뉴얼에서 '서비스 실행-데이터 테더링'을 클릭합니다.

공기계 스마트폰의 C 타입과 공유기 USB를 연결합니다. 공유기 매뉴얼에서 USB 테더링 '실행'을 선택합니다. HMI RJ45와 공유기 RJ45를 연결하면 인터넷이 연결됩니다.

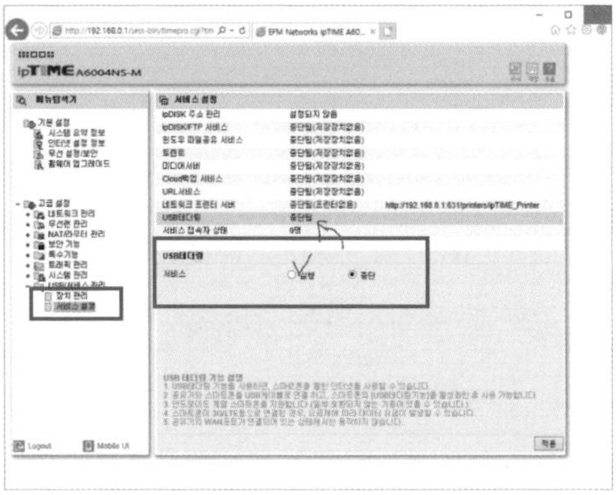

즉, 다음과 같이 HMI 통신 문제를 3가지 해결 방법을 소개합니다.

1번, USB LTE 4G 연결

2번, 공기계 스마트폰과 허브 분배기 해결

3번, 공기계 스마트폰과 인터넷 공유기 연결

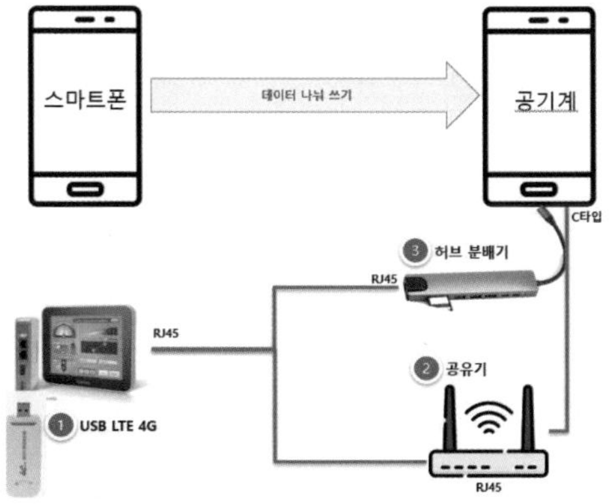

스마트폰의 데이터 나눠 쓰기로 스마트 팜 통신 문제를 해결할 수가 있습니다. HMI 접속 처리 속도 결과, 공유기가 30ms, USB LTE가 120ms, 허브 분배기 150ms지만 HMI 데이터 서버 저장하는 데 별문제가 없습니다.

제8장

스마트 팩토리 실전

스마트 팩토리를 구글에 검색하면 "스마트 팩토리는 설계 및 개발, 제조 및 유통 등 생산과정에 디지털 자동화 솔루션이 결합된 정보 통신 기술(ICT)을 적용하여 생산성, 품질, 고객만족도를 향상시키는 지능형 생산공장으로, 공장 내 설비와 기계에 사물인터넷(IoT)을 설치하여 공정 데이터를 실시간으로 수집하고, 이를 분석해 스스로 제어할 수 있게 만든 미래의 공장이다."라고 정의를 내려져 있습니다.

스마트 팩토리 등장 배경의 정의는 "21세기에 들어서면서 인구 고령화로 인해 숙련된 노동자들이 점차 줄어들게 되었고, 트렌드가 빠르게 변하면서 제품의 수명주기가 급격히 줄어들게 되었다. 여기에 소비자들의 니즈가 다변화, 다양화되면서 개인 맞춤형 생산이 요구되고 경제 구조가 제조업에서 정보 기술(IT)을 포함한 서비스업 중심으로 옮겨가면서 전통적인 제조업은 큰 타격을 입게 되어 제조업의 혁신이 요구되었다. 이로 인해 '스마트 팩토리'가 등장했다."라고 내립니다.

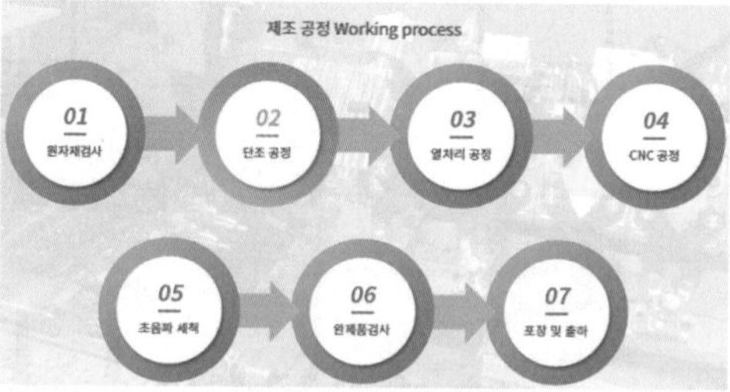

그리고 스마트 팩토리 특징은 "지금까지의 공정 자동화 기술은 각각의 공정별로만 자동화가 이뤄져 있어 전체 공정을 유기적으로 관리하기 어려웠다. 하지만 스마트 팩토리는 ICT 기술 덕분에 모든 설비나 장치가 무선통신으로 연결되어 있어 전후 공정간 데이터를 자유롭게 연계할 수 있고, 이를 통해 보다 유기적이고 통합적인 최적의 생산 환경을 이룩할 수 있게 되었다. 관리 외적으로 비용 효율성도 높아 스마트 팩토리가 구현하면 더 이상 값비싼 노동력에 의지하지 않아도 되고, 대량 생산이 야기하는 재고의 불확실성 문제에서도 자유로워졌다. 또한, 자동화를 통해 생산 라인의 유연함이 더해져 개인 맞춤형 상품을 합리적인 가격에 즉각적으로 생산할 수 있게 되었다. 스마트 팩토리는 기존의 중앙집권형 생산체제를 바꾸고 제조업이 생산의 분권화와 자율화를 가능하게 만든 것이다. 그러나 제조공정의 자동화는 아직까지 갈 길이 멀다. 제조공정 혹은 물류 부문 등에서 정형화하기 어려운 부분들은 여전히 사람이 처리하고 있으며, 이를 자동화할 수 있는 비정형 자동화 기술의 발전이 이루어져야 궁극적인 스마트 팩토리 구축에 다가갈 수 있다."라고 지적합니다.

구글에서 설명하는 정의 및 특징을 근거로 스마트 팩토리 작화를 직접 만들어 봅니다.

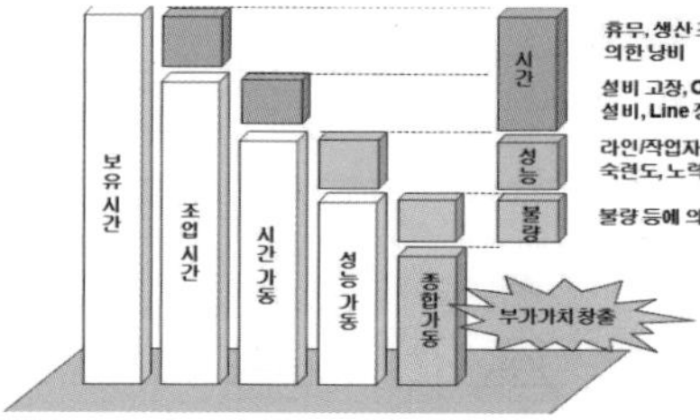

그렇다고 본 저서에서 다양한 팩토리 내용을 다룰 수는 없지만, 공장에서 제일 많이 사용하는 프레스 공정관리를 설명합니다. 기본적으로 원자재 검사를 해서 입고한 후 단조, 열처리해서 CNC 공정으로 넘어갑니다. 다음 세척 공정을 거쳐 QC를 한 후에 제품을 포장 출하를 하는 것이 일반적인 공정입니다.

본 저서에서는 '단조 공정 → 냉각 공정 → 트림 공정만 있다.'라는 가정하에서 단조 프레스 공정만 설명합니다. 여기서 단조 프레스 CNT 설비 공정을 통해서 가동률, 불량 등을 계산합니다. 총 가동 시간 관리는 다음과 같습니다.

일반적 생산 관리 공식입니다.

기호	용어	산출내역
A	보유시간	▪ 24Hr/일
B	계획정지	▪ 행사 및 교육, 교체등의 계획 정지
C	비계획정지	▪ 설비의 가동이 돌발 중단된 시간
D	가동시간	▪ 부하시간 - 정지시간
E	이론C/T	▪ 표준조건하에서의 단위작업시간
F	생산량	▪ 생산계획상 생산해야 할 량
G	투입량	▪ 설비에 투입된 량
H	불량량	▪ 불량으로 발생된 량

▪ 종합효율 = 시간가동율 x 성능가동율 x 양품율

▪ 시간가동율 $= \frac{D}{A} = \frac{\text{가동시간}}{\text{부하시간}} \times 100(\%)$

▪ 성능가동율 $= \frac{E \times F}{D} = \frac{\text{이론CT} \times \text{생산량}}{\text{가동시간}} \times 100(\%)$

▪ 양품율 $= \frac{G-H}{G} = \frac{\text{투입량} - \text{불량량}}{\text{투입량}} \times 100(\%)$

최종 산출결과에 대한 리드 타임(Lead Time) 계산입니다.

	정의	산출식	예시
Tact Time	-요구하는 생산목표를 달성하기 위해 제품 하나를 생산하는데 필요한 시간	가동시간 / 필요생산수량	1,901,400 (초) / 75,906 (대) ≒ 25 (초)
Neck Time	-전체 공정에서 1 Cycle의 작업시간이 가장 높은 공정의 시간 -현 공정상에서 제품의 생산능력을 좌우하는 시간	Max. Cycle Time	18 (초)
Cycle Time	-단위 공정별 1 Cycle의 작업에 소요되는 시간		단위공정 1 = 18 (초)
Standard Time	-표준화된 작업환경에서 일정한 작업방법에 따라 보통 정도의 숙련된 작업자가 정상적인 속도로 작업을 수행하는 시간	표준시간 = 정미시간 + 여유시간	16.5 (초)
Lead Time	-단위공정별 작업을 수행하는 시간 및 공정 대기시간에 필요한 일정의 소요되는 시간	Lead time = Σ(Cycle time + 대기시간)	1,200 (초)

이 정도로 해서 전체 구성 및 가동률, Lead Time 설명을 마감하고, 실전 프레스 선반 공정을 시작합니다. 작업자가 프레스의 양수 프레스 버튼을 누르면 접점 출력 릴레이가 된다는 가정 하에 KIT 제품을 연결해서 생산 관리가 가능하도록 제작합니다.

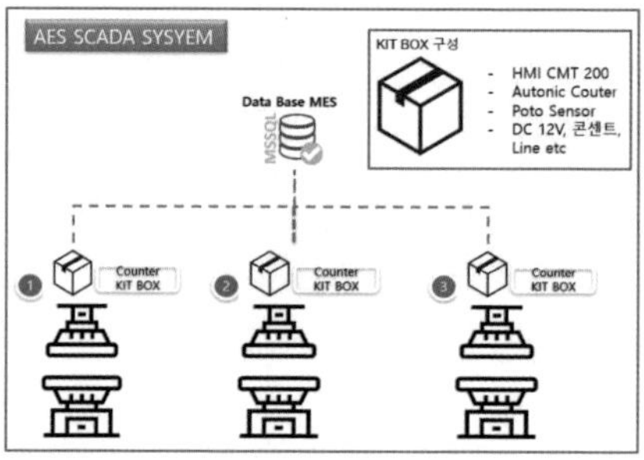

다음과 같은 자재들이 필요합니다(자재 제품 설명 생략).

ⓐ 전원 스위치(배선, 누전)

ⓑ SMPS DC 24V

ⓒ HMI 패널

ⓓ HMI CMT SVR 102

ⓔ Wellpro DI /DO

ⓕ 릴레이 4P

ⓖ 푸시 및 로터리 스위치

공정 작업자는 작업 현황을 액정 패널 화면에서 스위치 및 로터리 버튼을 클릭하기보다는 실물 버튼을 클릭을 선호합니다. 각 제품 센서 소개는 앞에서 설명한 관계로 생략합니다.

1. 전체 구성

메인 화면연결은 다음과 같습니다.

① 누전 차단기와 SMPT와 전원 220V 연결합니다.

② SMPT 24V를 HMI 및 Wellpro WP8028의 전원을 연결합니다.

③ HMI와 WellPor WP8028의 RS485를 연결합니다.

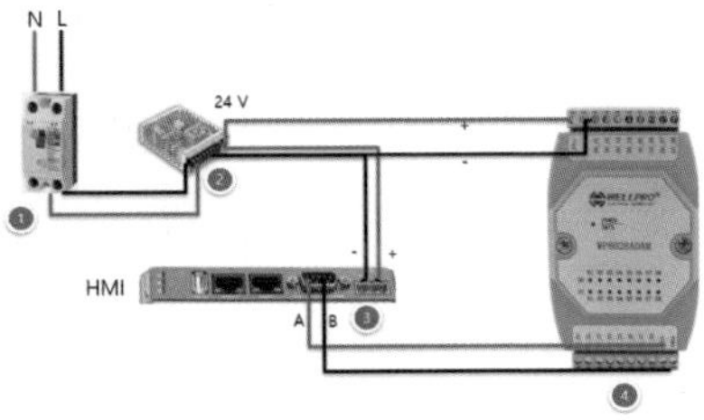

Wellpro 'WP8028'의 연결은 다음과 같습니다.

① DI와 버튼 간 NPN 방식으로 연결합니다.

② DO와 릴레이 IO link에서 INPUT을 연결합니다.

③ IO LINK와 램프와 전원 220V 연결해서 가동할 때는 점등되도록 만듭니다.

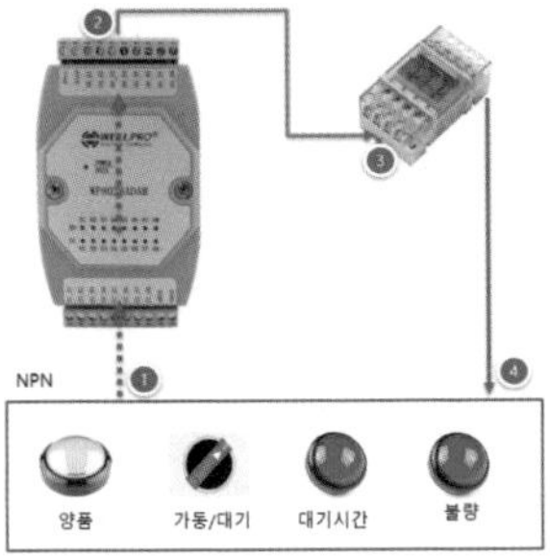

마지막으로 HMI의 데이터가 보이도록 패널과 연결합니다.

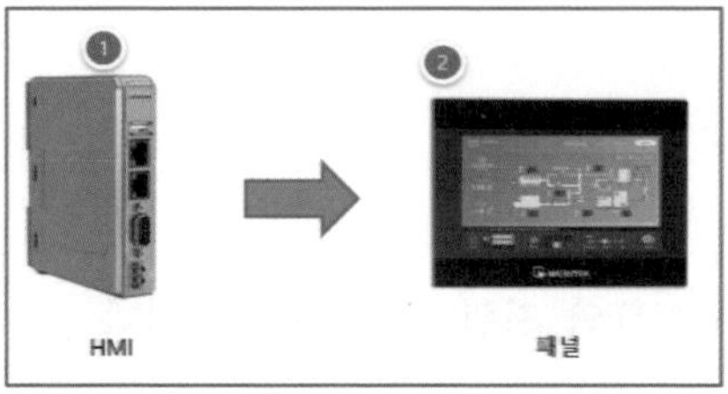

지금까지 전체 연결 구성을 알아봤습니다.

최종 제품은 전장박스 200×300 MM에 설치합니다. 즉, 작업자가 호기별 프레스에 맞추어서 프로젝트별 목표 수량에 맞추어서 생산을 합니다. 작업 매니저가 프로젝트 번호 기준으로 여러 호기별 생산 수량을 분할, 혹은 생산량을 하나의 호기에서만 생산하도록 지시할 수가 있습니다. 즉, ICT 플랫폼 생산 관리는 MES 데이터와 연결되어서 생산이 진행되어야 이중 작업을 안 하고 실제 데이터를 통해서 정확한 생산 관리가 가능합니다. 만약 MES 기준으로 생산 관리를 운영한다면 차후 담당자가 실제 생산량 기준이 아니라 임의 조정 입력이 가능합니다. 매니저가 확인하고자 하는 것은 실제 생산량의 히스토리입니다.

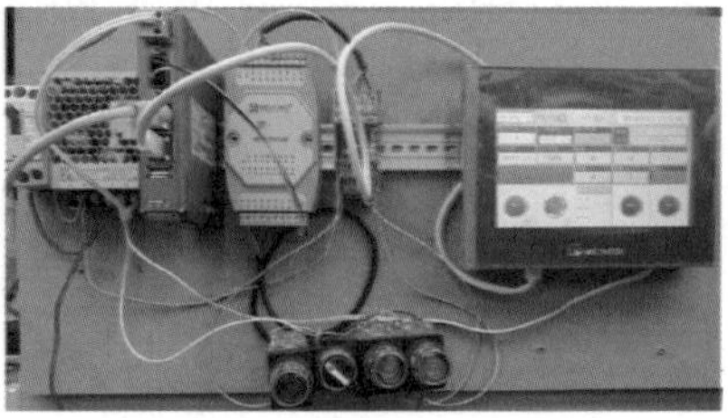

먼저 작업자가 프레스 생산 시작점인 양수 버튼을 클릭합니다. 양수 버튼 클릭 동시에 PLC에 릴레이 접점을 개발합니다. IO Link 릴레이가 접지되어 푸시 버튼에 라이트가 켜지면 생산 수량 1이 추가되도록 개발합니다.

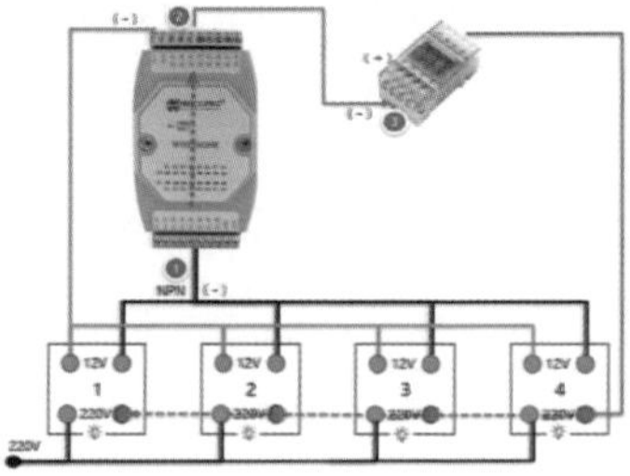

① **먼저 작업 순서에 따른 작화를 학습합니다.**

생산 공정관리에 필요한 다양한 오브젝트인 콤보 리스트, 푸시 버튼 등을 학습합니다. 그리고 서버 연결 상태의 콤보 리스트는 서버에 자동 연결 정보를 보여줍니다.

양수 버튼 선택을 클릭해야, 접점 데이터가 서버에 저장할 수 있도록 개발합니다. 버튼(호기 선택)은 Address RW로 지정된 것을 확인할 수가 있습니다. RW 주소 값으로 지정한 이유는 정전 등 상황에 따라 HMI가 재부팅되더라도 최종 마지막 값을 메모리에 저장해서 값을 가져옵니다. 만약 주소 RW가 아니라 워드 LW라면 재부팅 시에는 '0' 값으로 초기화 변경되어, 호기별 MES(생산 지시 관리)에서 오더 번호의 정보를 갖고 오지 못하지만, RW는 호기 정보를 불러와서 MES에서 호기별 실제 오더 정보까지 읽어 올 수 있습니다.

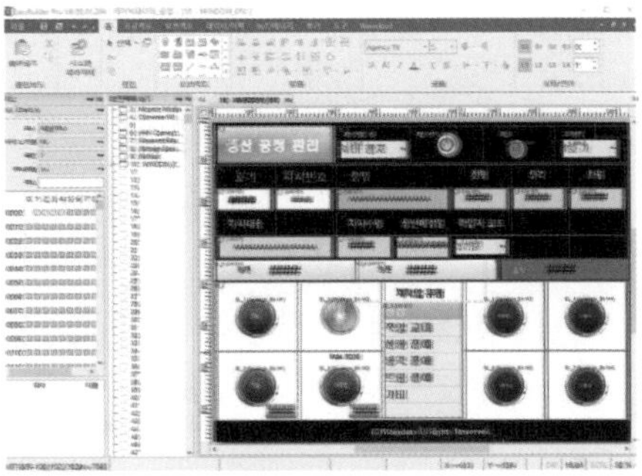

② **메뉴에서 [PLC 제어 기능]을 학습합니다.**

푸시 버튼을 클릭 접점되면 데이터가 서버에 저장되도록 하는 릴레이 정보의 기능입니다.

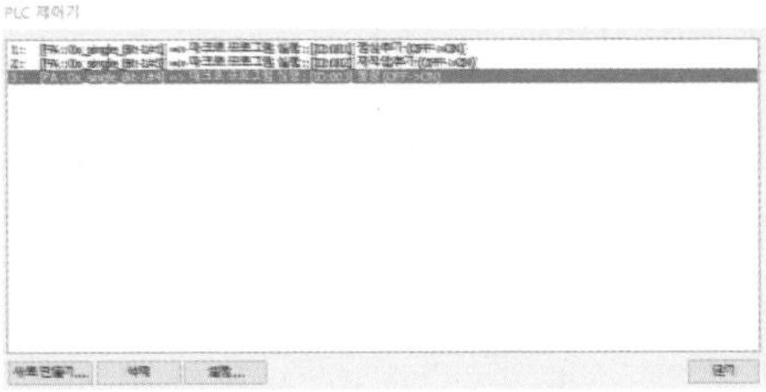

③ **푸시 버튼 클릭하면 해당 정보에 따라 타이머를 가동합니다.**

예로 생산 양품 생산하는 표준 기간 동안은 타이머가 들어와서 접점까지 램프가 시그널이 'ON'된 상태를 보여줍니다. 만약 제품 생산이 불량일 때는 5초간 불이 켜져 있도록 지정할 수도 있습니다. 이와 같이 다양한 기능을 수행할 때 사용됩니다. 타이머를 보시면 1, 3, 4 펄스 방식이 적용되었고, 2번만 ON 지연방식으로 타이머를 사용하였습니다.

펄스와 ON 지연은 많은 차이가 있습니다. 펄스는 특정 전압이 가해질 때, 다른 전원에 영향을 미치게 할 수 있지만, 로터리 스위치처럼 OFF와 ON로, 지속적으로 ON 되도록 켜져있을 때 사용합니다.

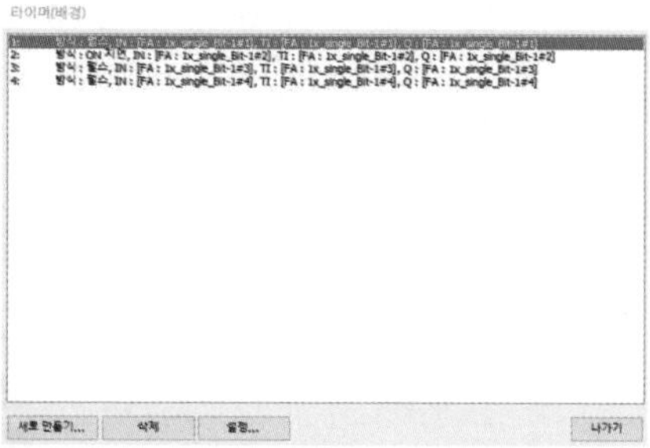

④ **생산관리 공정관리 서버 설정을 학습합니다.**

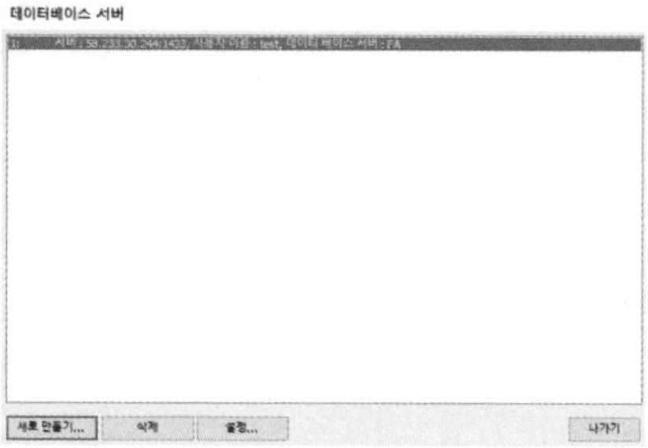

⑤ **SQL 쿼리를 학습합니다.**

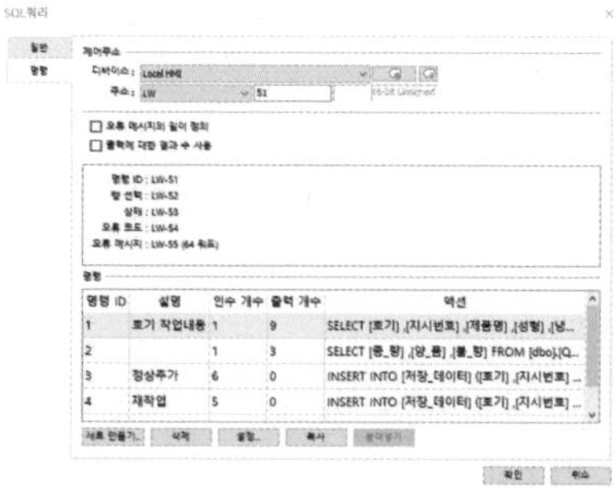

⑥ **매크로를 학습합니다**(모든 소스는 다운로드).

새로고침 및 불량까지 매크로를 자세히 학습합니다(기본 학습으로 대체).

2. 작화 화면

메인화면(10 Windows)를 보면 다양한 오브젝트 기능으로 구성되어 있습니다. 반복 설명은 생략하고, 앞에서 설명하지 못한 기능 위주로 설명합니다.

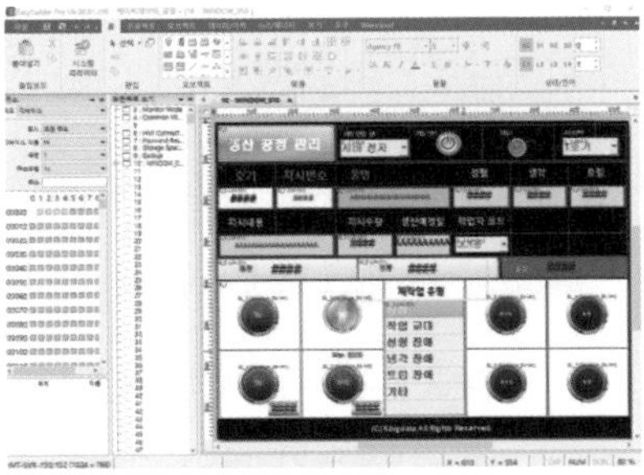

① **서버 연결 상태 및 데이터 저장할 것인가를 선택할 수 있습니다. 그리고 각 호기를 선택하면 해당 호기의 데이터만 읽어 옵니다.**

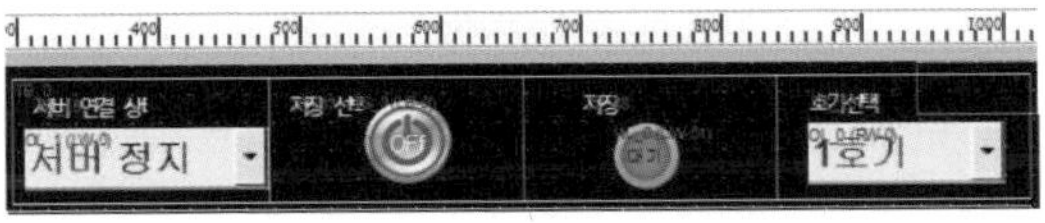

조직 내의 선반 CNC 1, 2, 3, 4호기를 드롭-다운 리스트 형식 오브젝트로 작성합니다.

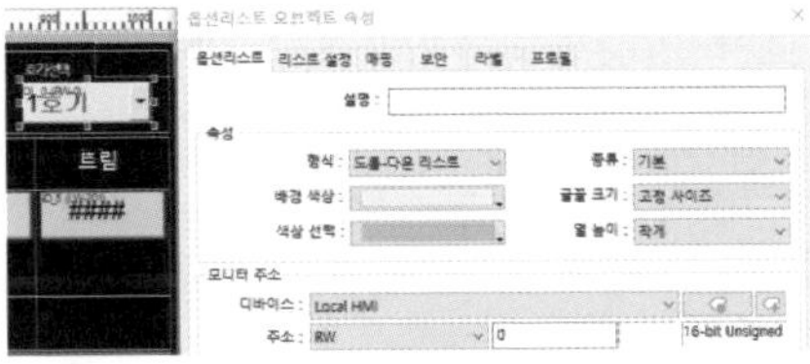

② **조건부 1, 2, 3, 4호기 중에 RW 1호를 선택한다면 서버의 MES 데이터 중에 작업지시서(Order ID)와 같은 번호의 호기, 지시번호, 품명, 지시 내용, 지시 수량 등을 HMI로 읽어 옵니다.**

SQL에 보면 명령 ID '1'에 연결된 쿼리 문은 아래와 같습니다. 호기 및 지시번호, 예정일까지 호기 조건문에 연결된 데이터를 읽어 오도록 합니다.

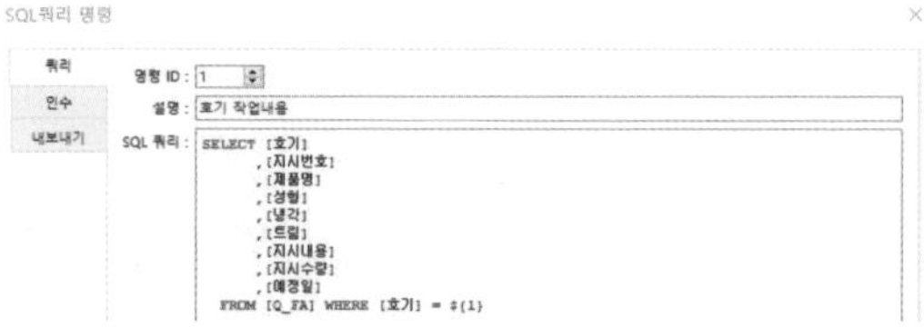

작화 화면에 다음과 같은 주소 순서에 맞추어서 데이터 가져옵니다. 즉, 앞에 SQL 문의 필드는 9개, 인수 처리한 필드도 9개로 해당 순서에 맞추어서 데이터를 HMI로 읽어 옵니다. 주의할 것은 문자열이 각 주소에 중복이 안 되도록 숫자 및 문자 타입 간격을 유지해야 정확한 데이터를 읽어 올 수가 있습니다.

	PLC 이름	주소	주소 형식
1	Local HMI	LW-151	16-bit Unsigned
2	Local HMI	LW-161	16-bit Unsigned
3	Local HMI	LW-171	문자열 (10)
4	Local HMI	LW-181	16-bit Unsigned
5	Local HMI	LW-191	16-bit Unsigned
6	Local HMI	LW-201	16-bit Unsigned
7	Local HMI	LW-211	문자열 (10)
8	Local HMI	LW-221	16-bit Unsigned
9	Local HMI	LW-231	문자열 (5)

예로 콤보 리스트 '작업자'를 보면 다음과 같이 작성합니다. HMI는 모두 숫자 타입으로만 입출력되며, 리스트 설정 탭 창에서 아이템의 숫자를 지정하고, 매핑 탭 창에서 값 기준으로 보이고자 하는 아이템 데이터를 입력합니다. 입력 값은 숫자 0, 1~6이지만, 화면상으로 보여주는 것은 아이템 데이터 값으로 저장됩니다.

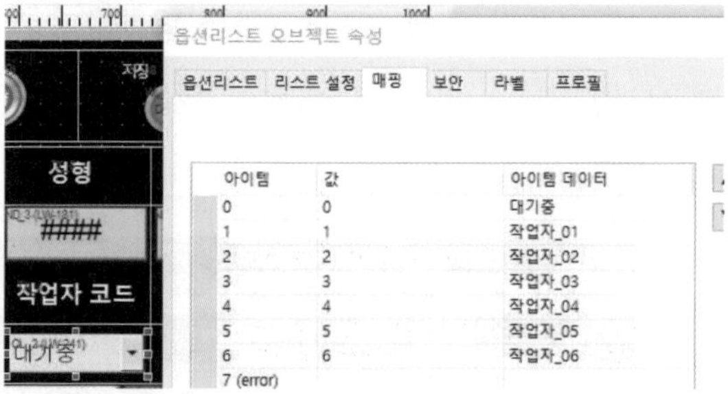

아이템	값	아이템 데이터
0	0	대기중
1	1	작업자_01
2	2	작업자_02
3	3	작업자_03
4	4	작업자_04
5	5	작업자_05
6	6	작업자_06
7 (error)		

③ 작업자 1호기에 현재 작성지시서별로 현재 총생산수량=양품+불량 데이터 값을 보이도록 만들어 봅시다. 먼저 작업자가 프레스 앞의 양수 버튼을 양

품은 1씩 증가하는 거로 접점을 연결해 놓은 상태입니다. 따라서 양품은 자동적으로 추가 됩니다.

작업지시서 번호별 값을 계산해서 양품, 불량을 작화 화면에 보이도록 만듭니다. SQL 쿼리 뷰어로 이런 작업지시서별 양품/불량 수량을 만드는 과정은 뒤에서 설명합니다.

양품 및 불량의 쿼리 문은 다음과 같습니다(SQL 입문 교육).

양품 및 불량 쿼리의 인수는 아래와 같이 LW 301, 311, 321에 보이도록 지정하였습니다.

④ **푸시 버튼 작화 내용은 다음과 같습니다.**

디지털 Input 개념과 디지털 OUTPUT 릴레이로 구분되어 있습니다. 위 상단 버튼은 INPUT 버튼 개념입니다. 비트 램프로 디바이스 FA, 주소 1xsingle_Bit 1#1, 각 버튼의 구성에 맞도록 속성 값을 지정합니다.

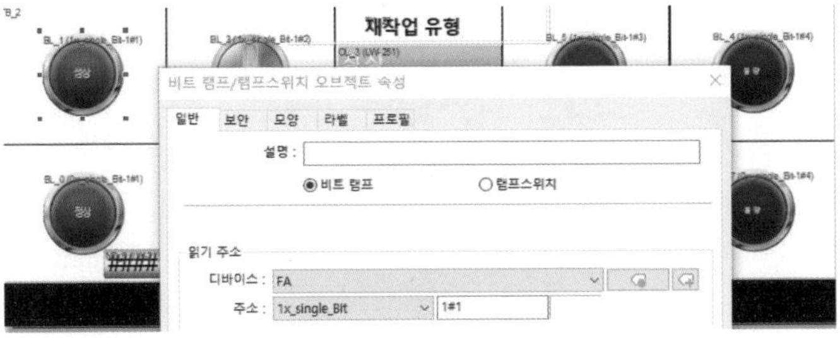

디지털 OUTPUT과 마찬가지로 디바이스 FA, 주소 0xsingle_Bit 1#1등 지정합니다. 실제 푸시 버튼을 클릭하도록 하고, 액정 패널 작화 화면에서는 클릭 못 하도록 비트 램프로 지정하였지만, 만약 램프 스위치로 지정하면 클릭도 가능합니다.

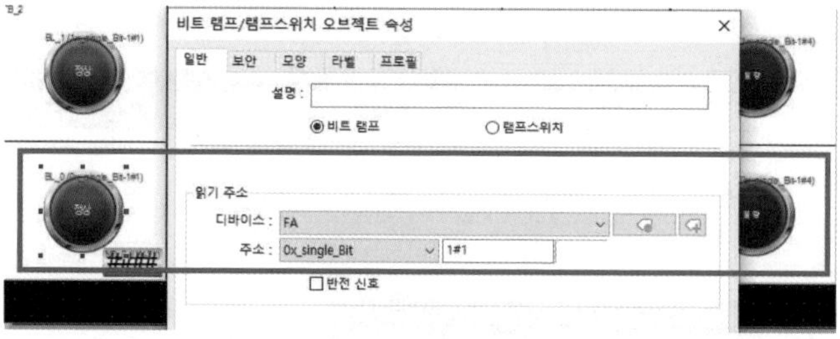

옵션 리스트는 정상 및 다양한 불량 유형을 선택하도록 만들었습니다.

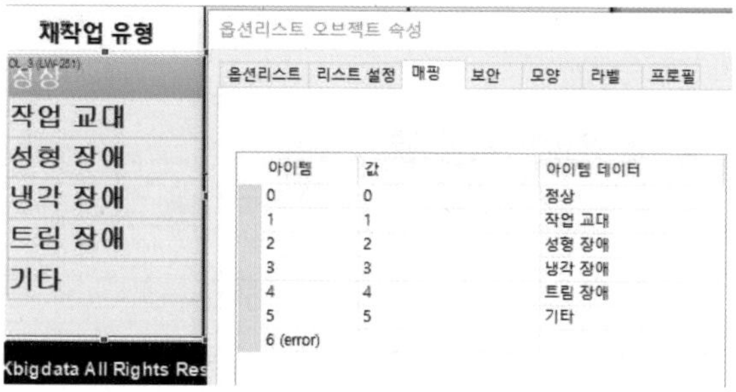

3. 타이머 및 PLC 연결

작업자가 1단계의 양수 버튼을 클릭하였을 때, 어떤 순서에 따라 진행되는지를 학습합니다.

1차로 양수 버튼을 클릭 접점된 상태에서 1번 푸시 버튼 Input이 접점이 되면 릴레이 Wellpro 제품에서 점등되는 것을 확인합니다. 점등될 때는 펄스가 올라갈 때, 유지될 때, 내려갈 때 3가지 유형으로 나뉠 수가 있습니다. 일단 데이터가 접점될 때, 즉 연결되자마자 올라갈 때 양수 버튼 데이터가 저장되도록 합니다. 아래 그림 보면 접점 화살표 '↑'가 될 때입니다.

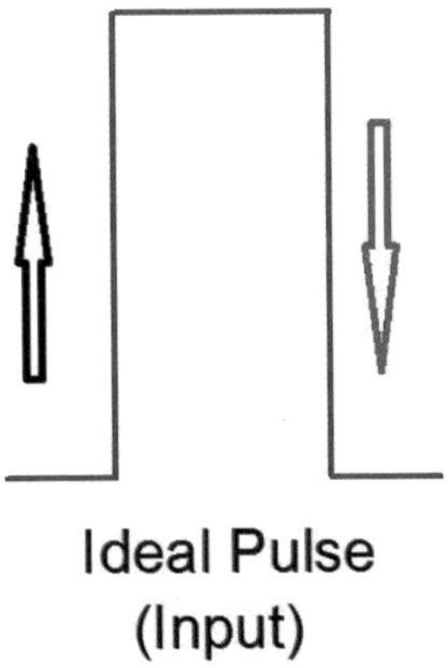

Wellpro DI/DO의 제품의 장점은 DI에 접점 펄스를 주면 자동으로 DO 릴레이를 컨트롤 제어할 수가 있습니다. 다음과 같이 모든 푸시 버튼별 타이머를 설정해 놓았습니다.

① **푸시 버튼 1번은 경과 시간은 LW 21, 입력 비트는 디바이스 FA, 주소 1x_single_Bit 1#1입니다. Digital INPUT 클릭하면 타이머가 가동되면서 모드를 펄스**(Pulse)**가 발생되도록 만듭니다.**

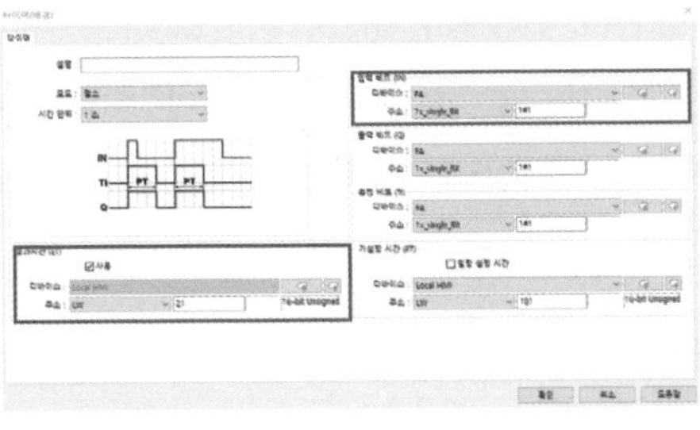

② 2번 로터리 버튼은 다음과 같습니다. 모드 타입이 펄스(Pulse)가 아니라 타임 지연 타입으로 설정합니다. 시간 단위는 1초로, 경과 시간은 LW 22, 입력 비트는 디바이스 FA, 주소 1x_single_Bit 1#2로 지정합니다. 그리고 로터리 버튼의 기능은 정상적인 생산이 안 될 때는 Bit '1', 생산과 상관없이 프레스 공정 중에 다양한 고장 장애코드별 시간을 계산합니다. 다양한 고장 장애 유형은 앞에서 리스트 박스로 소개를 하였고, 고장 최대 시간을 최대 '8,000초'로 설정한 것입니다.

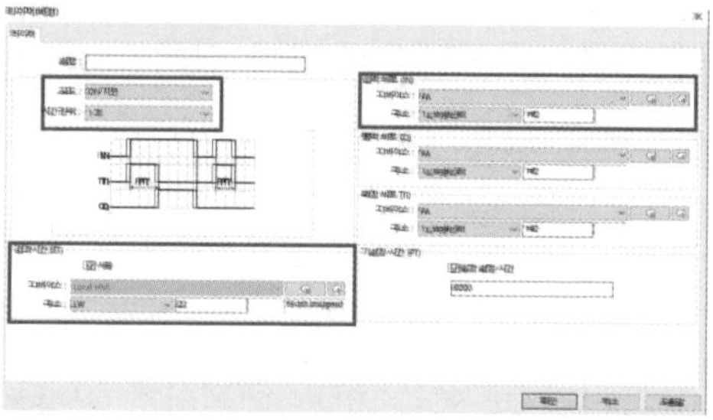

③ 나머지 3번, 4번 푸시 버튼은 모두 모드를 펄스 모드로 지연되도록 작성합니다. 그리고 경과 시간은 필요가 없고, 일정 설정시간을 5초가 지나면 자동으로 꺼지도록 설정합니다.

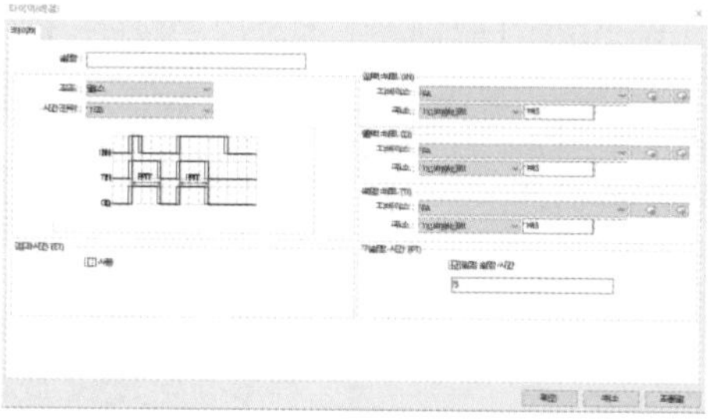

디지털 INPUT에 펄스로 타이머를 주면 전원이 접지가 됩니다. 펄드 전원이 접지가 발생할 때, 즉 Off → ON 될 때, 특정 매크로가 실행되도록 작성합니다.

④ 메뉴 PLC 연결을 보면 펄스가 될 때, 릴레이가 가동되도록 설정합니다. 타이머에서 모드를 펄스로 선택하면 1x_single_Bit(INPUT)⇒0x_single_Bit(Relay)로 번호별로 찾아서 자동으로 작동됩니다. PLC 제어는 다음과 같이 작성합니다.

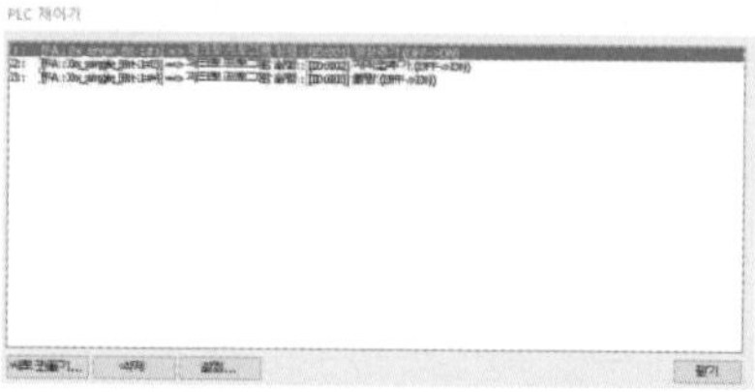

푸시 버튼인 1, 3, 4번 버튼 기준으로 펄스(Pulse)를 설정합니다.

⑤ 1번 '푸시 버튼'의 내용은 디바이스 FA 선택하고 제어 종류를 '매크로 프로그램 실행'하도록 선택합니다. 매크로에 작성된 '정상 추가'를 선택합니다. 트리거 주소는 릴레이 0x_single_Bit(Relay) 1#1과 같이 지정합니다. 매크로 실행 시점은, 펄스가 OFF → ON 될 때 매크로 실행합니다.

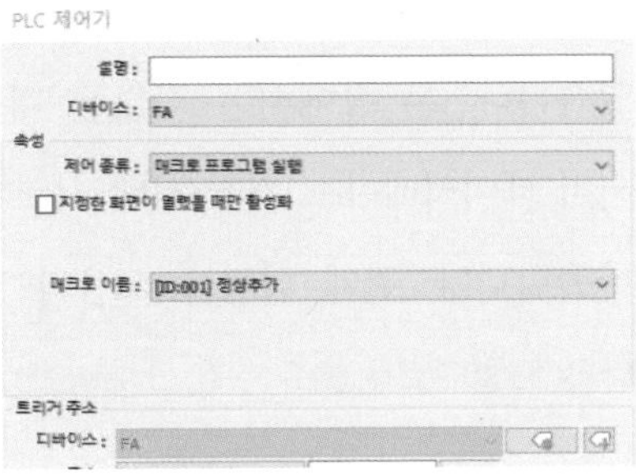

푸시 버튼 3번은 앞과 모두 같고, 매크로 '재작업 추가'를 선택합니다. 그리고 트리거 주소만 릴레이 0x_single_Bit(Relay) 1#3로 지정합니다.

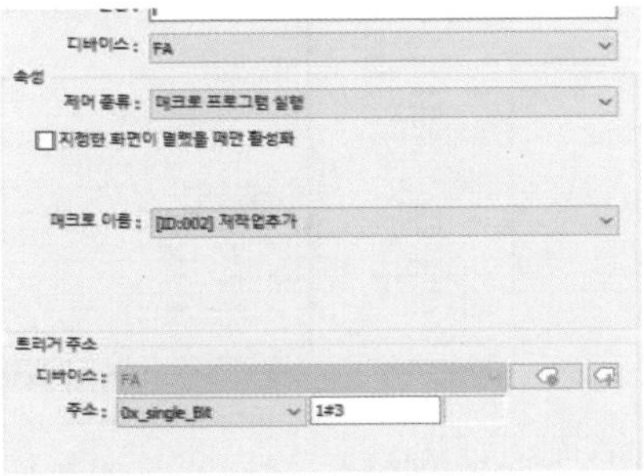

푸시 버튼 4번은 앞과 모두 갖고 매크로 '불량'을 선택합니다. 그리고 트리거 주소만 릴레이 0x_single_Bit(Relay) 1#4로 지정합니다.

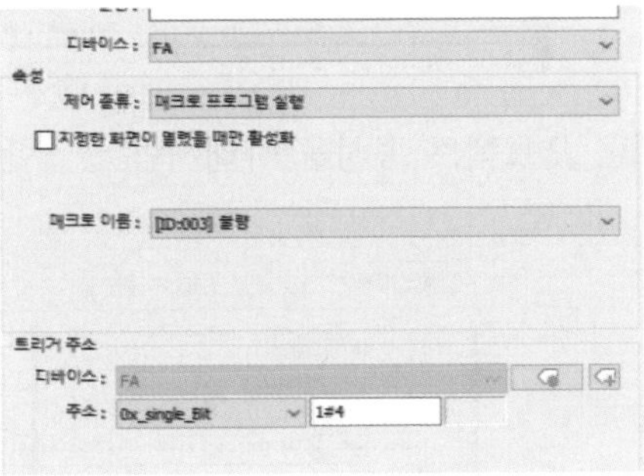

4. SQL 및 SQL 쿼리

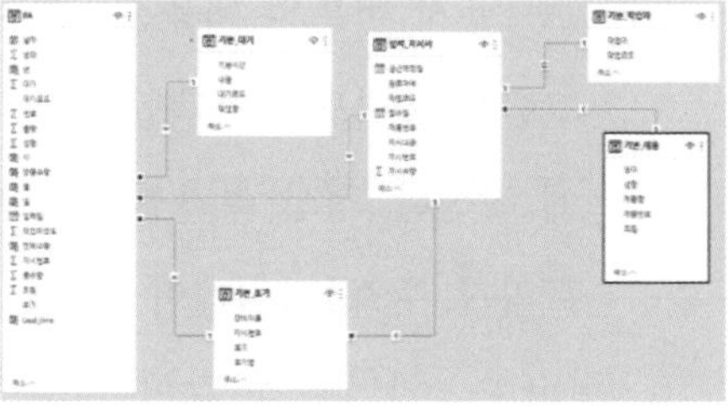

릴레이 접점 처리과정을 디지털 Input 부터 디지털 OutPut 릴레이까지 학습하였습니다. 본 장에서는 작업된 데이터가 서버 데이터베이스 저장/선택되는 과정을 학습합니다. 관계 설정은 다음과 같습니다(SQL 별도 교육 참조 생략).

다음과 같은 테이블로 구성되어 있습니다. MS SQL 테이블은 공정 대기, 작업자, 제품, 호기, 지시서, 저장데이터 등으로 구성되어 있습니다.

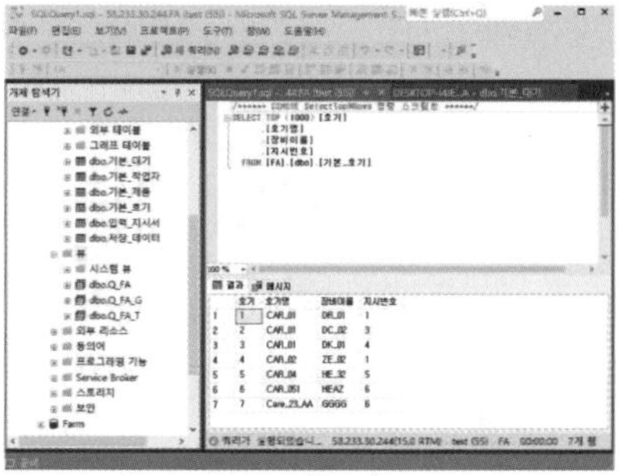

메뉴-데이터베이스-'데이터베이스 서버'를 클릭해서 서버 구축 및 테이블을 설정합니다.

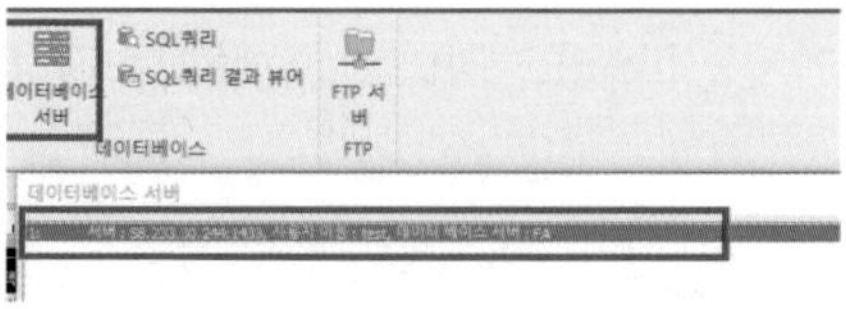

데이터베이스 서버 오브젝트 속성을 아래처럼 셋업합니다.

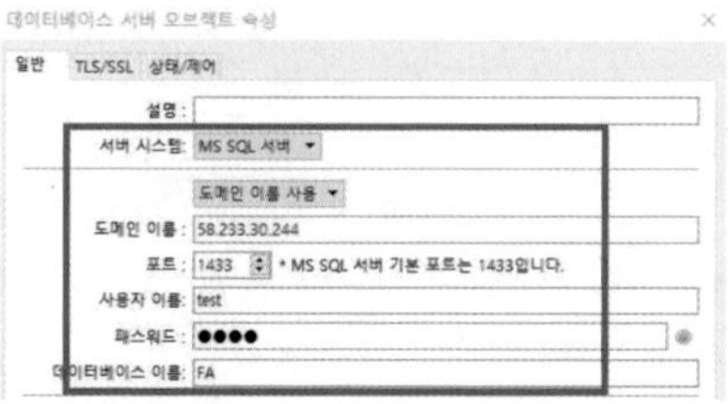

제어 주소 LW 51에 명령 ID '1'을 입력하면 '호기 작업 내용'의 첫 번째 행의 SQL 문이 실행됩니다. 제어 주소 LW 51에 명령 ID '3'을 입력하면 '정상 추가'의 SQL 문이 실행됩니다.

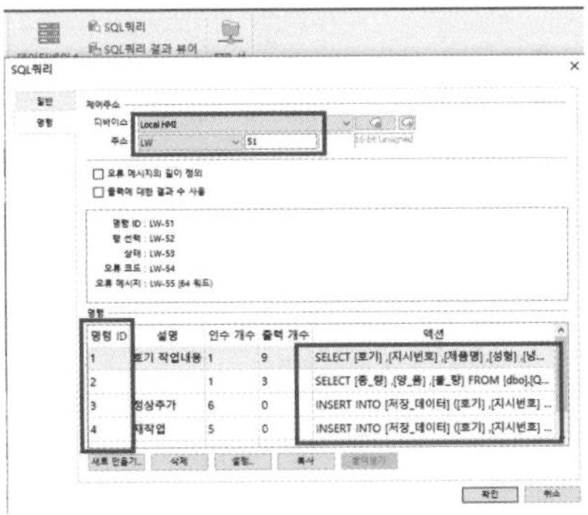

① **매크로 '호기 작업 내용'의 쿼리입니다.**

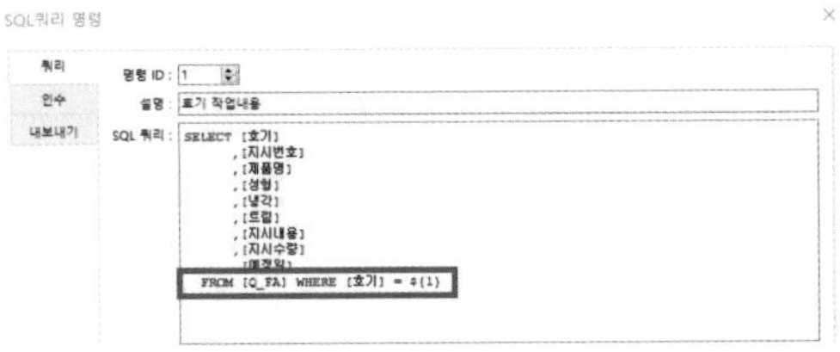

매크로 '호기 작업 내용'의 쿼리의 인수 필드 RW 0 '호기 번호'입니다.

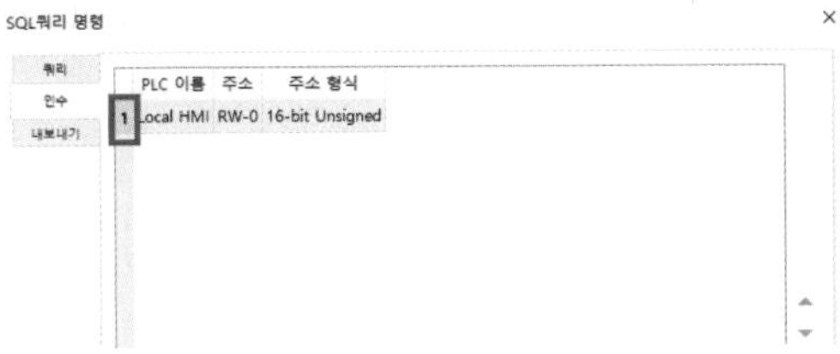

매크로 '호기 작업 내용'의 내보내기 필드 address입니다.

② 양품/불량을 서버의 FA 데이터베이스에서 뷰어로 만들어 읽어 옵니다.

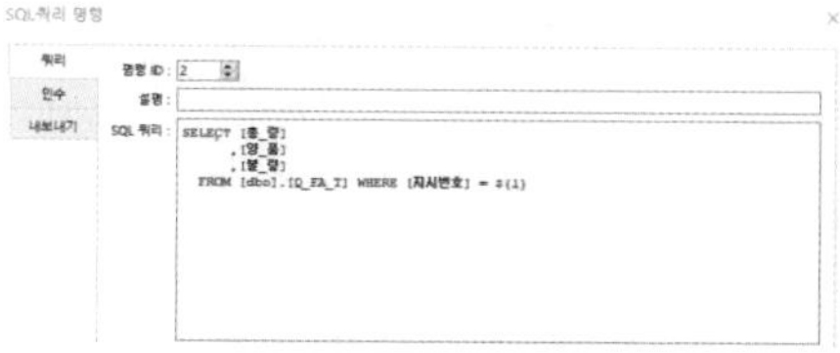

작업지시서 조건부 인수(작업지시번호)는 다음과 같습니다.

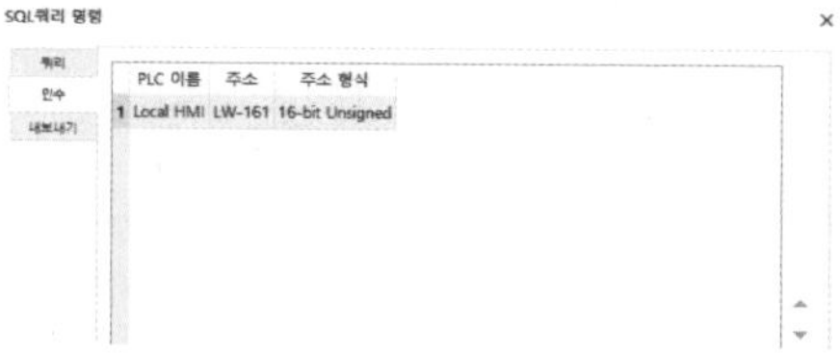

쿼리 내보내기 양품 및 불량, 전체를 보이도록 작성 쿼리 뷰어입니다.

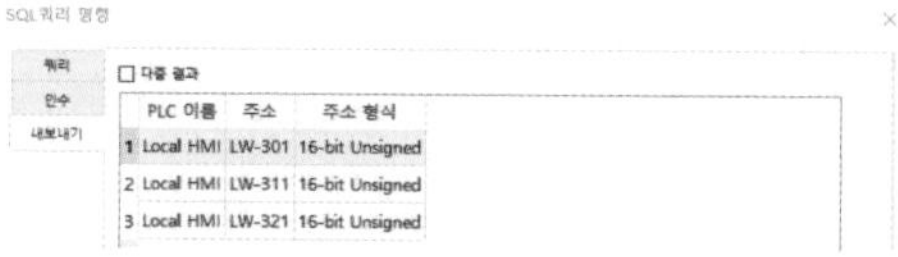

③ 쿼리 '정상 추가'입니다. 작업자가 양수 버튼을 클릭하면 데이터가 서버에 저장합니다. 기본적으로 호기, 지시번호, 냉각, 트림, 총시간, 작업자 코드 등을 저장합니다.

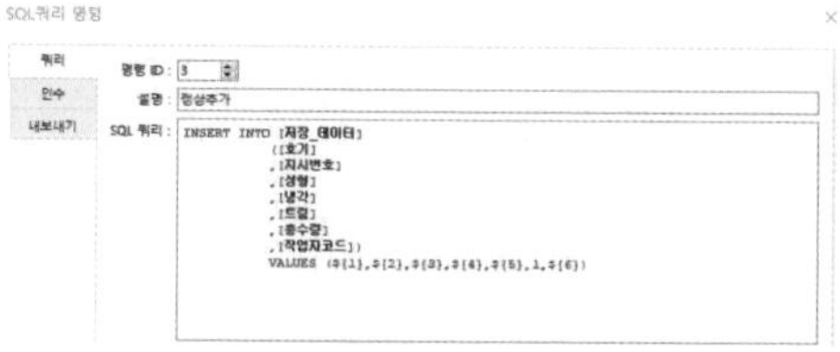

명령 3번의 '정상 추가'는 내보내기 필드는 다음과 같이 저장됩니다.

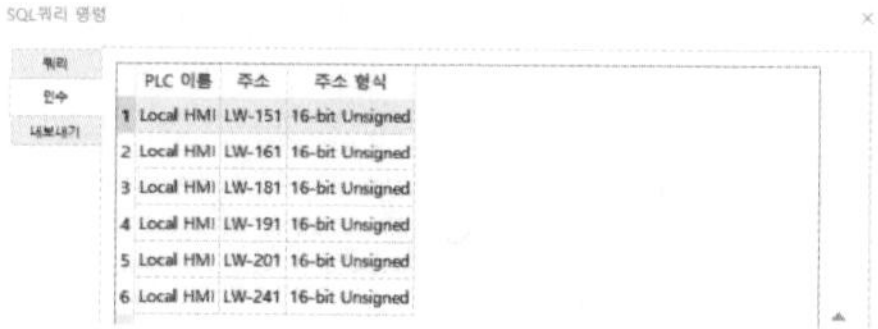

④ **매크로 '재작업'은 생산 없이 고장 장애 등을 입력되는 시간 Lead Time 데이터입니다.**

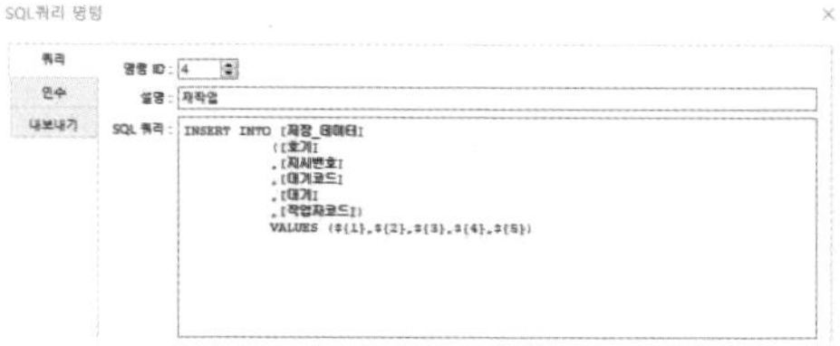

매크로 '재작업'의 인수 필드입니다.

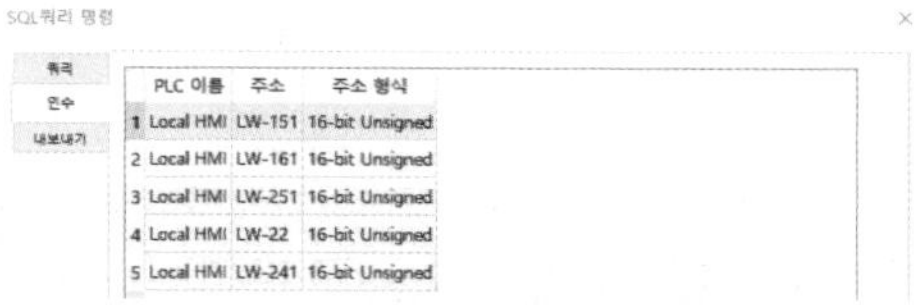

⑤ **매크로 '불량' 추가 쿼리입니다**(매크로는 기본 매크로 학습으로 대체).

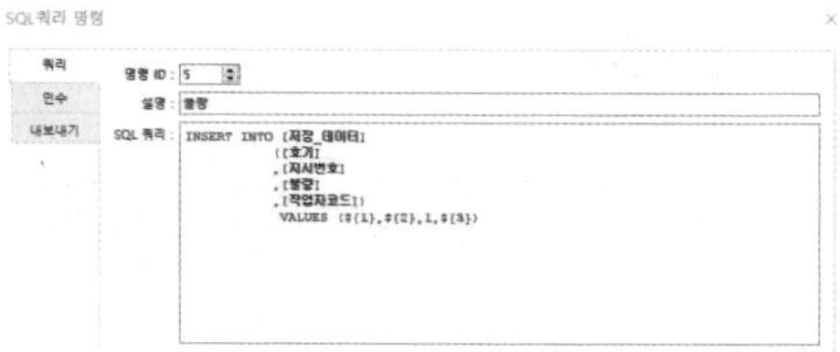

5. HMI와 패널 화면 연결

HMI 웹 Config 사이트에서 '이더넷2'를 다음과 같이 수정합니다. 이더넷 2 IP를 192.168.100.207로 변경, 서브넷 마스크 255.255.255.0과 같이 설정합니다. CMT 계열 간의 작화는 서로 호환이 되지만, CMT 모델과 MT 패널 모델 간은 작화는 호환이 안 됩니다. 따라서 새롭게 패널 작화 화면을 작성해야 합니다.

① 패널 모델 CMT 2078을 다음과 같이 설정합니다. 패널 왼쪽 상단을 클릭합니다.

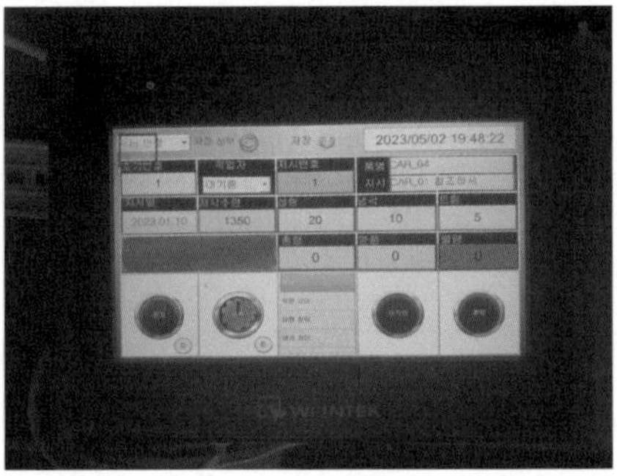

② 비밀번호 '111111'을 입력하고 '확인' 버튼을 클릭합니다.

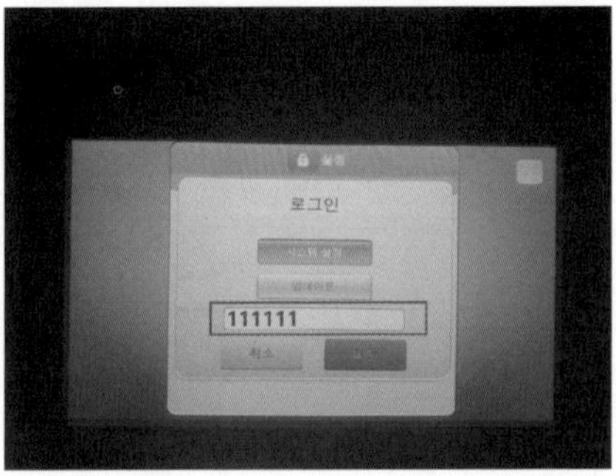

③ 패널 '이더넷2'의 주소를 아래처럼 192.168.100.211로, HMI는 '이더넷2' 주소 192.168.100.207이라고 지정합니다.

CMT 2078모델의 600×800 사이즈에 맞추어서 작화를 복수해서 수정합니다.

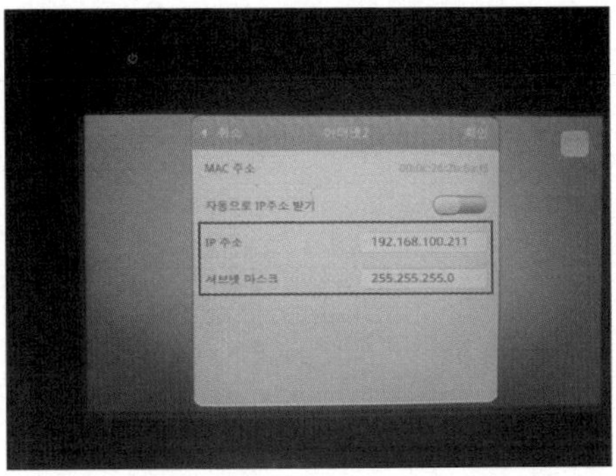

④ 단, CMT 2078의 시스템 파라미터는 다음과 같이 HMI '이더넷2' 연결 IP 에 맞추어서 셋업합니다.

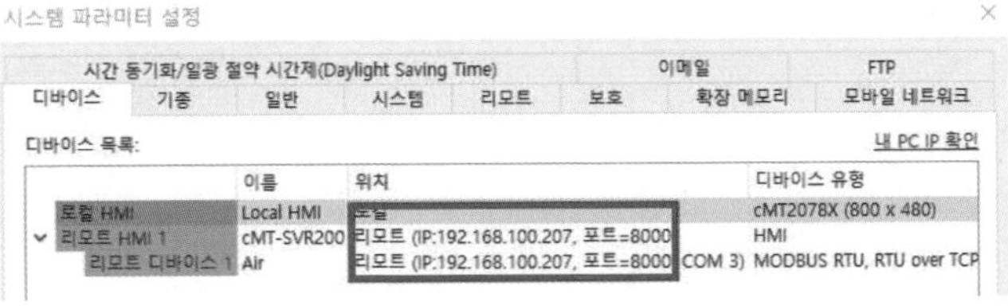

⑤ 주의 사항으로 HMI 및 패널 모델 CMT2078 모두 그림처럼 기종 탭 창에서 통신 프로토콜 호환이 되도록 체크합니다. 각각 체크해야 HMI 작화 화면의 데이터가 CMT 2078 패널로 연결됩니다.

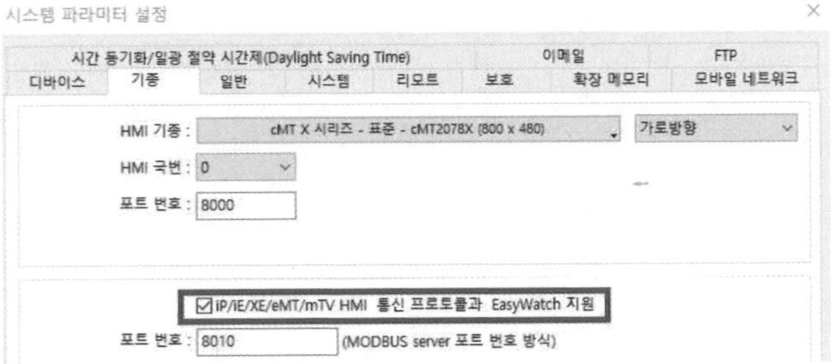

4
PART

ICT AI 분석

제9장 AI 분석

제9장

AI 분석

1. AI 분석

구글에서 AI를 다음과 같이 정의를 내리고 있습니다.

"인공지능(人工知能) 또는 A.I.(Artificial Intelligence)는 일반적으로 인간의 학습능력, 추론능력, 지각능력이 필요한 작업을 할 수 있도록 컴퓨터 시스템을 구현하려는 컴퓨터과학의 세부분야 중 하나이다. 인간을 포함한 동물이 갖고 있는 지능, 즉 natural intelligence와는 다른 개념이다. 지능을 갖고 있는 기능을 갖춘 컴퓨터 시스템이며, 인간의 지능을 기계 등에 인공적으로 구현한 것이다. 일반적으로 범용 컴퓨터에 적용한다고 가정한다. 이 용어는 또한 그와 같은 지능을 만들 수 있는 방법론이나 실현 가능성 등을 연구하는 과학 기술 분야를 지칭하기도 한다."

인공지능에 대한 역사를 설명하고자 하는 저서는 아니며, 단지 최근 흐름만 분석해서 실전 학습으로 전환합니다.

오라클에서는 다음과 같이 인공지능 정의를 내리고 있습니다.

"AI는 온라인에서 고객과 의사소통하거나 체스를 두는 것과 같이 사람의 입력이 필요했던 복잡한 작업을 수행하는 애플리케이션의 포괄 용어가 되었습니다. 이 용어는 Machine Learning(ML) 및 deep learning을 포함하는 하위 영역과 같은 의미로 사용되기도 합니다. 그러나 AI와 하위 분야 간에는 분명한 차이점이 있습니다. 예를 들어, 머신러닝은 사용하는 데이터를 기반으로 성능을 학습하거나 개선하는 시스템을 구축하는 데 중점을 둡니다. 모든 머신러닝이 AI이지만 모든 AI가 머신러닝은 아닙니다.

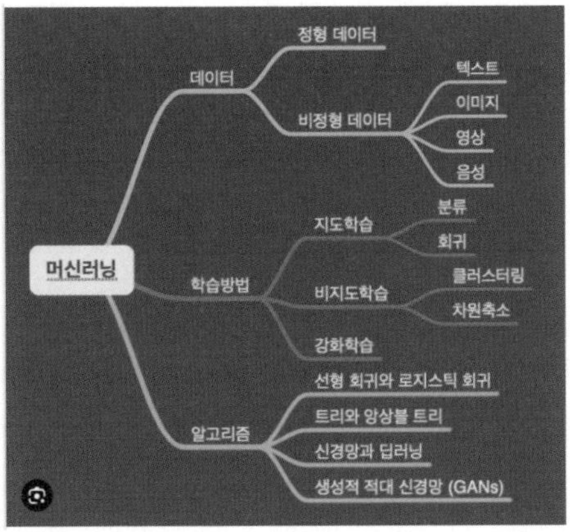

AI의 가치를 극대화하고자 많은 기업이 산하의 데이터 과학팀에 큰 투자를 하고 있습니다. 데이터에서 가치를 추출하기 위해 과학 및 기타 방법을 사용하는 학제간 분야인 데이터 과학은 통계 및 컴퓨터 과학과 같은 분야의 기술을 비즈니스 지식과 결합하여 여러 소스에서 수집된 데이터를 분석합니다."

구글이든 오라클이든 거의 비슷한 정의를 내리고 있으며, 최근의 상황만 학습하도록 하겠습니다. AI 연구자는 통계 중심의 수학적 논리로 개발을 시작하면서 인공지능의 많은 문제를 해결하였습니다. 따라서 인공지능은 과학적 경제학, 수학적 실용 중심으로 만들어져 왔습니다. 수직적 신경망 뉴런의 네트워크로 기초한 알고리즘 및 연산 처리의 획기적인 서버 발전으로 결과를 얻은 것입니다. 특히, 난제의 블록을 해결하면서 데이터 마이닝, 로봇, 논리 자연어 처리 등 다양한 기술로 발전하고 있습니다. 대부분은 컴퓨터를 이용한 과학적 결과물이 인공지능 발전으로 만들어진 결과물들이 산업화 현장에 적용되고 있습니다.

인공지능이란 결국 빅데이터 기반의 머신러닝/딥러닝으로 다양한 경우를 유추하고, 결과를 지속적으로 변경/확장하는 단계로 난제를 해결합니다. ICT 플랫폼 개발 단계에 저장된 데이터를 어떻게 AI로 분석할 수 있을까요? 앞에 소개한 인공지능의 머신런닝이나 딥런닝은 개발자의 영역이지만, 유저의 인공지능(AI) 영역도 발전하고 있습니다.

먼저, 유저 기반의 새로운 AI 영역에 GPT-3을 소개합니다. 회사 Open AI가 개발한 언어 모델이며, 마이크로소프트사가 인수하면서 다음과 같이 정의합니다. "2020년 6월에 GPT 출시 및 2022년 11월에 GITHUB GPT-3.5가 공개되었습니다. GPT-3은 매개변수란 언어모델이 학습 중에 신경망에서 조정되는 값으로, 보통 매개변수가 많으면 AI의 성능이 당연히 좋아지도록 만들어졌습니다. 즉, GPT-3는 자기회귀 언어 모델입니다. 2020년 Open AI가 만든 GPT의 3세대 모델로 GPT 개발비를 감당하지 못하고 마이크로소프트와 협약을 맺어 대중적 공개 정책으로 방향 전환을 합니다. GPT-3가 수행 가능한 작업으로는 간단한 각종 언어 관련 문제 풀이, 간단한 랜덤 글짓기, 간단한 사칙연산, 번역, 주어진 문장에 따른 간단한 웹 코딩, 간단한 대화 등이 있습니다."라고 설명을 하고 있습니다.

그리고 마이크소프트사는 GPT-3의 CHAT GPT를 MS 개발 관련 GITHUB 사이트 Copilot을 연결해서 자연어 개발 소스 등으로 코딩을 최소화 방향으로 발전해 왔습니다.

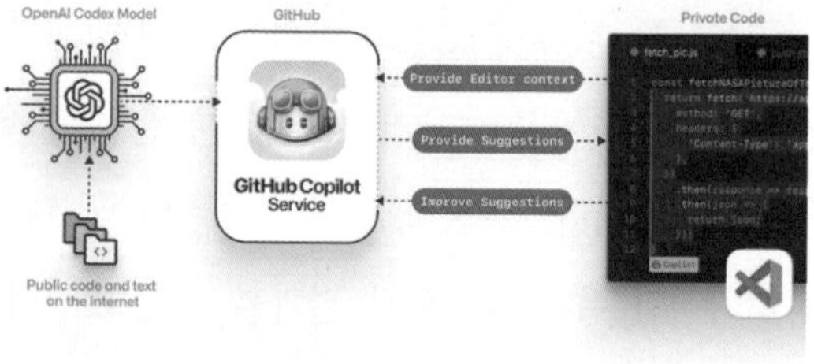

즉, 개발자의 코딩 영역을 누구나 쉽게 GITHUB에서 자연어 처리로 개발 코딩 문제를 해결할 수 있도록 급속하게 발전합니다. 그러면 Open AI 사를 인수한 MS의 GITHUB의 코파일럿(Copilot)은 무엇일까요? 코파일럿은 Visual Studio Code, Neovim 및 JetBrains IDE와 같은 통합 개발 환경(IDE)에서 사용할 수 있는 편집기(IDE) 확장으로 제공됩니다. 그리고 코파일럿은 개발 소스 코드를 분석해서 개발 코드를 자동 생성 및 자연어 설명으로 자동코딩을 만들어주면서, 반복 자동 코딩을 생성 및 개발 알고리즘까지 자동으로 만들어 줍니다. 자연어 텍스트 처리가 음성인식을 포함한 사무자동화 MS Office365 영역으로 넘어오고 있습니다. 데이터를 읽어와서 MS오피스365 AI Copilot와 연결되어 인공지능(AI) 분석이 되는 것입니다.

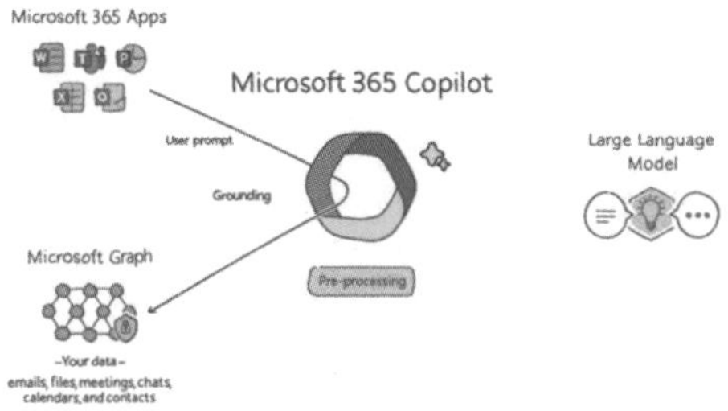

앞으로는 MS OFFICE365에 '농작물 데이터 중에 필드 온도 오늘 평균은 얼마?' 라는 질문을 합니다. 이런 답을 얻기 위해서는 AI 개발자 영역에서 머신러닝/딥러닝 통해서만 해결할 수가 있었습니다. 앞으로는 유저 영역 내에서 AI 코파일럿이 활성화되어 엑셀에서 '오늘은 25도입니다.'라고 표현을 합니다.

마이크로소프트사는 "앞으로 업무 환경 변화가 크게 변할 듯합니다. 차세대 AI의 힘을 업무에 활용되고 있는 Microsoft 365 Copilot은 대형 언어 모델(LLMs)과 Microsoft Graph 및 Microsoft 365 앱의 데이터를 결합한 생산성 도구로 바꿉니다. Copilot은 두 가지 방식으로 Microsoft 365에 통합되어 있습니다. 매일 사용하는 Microsoft 365 앱인 워드(Word), 엑셀(Excel), 파워포인트(PowerPoint), 아웃룩(Outlook), 팀즈(Teams) 등과 함께 작동하여 창의성을 끌어내고 생산성을 높이며 기술을 높일 수 있습니다. 또한, 완전히 새로운 경험을 선사해 줄 비즈니스 챗(Business Chat)도 발표합니다. Business Chat은 LLM, Microsoft 365 앱 및 여러분의 캘린더, 이메일, 채팅, 문서, 회의 및 연락처와 같은 데이터를 횡단하여 이전에는 할 수 없었던 작업을 수행할 수 있습니다. '우리가 제품 전략을 업데이트한 방법을 팀에 알려주세요.'와 같은 자연어 프롬프트를 입력하면 스케줄에 맞추어서 상태를 업데이트합니다.

Copilot을 사용하면 항상 제어권이 있습니다. 보관, 수정 또는 폐기할 내용을 결정할 수 있습니다. 이제 Word에서 더 창의적이고, Excel에서 더 분석적이고, PowerPoint에서 더 표현적이고, Outlook에서 더 생산적이고, Teams에서 더 협력적일 수 있습니다.

수백만 사람들이 일상적으로 사용하는 앱과 통합되어 있습니다. Microsoft 365 Copilot은 Word, Excel, PowerPoint, Outlook, Teams 등 일상적으로 업무 및 생활에서 수백만 명이 사용하고 의존하는 생산성 앱에 통합되어 있습니다. 직관적이고 일관성 있는 사용자 경험은 Teams에서도 Outlook과 마찬가지의 방식으로 보이며, 프롬프트, 세분화 및 명령에 대해 공유하는 디자인 언어를 갖추고 있습니다."라고 전달합니다.

앞으로 MS office365에서 AI Copilot을 통해서, 스마트 팜, 스마트 팩토리의 빅데이터를 자연어처럼 AI 코파일럿(Copilot) 분석이 가능합니다. 공개 전이라 AI 코파일럿 설명은 생략하고, 본 저서는 빅데이터 분석의 노코딩 MS Power BI를 통해서 스마트 팜 및 스마트 팩토리를 차트 시각화 및 통계 AI로 분석합니다.

MS Power BI의 자세한 사용 설명은 본 저자가 쓴『빅데이터 MS Power BI』를 참조 바랍니다. MS Power BI로 시각화 및 AI 분석을 시작합니다.

2. MS POWER BI의 AI

파워 비아에서 AI의 기능을 먼저 간략하게 소개합니다. 모든 AI 분석은 앞에서 소개한 스마트 팜의 실험동 데이터 기준으로 작성하였습니다.

1) 변칙분석

① 선형 차트를 선택하고, X축은 입력일(타입 시리즈)**, Y축은 단일 습도를 선택합니다.**

② 시각화 개체의 추가 분석에서 '변칙 찾기'를 체크합니다.

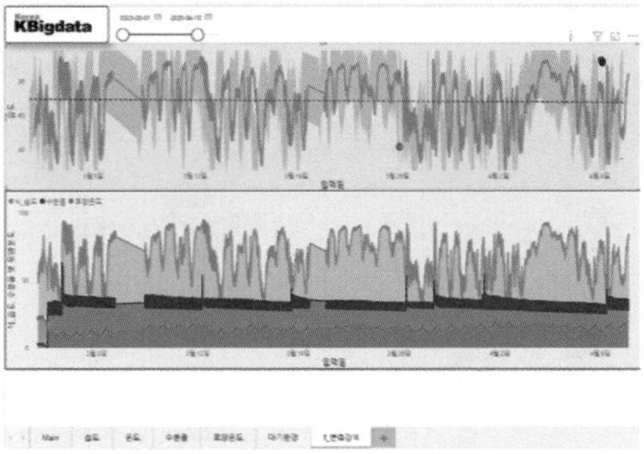

③ '변칙 찾기'에서 민감도의 범위, 변칙 마커, 예상 스타일 등을 수정합니다.

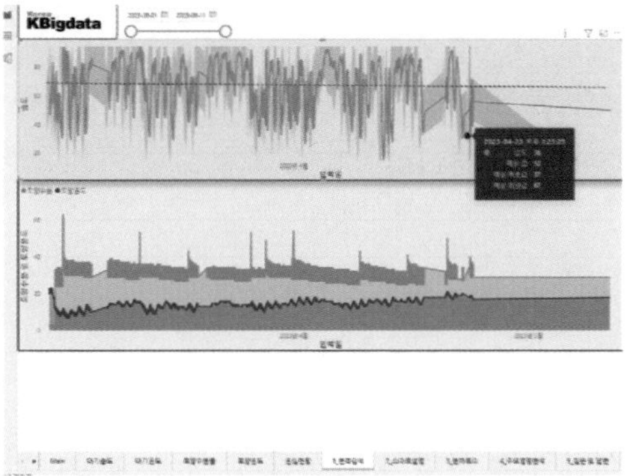

상단 예상 범위 내의 3월 26일 마커 '▼'를 클릭하면 중간에 '변칙' 탭에서 해당하는 내용을 설명합니다. 습도가 타임 시리즈에서 전후 차이가 있는지 대한 자세한 설명을 합니다.

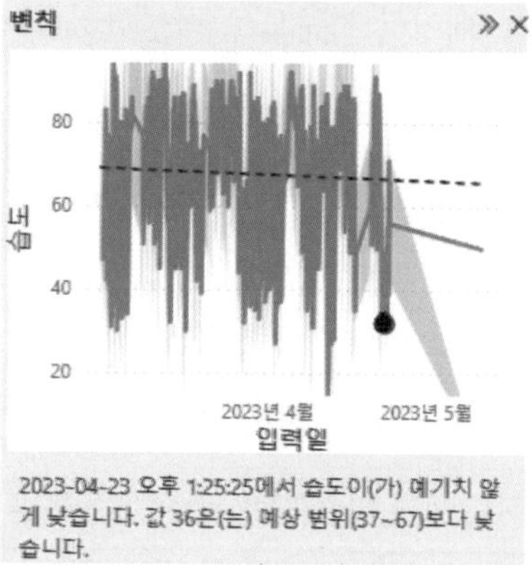

4월 9일의 상단 '▲' 마커를 클릭, 마커 값이 87.90으로 예상 범위보다 높다는 것을 보여줍니다.

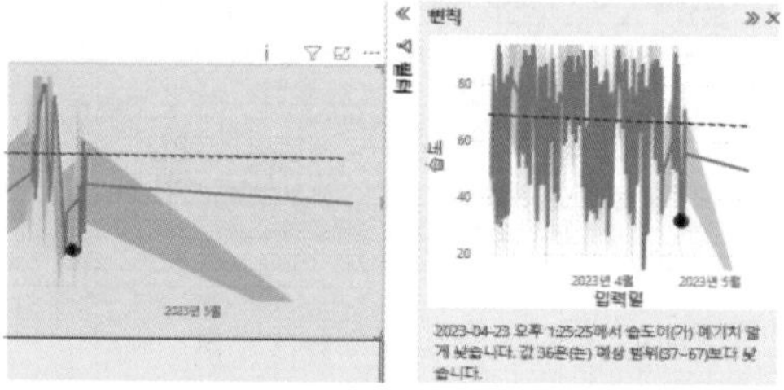

타임 시리즈 상의 변칙 분석은 Y축 필드가 한 개일 때만 가능합니다. 그리고 3월 26일/4월 9일 변곡점을 클릭하면 세부 내용 설명까지 자세히 설명해 주며, 클릭과 동시에 다른 차트의 '상호작용'이 되어 데이터의 변칙 원인을 쉽게 시각화로 보여줍니다.

2) 스마트 설명

스마트 설명 시각화를 사용하면 시각적 개체 및 보고서의 빠른 텍스트 요약을 제공할 수 있습니다. Power BI Desktop 또는 Power BI 서비스에서 보고서에 텍스트 상자, 셰이프 및 스마트 설명 시각적 개체를 추가할 수 있습니다. 스마트 설명 시각적 개체는 AI를 사용하여 시각적 개체와 보고서의 텍스트 요약을 제공합니다. Power BI Desktop 또는 Power BI 서비스에서 보고서에 대한 편집 권한이 있어야 합니다. Power BI 서비스에서 보고서가 사용자와 공유된 경우에는 편집 권한이 없습니다.

① AI 시각적 개체에서 '스마트 설명'을 클릭합니다.

② '+' 클릭해서 검색하고자 하는 내용을 입력하는데, 기본 언어는 영어입니다.

③ 현재 보고서의 기본 검색 가능한 텍스트 리스트를 보여줍니다. 버튼을 클릭 혹은 '+' 검색어를 입력합니다.

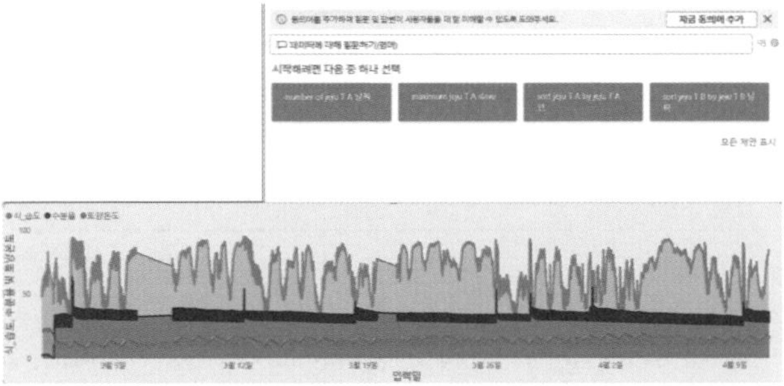

④ 다양한 검색어 결과를 데이터 시트로 보여줍니다. 다시 '+'를 클릭해서 다른 데이터를 검색합니다.

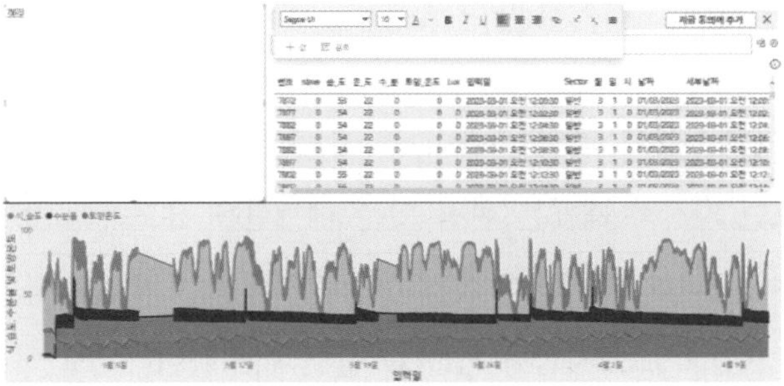

단, 현재 검색어는 영문 검색만 가능합니다. 앞으로 자연어 처리를 통한 언어별 AI Copilot이 가능할 것이고, 음성 인식도 가능할 것입니다.

3) 분해 트리

자동으로 데이터를 집계하며, 특정 기준에 따라 드릴다운한 다음, 필드 내용을 찾도록 만들어 줍니다. 즉 1차 데이터 그룹의 총 개수를 보여주며, 2차 서브 트리에서는 선택된 필드의 내용을 근거로 그룹 개수를 표시합니다. 단계별로 순차적으로 상위그룹 혹은 하위그룹 혹은 필드 선택을 해서 분해 트리를 만들 수가 있지만, 주로 상위그룹을 선택해서 작성하면 최대값이 큰 방향부터 분해됩니다.

스마트 팜 데이터 기준으로 1차로 실험동 Sector를 선택하고, 2차로 온도, 3차로 습도를 선택하면 '+'로 원하는 필드의 세부 내역을 확인할 수 있습니다. 자세한 설명은 생략하고, 교육 과정을 통해서 다양한 분해 트리를 학습할 것입니다.

4) 주요 요인 분석

마이크로소프트 파워 비아이(MS Power BI)에서 '주요 요인 분석'을 "주요 영향 요인 시각적 개체는 관심 있는 메트릭을 유도하는 요소를 이해하는 데 도움이 됩니다. 데이터를 분석하고 중요한 요소의 순위를 정하며 이를 주요 영향 요인으로 표시합니다. 예를 들어 이직률이라고도 하는 직원 전직률에 영향을 주는 요소를 파악하려고 한다고 가정해 보세요. 고용 계약 기간과 통근 시간도 요소가 될 수 있습니다."라고 정의 내리고 있습니다. 주요 영향 요인을 사용하는 경우는 다음과 같이 "분석하는 메트릭에 영향을 주는 요소를 확인하고, 이러한 요소의 상대적 중요도를 비교합니다."라고 설명합니다. 또한, 주로 상품 분석할 때 많이 사용하는데, 종속변수 지역 대상으로 독립변수 필드 '소비자'와 '소비자 구분'이 있다면 개별 독립변수가 종속변수 지역에 영향을 주는지를 분석할 때 유리합니다.

① **이제부터 스마트 팜 데이터를 갖고 각 실험 섹터별 영향을 주는 주요 요인 분석을 만들어 봅시다. 분석 대상을 Sector 선택하고, 대기의 온·습도, 토양의 수분/온도를 선택 추가합니다.**

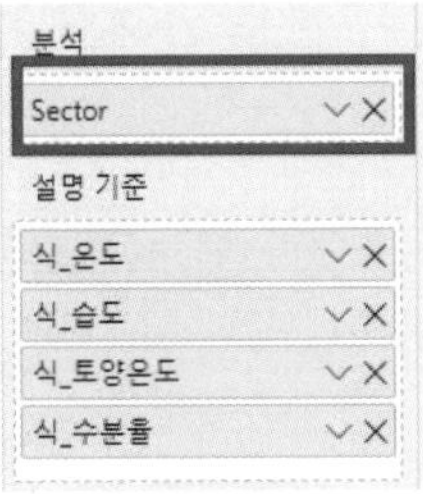

실험동 '01 섹터'를 보면 수분율이 다른 것 대비 13.2배 영향을 더 주며, 그다음 토양 온도, 수분율 등을 확인할 수 있습니다. 그리고 토양 수분율 중에 2~3%가 제일 많으며, 다음 25~31% 영향을 주고 있다는 사실을 확인할 수 있습니다. 좌측 리스트를 선택하면 우측 막대 그래프로 어떤 요소가 영향을 미치는가를 보여줍니다. 우측의 주요 요인 분석 상황에 따라 평균값 및 막대차트에서는 영향을 주는 요인을 설명합니다.

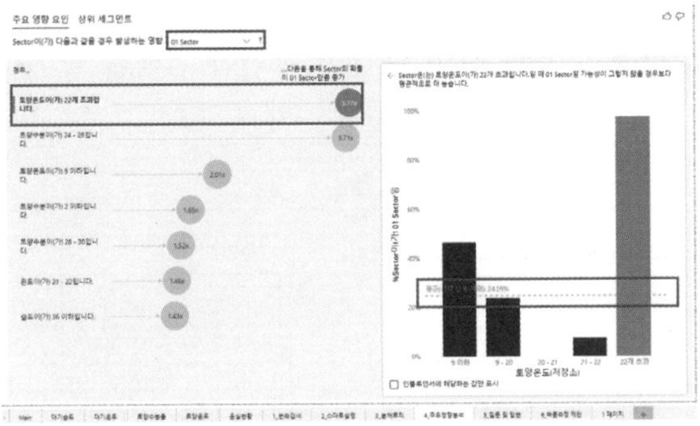

5) 질문 및 답변

Q&A 시각적 개체를 사용하면 사용자가 자연어 질문 및 시각적 상호작용의 차트로 확인할 수 있습니다.

① 메뉴에서 '질문 및 답변'을 클릭합니다. 기본적으로 보여줄 자연어 처리를 보여주며, 버튼 클릭으로 데이터 상황을 필터링 분석합니다.

② 중간에는 자연어 처리 가능한 질문을 입력합니다(데이터 필터링 개념).

③ 단, 되도록 영문 검색만 가능한 상태입니다.

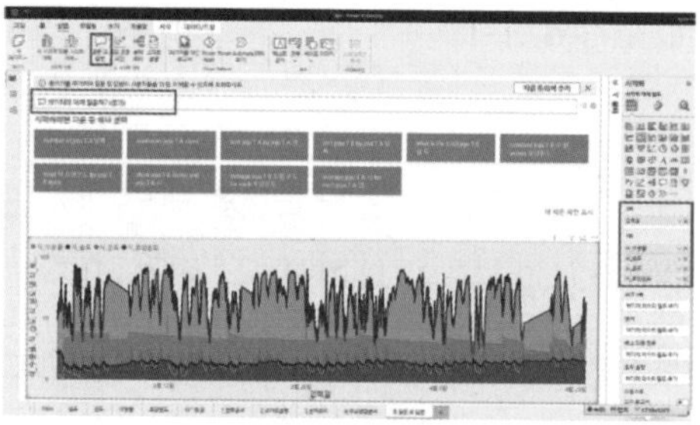

④ 질문 및 Q&A 오른쪽 상단 '기어' 도형을 클릭해서 세부 항목 분석을 할 수 있습니다.

⑤ Q&A 설정은 다음과 같이 다양한 자연어 검색을 할 수 있습니다.

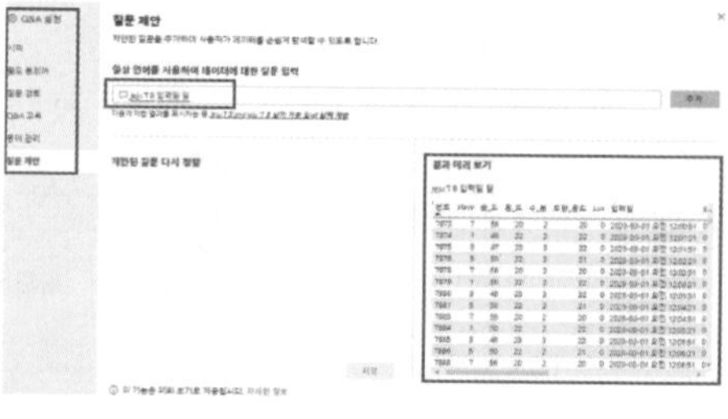

입력란에 '입력일'이라고 검색하면 참조할 필드명의 정보가 보입니다.

6) 빠른 측정 제안

빠른 측정값은 기본적으로 약 15개 내외의 다양한 고급 Dax 함수를 제공하지만, 자연어 처리를 통해서 함수를 만드는 AI 방법이 추가되었습니다. 빠른 측정값을 클릭하면 다음과 같은 화면으로 변경됩니다.

자연어 입력으로 제안하면 하단에 다음과 같이 결과 값과 Dax 함수가 생성됩니다. 주의 사항으로, 웹상에서 사용하려면 '관리포털-테넌트 설정-빠른 측정 제안'에서 미국과 다른 지역에서 사용하기 위해서 다른 지역 '사용'을 체크해야 합니다.

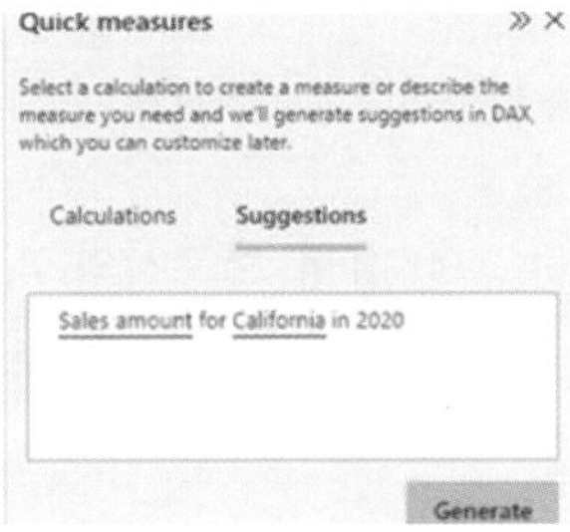

7) AI Insight

AI Insight는 유료 프리미엄 제품입니다. 파워 비아이 웹상에서 에저의 머신러닝의 엔진을 이용해서 파워 비아이 데이터를 분석합니다.

① 작업영역에서 '+새작업 영역'을 클릭해서 웹상의 새로운 '작업 영역 ML'을 만듭니다.

② 작업영역에서 추가로 임의 'ML'이라는 별도 웹상에서 작업그룹 만들고, ML 메뉴에서 '업로드'를 선택해서 로컬의 파워비아이 파일 'PBIX'를 추가하면

위와 같이 jeJu 파일이 보고서 및 데이터 시트 파일로 구분됩니다.

③ 'ML' 작업 영역에 신규 보고서 및 데이터 세트 형식이 추가됩니다.

④ 유형 보고서의 'Jeju'의 '…'를 선택하고, 마우스 우측을 클릭, '빠른 인사이트 활용'을 클릭합니다.

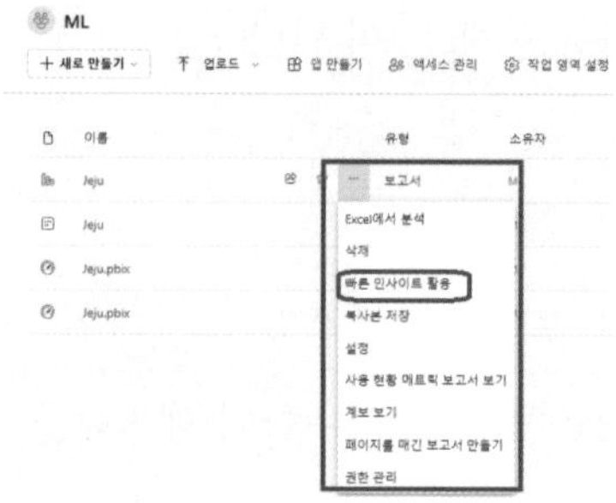

⑤ 시간 경과 후에 우측 상단에 완료 메시지가 보이며, 다양한 차트를 만들어서 보여줍니다.

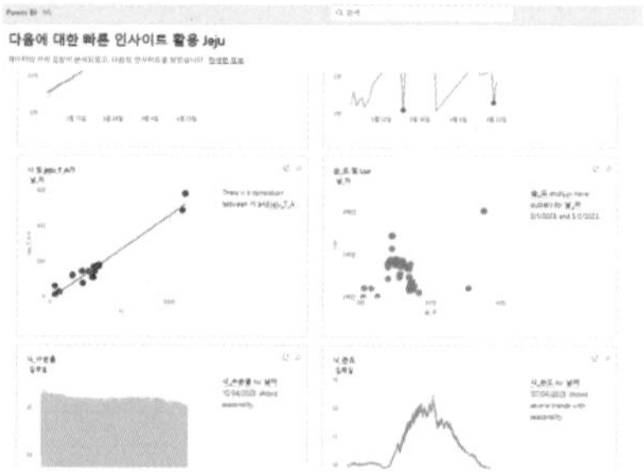

만약 개별 세부 차트를 '더블 클릭'하면 해당 시각화 개체의 필터 범위를 변경 가능합니다.

⑥ '엑셀'에서 인사이트 분석은 엑셀 파일이 데이터와 링크된 빈 '피벗 테이블'이 보입니다. 피벗 테이블 내에서 마우스로 '새로고침'을 클릭하면, 파워 비아이 네트워크 데이터 파일과 연결되면서, 데이터를 피벗 분석할 수 있습니다. 이뿐만 아니라, AI 분석 중 맨 아래 '설정'을 클릭하면 우측에 다양한 기능 변경이 나타납니다.

⑦ '계보 보기'를 클릭하면 해당 파워비아이 파일이 서버 연결, 새로고침 시간 및 보고서 출력까지 텍스트 박스 상자로 내용을 보여줍니다.

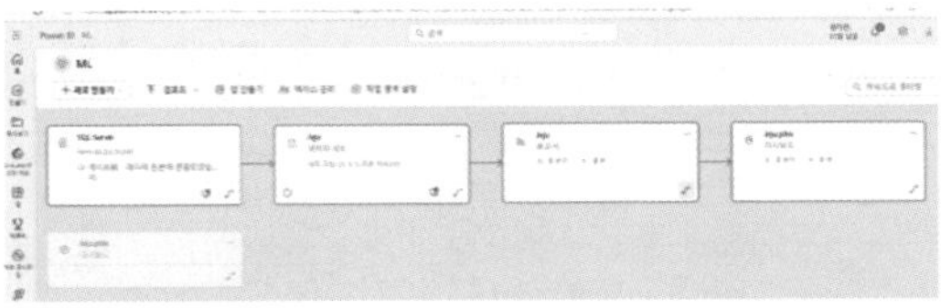

⑧ 페이지 메인 보고서를 클릭하면 해당 관련 파일 다운로드 설치 후 다음과 같은 화면이 오픈되며, 보고서를 만드는 과정은 생략합니다.

⑨ 권한 관리에서는 링크 및 직접 액세스, 보유 중, 공유 보기 등 기능이 있습니다.

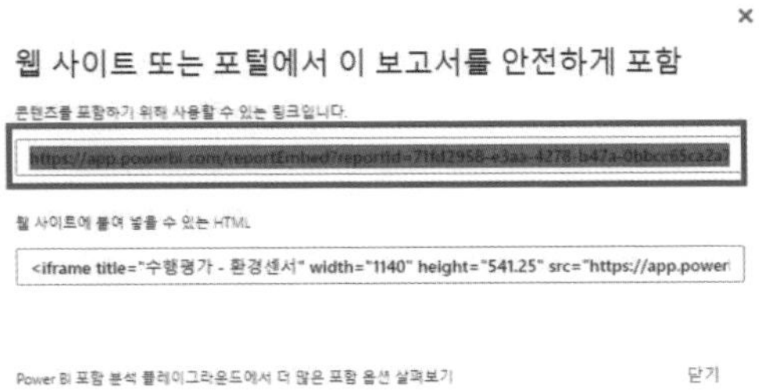

8) 데이터 흐름(Data Flow)

데이터 흐름은 "Power BI 서비스의 작업 영역에서 만들고 관리하는 테이블의 컬렉션입니다. 테이블은 데이터를 저장하는 데 사용되는 열 세트로, 데이터베이스 내의 테이블과 매우 유사합니다. 데이터 흐름이 만들어진 작업 영역에서 직접 데이터 흐름의 테이블을 추가 및 편집할 수 있고, 데이터 새로고침 일정도 관리할 수 있습니다. 데이터 흐름을 만들려면 브라우저에서 Power BI 서비스를 시작하고, 다음 화면에 표시된 것처럼 왼쪽 탐색 창에서 작업 영역을 선택합니다(Power BI 서비스의 my-workspace에서는 데이터 흐름을 사용할 수 없음). 새 데이터 흐름을 만들 새 작업 영역을 만들 수도 있습니다." 라고 정의합니다.

① 새로운 작업영역에서 '데이터 흐름'을 선택합니다.

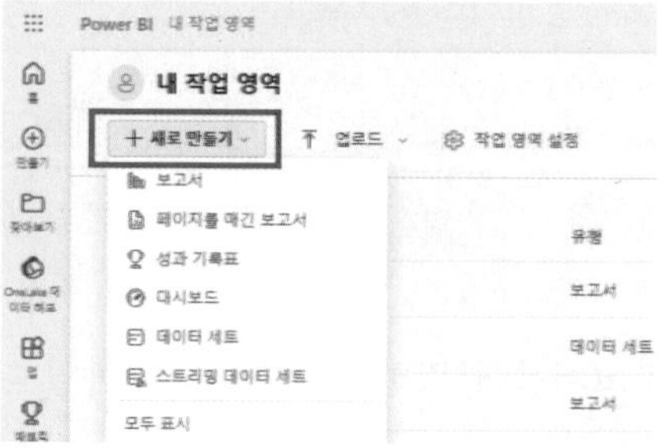

② 데이터 흐름 만들기 시작이 다양한 종류 선택 가능한데, '새테이블 추가' 버튼을 클릭합니다.

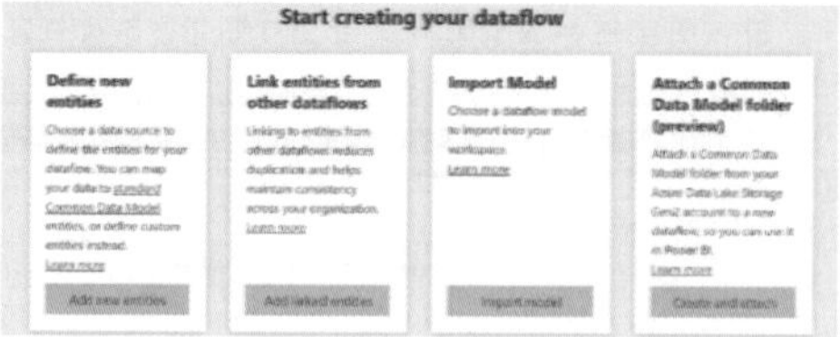

③엑셀 파일 'data'를 추가합니다.

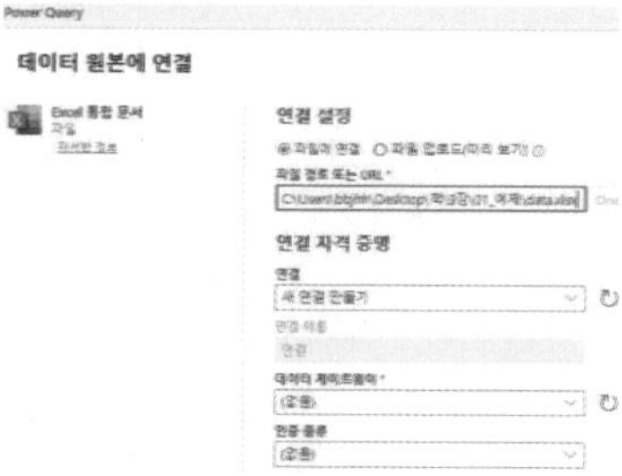

이후 업로드된 파일은 AI Insight 분석을 할 수가 있습니다.

9) 웹 AI Insight

① 새로 작성된 작업 영역에서 Jeju라는 이름 보고서를 선택 클릭합니다.

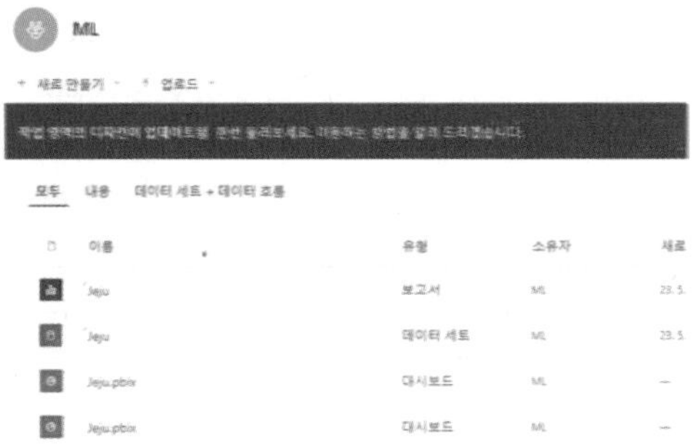

② 우측 페이지에서 '1_변측 검색'을 선택하고 메뉴 '인사이트 얻기'를 클릭합니다.

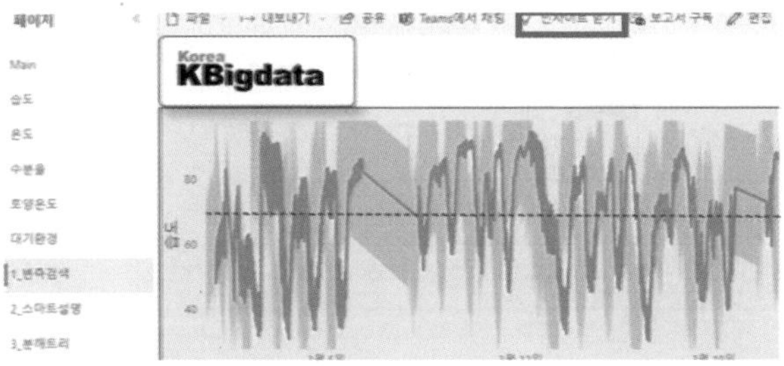

③ 메뉴 '인사이트 얻기'를 클릭합니다. 우측 탭 창에는 인사이트 내용이 여러 개를 만들어서 보여줍니다.

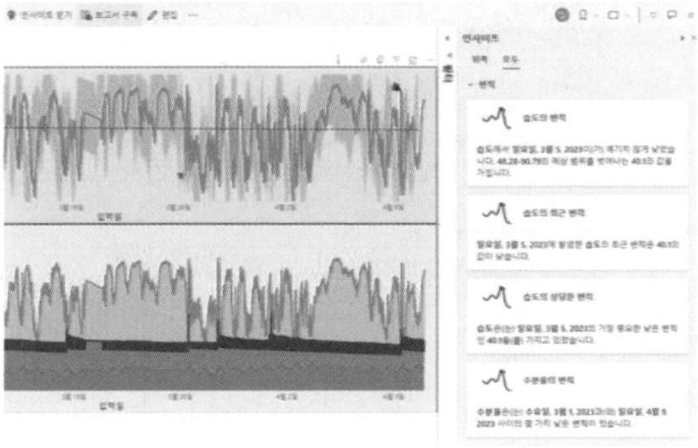

3. Smart Farm/MS Power BI

파워 비아이로 스마트 팜의 실험동 연구 빅데이터를 설명합니다. 특정 실험실별 작물을 연구하기 위해서 각자 냉온풍기 공조 시설까지 만들었습니다. 그리고 실험실별 작물의 온실 내 온·습도, 토양 수분율/온도를 10초 간격으로 측정합니다. 즉, 실험실마다 온냉방 공조 시설 및 HMI를 이용해서 각종 센서 정보를 저장 및 분석합니다. 센서별 센서 데이터는 서버 MS SQL로 저장됩니다.

파워 비아이로 MS 뷰어 'Jeju_T_A, Jeju_T_B'로 연결하여 분석합니다. 파워 비아이에서 서버 MS SQL 데이터베이스 연결은 생략합니다. 파워 비아이의 보고서는 2개의 테이블 필드(Jeju_T_A, Jeju_T_B)로 연결합니다.

1) 메인화면

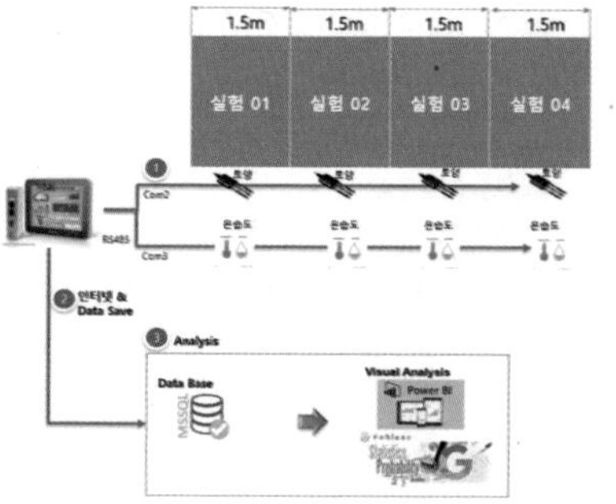

보고서 메인 화면부터 소개합니다.

① 메인(Main) 화면은 다음과 같습니다.

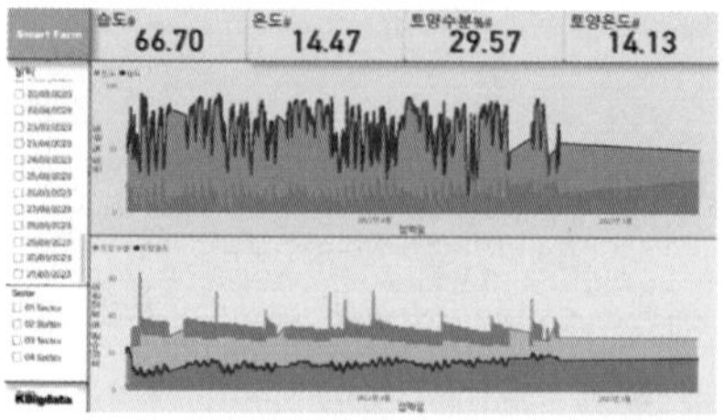

② 연구동(Jeju_T_B) 기준으로 좌측에는 슬라이서 필드 '날짜' 및 'Sector'로

구성되어 있습니다.

③ **슬라이서 필드 '날짜'를 리스트 형식 선택하고, 테이블에는 필드 '날짜'가 노란색으로 선택됩니다.**

④ **슬라이서 필드 'Sector'를 리스트 형식으로 선택, 테이블에 필드 'Sector'가 노란색으로 선택됩니다.**

⑤ **시각적 개체 카드 필드 '습도, 온도, 토양수분, 토양 온도'로 구성되어 있습니다.**

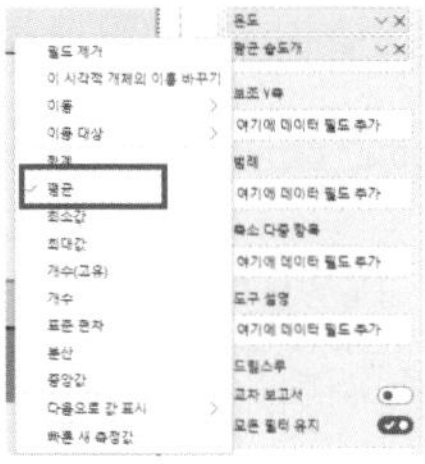

특히, 카드의 모든 값을 평균값으로 체크 지정한 후에 각 필드 이름을 변경합니다.
모든 카드 필드가 다른 시각적 개체에 영향을 받도록 모두 상호작용이 되도록 설정합니다.

⑥ **섹터별 온·습도 영역형 차트로 만듭니다.**

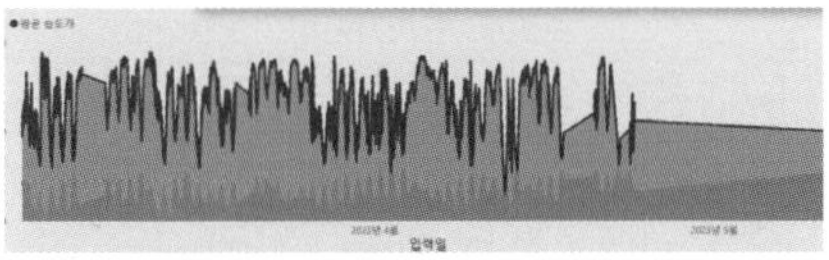

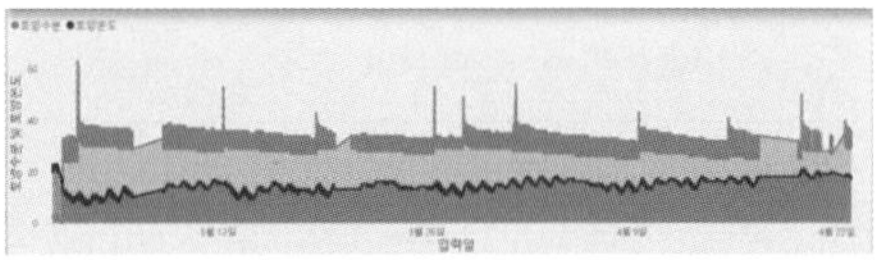

섹터 실험실별 입력일(시/분/초 포함) 기준으로 해서 온도 및 습도를 차트 영역으로 보여주고 있습니다. 아래는 토양 분석기에서 토양수분율 및 토양 온도를 보여줍니다.
ICT 플랫폼에서 저장된 시리얼 오차/에러 범위를 넘어가는 데이터는 약간의 보증이 필요합니다. 센서가 시리얼 타임 전후 오차 범위가 벗어난다면 시스템 장애 에러로 오차 범위가 큰 데이터 제거, 혹은 전후 값으로 대체해서 적정 데이터 값을 계산합니다.

2) 대기 습도

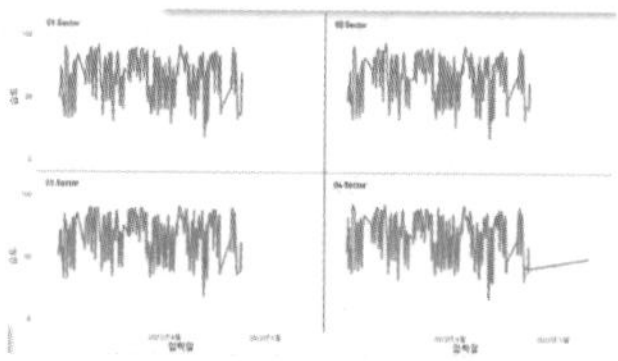

보고서 메인 화면에서 소개한 슬라이서 필드 '날짜'/'Sector' 및 카드 데이터 소개는 생략합니다. 섹터별 연구실 대기 습도를 Sector별로 분할해서 시각화 개체를 작성합니다.

다음 시각화 개체 '꺾는 선형 차트'를 선택, 시각화 개체 X축에는 입력일, Y축에는 습도, 축소 다중항목을 Sector로 지정합니다. Sector별로 4분할 된 '꺾는 선형 차트'로 보입니다.

3) 대기 온도

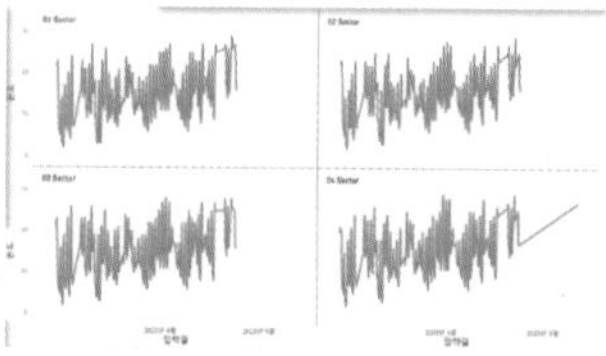

섹터별 연구실 대기 온도를 Sector별로 분할해서 시각화 개체를 작성합니다. 다음 시각화 개체 '꺾는 선형 차트'를 선택, 시각화 개체 X축에는 입력일, Y축에는 온도, 축소 다중항목을 Sector로 지정합니다. Sector별로 4분할 된 '꺾는 선형 차트'로 보입니다.

4) 토양 수분율

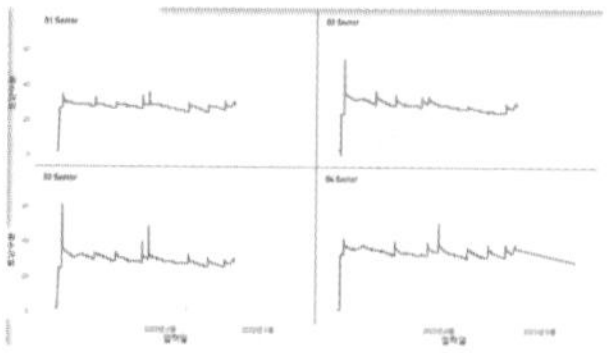

섹터별 연구실 토양 수분율을 Sector별로 분할해서 시각화 개체를 작성합니다.

다음 시각화 개체 '꺾는 선형 차트'를 선택, 시각화 개체 X축에는 입력일, Y축에는 토양 수분율, 축소 다중항목을 Sector로 지정합니다. Sector별로 4분할 된 '꺾는 선형 차트'로 보입니다.

5) 토양 온도

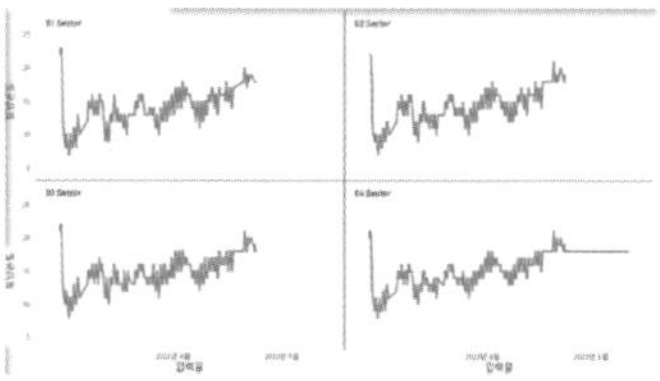

섹터별 연구실 토양 온도를 Sector별로 분할해서 시각화 개체를 작성합니다.

다음 시각화 개체 '꺾는 선형 차트'를 선택, 시각화 개체 X축에는 입력일, Y축에는 토양 온도, 축소 다중항목을 Sector로 지정합니다. Sector별로 4분할 된 '꺾는 선형 차트'로 보입니다.

6) 온실 현황

온실 전체의 온/습도/조광까지 시각화 개체를 작성합니다.

먼저 조광

① 다음 시각화 개체 '꺾는 선형 차트'를 선택, 시각화 개체 X축에는 입력일, Y축에는 LUX로 지정합니다. 일반 '꺾는 선형 차트'로 보입니다.

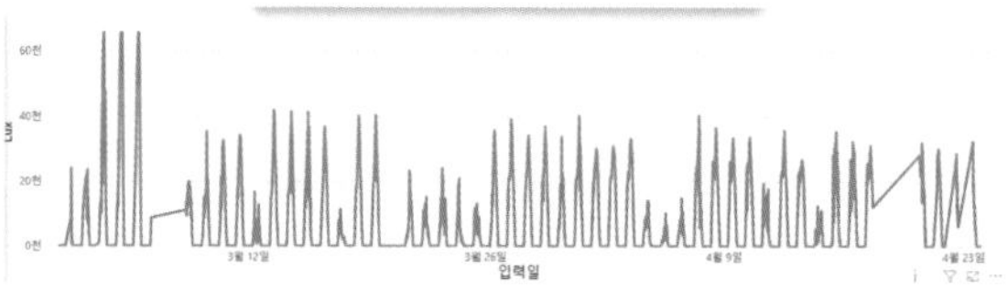

② 다음 시각화 개체 '꺾는 선형 차트'를 선택, 시각화 개체 X축에는 입력일, Y축에는 온도/습도로 지정합니다. 일반 '꺾는 선형 차트'로 보입니다.

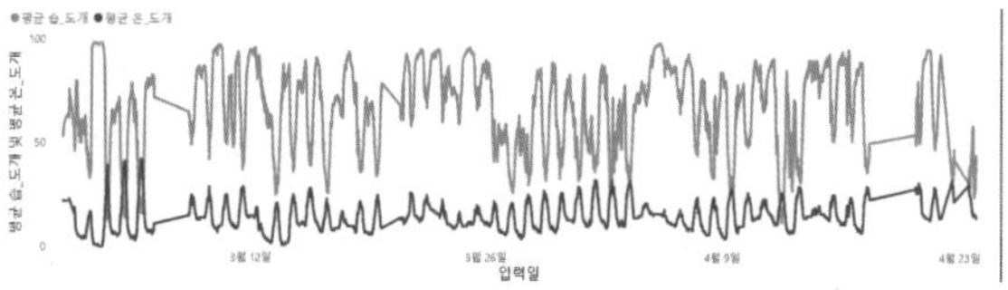

지금까지 스마트 팜 연구 Sector별 시각화 차트를 학습하였습니다.

4. Smart Factory/MS Power BI

파워 비아이에서 스마트 팩토리 개발 과정 결과물만 소개합니다. 본 저서에서는 단조 공정 → 냉각 공정 → 트림 공정만 있다는 가정하에서 단조 프레스 공정만 설명합니다.

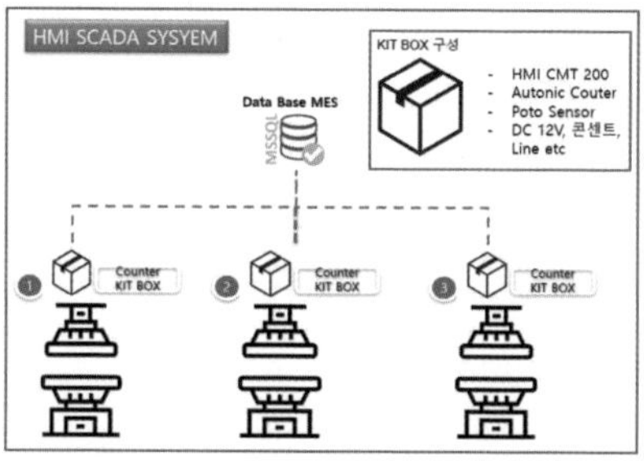

여기서 단조 프레스 CNT 설비 공정을 통해서 가동률, 불량 등을 계산합니다.

기호	용 어	산 출 내 역
A	보유시간	• 24Hr/일
B	계획정지	• 행사 및 교육, 교체등의 계획 정지
C	비계획정지	• 설비의 가동이 돌발 중단된 시간
D	가동시간	• 부하시간 - 정지시간
E	이론C/T	• 표준조건하에서의 단위작업시간
F	생산량	• 생산계획상 생산해야 할 량
G	투입량	• 설비에 투입된 량
H	불량량	• 불량으로 발생된 량

- 종합효율 = 시간가동율 x 성능가동율 x 양품율
- 시간가동율 = $\frac{D}{A} = \frac{\text{가동시간}}{\text{부하시간}} \times 100(\%)$
- 성능가동율 = $\frac{E \times F}{D} = \frac{\text{이론CT} \times \text{생산량}}{\text{가동시간}} \times 100(\%)$
- 양품율 = $\frac{G-H}{G} = \frac{\text{투입량 - 불량량}}{\text{투입량}} \times 100(\%)$

위와 같이 계산하는 선반 CNC를 파워 비아이 결과물만 소개합니다.

① 메인 화면은 다음과 같이 구성되어 있습니다.

작업 지시서 ID별 양품/불량 생산관리를 하는데, 프레스 양수 버튼 클릭으로 표준 생산+대기+냉가+트림 시간의 총 Lead Time까지 계산합니다.

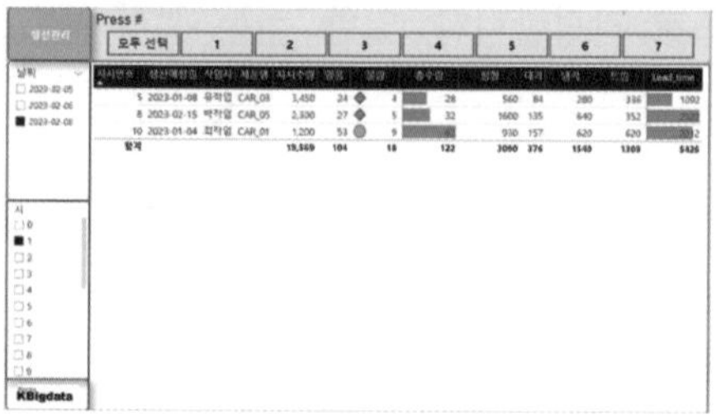

상단 프레스 호기는 슬라이서 설정으로 작성합니다.

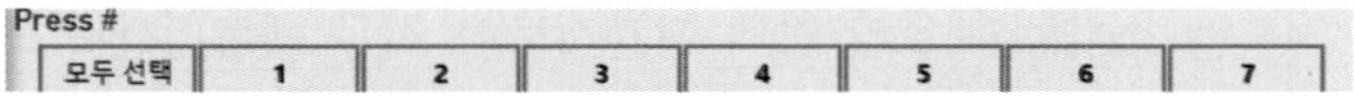

호기별 프레스를 선택하면 만들어진 시각화 도구와 상호 작용됩니다.

② **호기별** Time

지금까지는 호기별로 생산 타임별 현황을 모니터링하는 데 어려움이 많습니다. 생산 관리자 혹은 CEO가 보고자 하는 것은 생산 후 MES 생산 현황도 아니며, 생산 후 작업 반장이 작성한 생산 현황도 아니며, 실시간 호기별 타임 시리즈로 언제 생산하였는지를 모니터링 가능한 시스템을 원합니다. 즉, 관리자가 실시간 작업자가 호기별 생산량을 시간 대비 능률을 분석한다면 생산 효율을 더 높일 수 있습니다.

③ **슬라이서 날짜/시간 선택**

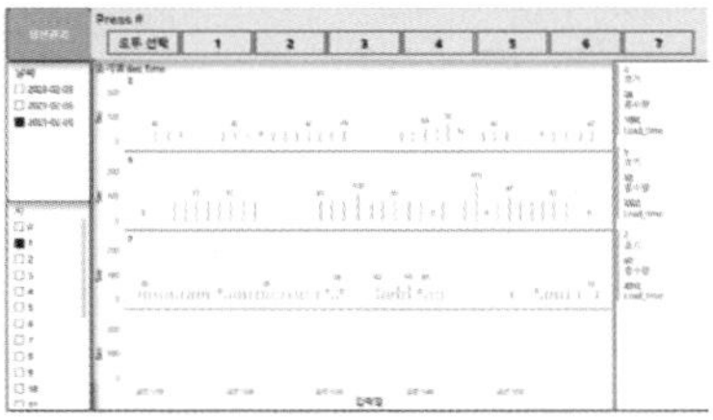

슬라이서 날짜를 선택하고, 시간을 선택하면 호기별 생산시간이 표시됩니다. 생산 프레스 시간, 대기 운휴 시간, 고장 장애 시간 등을 모니터링 함으로써 생산 능률을 높일 수 있습니다. 그리고 호기별 시간대 생산 수량도 확인할 수 있습니다.

④ **스마트 팩토리 부문을 세부적으로 다루기에는 많은 지면을 활용해야 할 것입니다. 이런 모든 부문의 설명은 생략합니다. 최소한 기본적으로 데이터 관계 설정을 잘 파악한 후에 시각화해야 적정한 생산관리를 만들 수가 있습니다.**

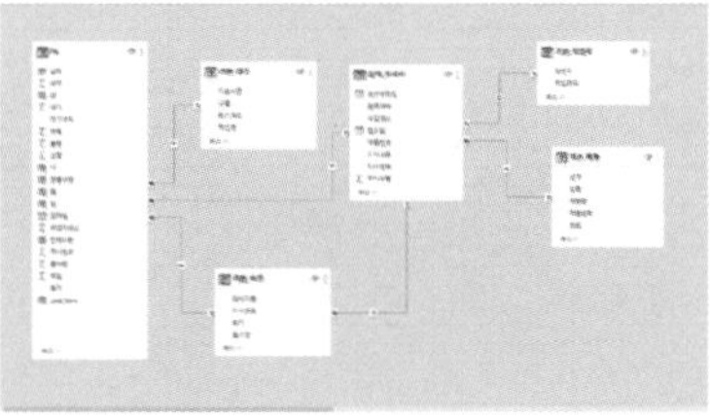

본 저서는 스마트 팩토리/팜의 기본서로서 전문 팩토리까지 모두 다루기에는 한계가 있어서 마감합니다. 대신 첨부된 예제를 참조합니다.

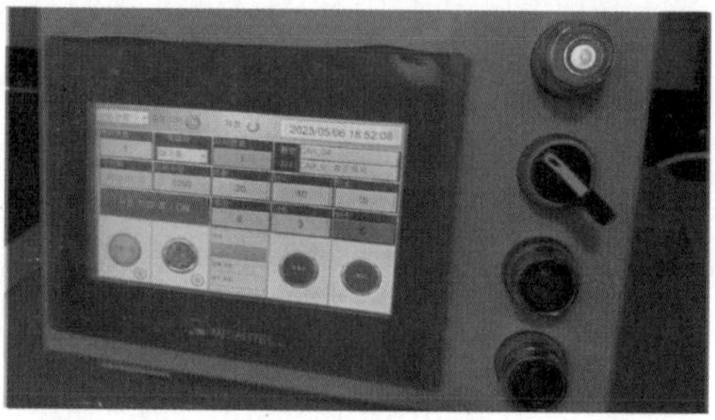

본 저서는 ICT 플랫폼을 배우고자 하는 분들께 현재 코딩 위주인 기본 ICT 접근 방법에 대비해서 기본 참고서가 되길 바라며, 노코딩의 개념으로 ICT 플랫폼을 충분히 학습함으로써 현업에 적용하는 데 의미가 있습니다.